高职高专电子/通信类专业系列教材

单片机原理与应用
——KEIL C项目教程

主　编　孙福成

副主编　王晓静　张　扬　周紫娟

参　编　张小义　杨至辉

主　审　王海涛

西安电子科技大学出版社

内 容 简 介

本书采用项目教学法来讲解 51 单片机的原理与应用，使用 C 语言进行程序设计。

本书按照由浅入深、循序渐进的原则，选取了 10 个单片机开发中的常用项目，分别为点亮一个发光二极管、霓虹灯控制系统、数码管显示电路、键盘原理及应用、中断系统及其应用、99s 倒计时、液晶显示器及其应用、串行口通信、D/A 和 A/D 转换、基于 51 单片机的时钟。

本书在编写时，语言描述通俗易懂、注重应用，在完成 10 个项目的同时，通过拓展与提高，使项目内容更加结合实际，增强了实用性。

本书可作为高等职业院校自动化、电子信息及机电等相关专业的学生教材，也可作为需要掌握和使用单片机技术的工程技术人员的实用参考书。

★ 本书配有电子教案，需要者可在出版社网站下载。

图书在版编目(CIP)数据

单片机原理与应用：KEIL C 项目教程 / 孙福成主编.
—西安：西安电子科技大学出版社，2012.8(2021.4 重印)
ISBN 978-7-5606-2805-9

Ⅰ. ①单…　Ⅱ. ①孙…　Ⅲ. ①单片微型计算机—高等职业教育—教材　Ⅳ. ①TP368.1

中国版本图书馆 CIP 数据核字(2012)第 107063 号

策　　划　秦志峰
责任编辑　秦志峰
出版发行　西安电子科技大学出版社(西安市太白南路 2 号)
电　　话　(029)88242885　88201467　　邮　　编　710071
网　　址　www.xduph.com　　电子邮箱　xdupfxb001@163.com
经　　销　新华书店
印刷单位　陕西日报社
版　　次　2012 年 8 月第 1 版　　2021 年 4 月第 5 次印刷
开　　本　787 毫米×1092 毫米　1/16　印　张　20
字　　数　475 千字
印　　数　10 001～12 000 册
定　　价　45.00 元
ISBN 978-7-5606-2805-9/TP
XDUP 3097001-5

前　言

如今，单片机在家电、交通、工业生产、航天等各个领域被广泛使用，而 KEIL C51 作为优秀的单片机开发软件也获得了众多业内人士的认可。本书循序渐进地叙述了 51 单片机的各种资源及其典型应用，以及 KEIL C51 软件在单片机开发系统中的应用。

本书在编写时，力求以通俗的语言、精简的内容，使单片机初学者快速入门，进入单片机的神奇天地。主要特点体现在：

(1) 采用项目教学法。在项目的选取上，按照由浅入深、循序渐进的原则，并充分考虑了学习者的接受能力，确定了点亮一个发光二极管、霓虹灯控制系统、基于 51 单片机的时钟等 10 个项目。每个项目在内容上以够用为原则，仅包含实现该项目所必需的硬件、软件知识，不求全，只求精。在组织每个项目的教学时，自始至终地贯彻先硬件后软件的开发思路，先要求每个学生根据项目要求设计出硬件电路图，然后以此为基础再画出流程图，并编写源程序；而后再依据 HOT-51 实验板上与本项目相关的电路，重新改写程序，并编译下载，直至观察到正确的运行结果。每完成一个项目，不仅提高了学习者分析问题和解决问题的能力，也更符合实际的需求，因为目前单片机系统的开发多是利用各种各样的控制板来实现的。

(2) 采用 C 语言编写源程序。以往单片机教学一般是采用汇编语言进行程序设计的，虽然汇编语言对硬件操作方便，具有程序代码精练、实时性强等优点，但可读性和可移植性较差，且要求学习者要有较好的硬件基础；而 C 语言是面向对象的，对硬件要求不高，从而有效地降低了学习难度，在实际开发中，单片机与 C 语言结合，极大地缩短了单片机应用系统的开发周期，在可读性、可移植性、功能扩充等方面都优于汇编语言。本书以 C51 语言为基础，使学习者能快速地掌握单片机的应用与开发，实现与人才市场需求的接轨。

(3) 完美的细节。每个项目要求具有延伸性，可以适合不同层次的学习者；每个实例不仅一题多解，而且还都有完整的求解过程，包含题目分析、硬件电路、流程图及源程序等；硬件电路采用完整的电路形式；源程序有详细的注释；习题题型多样，其内容与项目基础知识紧密相关。

(4) 强调实用性。本书中所有的源程序均在 KEIL μVision2 环境下编译成功，并下载至 HOT-51 实验板上可正确运行。

本书由孙福成担任主编，拟订大纲并统稿，由王海涛教授担任主审。其中，项目一由南阳职业学院周紫娟编写，项目二、三由孙福成编写，项目六由张小义编写，项目四、九、十由王晓静编写，项目八由杨至辉编写，项目五和项目七由南阳农业职业学院张扬编写。

本书在编写过程中，借鉴了许多教材的宝贵经验，在此谨向这些作者表示诚挚的感谢。

编者虽致力于打造最简单、最实用的单片机学习教程，但是由于水平有限，因此书中不足之处希望读者批评指正。

编　者

2012 年 3 月

目　　录

项目一　点亮一个发光二极管

1.1　项目说明

❖ 项目任务

利用 MCS-51 单片机(简称 51 单片机)的并行 I/O 口驱动一个发光二极管，利用 C51 编程点亮该发光二极管。

❖ 知识培养目标

(1) 掌握微型计算机硬件系统的构成。
(2) 掌握 51 系列单片机的内部结构及存储器配置。
(3) 掌握 51 单片机的最小系统。
(4) 掌握字节寻址与位寻址。
(5) 掌握 C51 程序结构及变量的定义。
(6) 理解 51 系列单片机存储器扩展的方法。

❖ 能力培养目标

(1) 能利用所学知识设计出所需原理图。
(2) 能利用所学知识正确地选择元器件。
(3) 能利用 KEIL C 软件建立工程文件。
(4) 培养解决问题的能力。
(5) 培养沟通表达、团队协作的能力。

1.2　基础知识

1.2.1　微型计算机的硬件系统

计算机分为巨型机、大型机、中型机、小型机与微型机等类型。计算机的发展一是朝着高速度、大容量、高性能的巨型机方向发展，如我国的银河系列巨型机；二是朝着体积小、可靠稳定、成本低廉的微型机方向发展。而微型机也有两个方向，一是朝着高速度、大容量、高性能的高档 PC 机方向发展；二是朝着体积小、可靠稳定、成本低廉的单片机方向发展。下面以 PC 机为例介绍微型机硬件的构成及各部分的作用。

微型计算机由硬件系统与软件系统构成，图 1-1 所示为微型计算机硬件系统结构图。

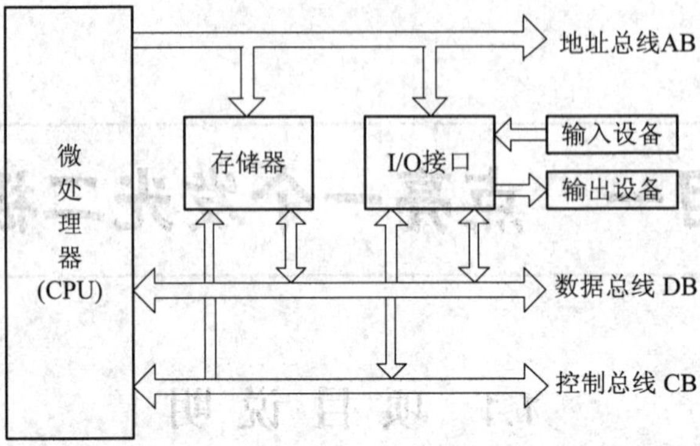

图 1-1 微型计算机硬件系统结构图

由图 1-1 可知，微型计算机的硬件系统由 CPU、存储器、I/O 接口及外设四大部分组成，其中，CPU、存储器、I/O 接口之间是通过地址总线 AB、数据总线 DB、控制总线 CB(简称三总线)相连的。

1. CPU

CPU 即中央处理单元，是执行指令的部件。CPU 通过执行指令，在其管脚上发出一系列高低电平来指挥其他部件按要求工作，从而完成相应的任务。由于单条指令的功能非常有限，因此 CPU 要执行一系列有序排列的指令(即程序)才能完成某一任务。我们通常所说的 486、586、双核或四核，就是指 CPU，双核的性能优于 586，四核肯定更好。仅由 CPU 这一个部件就可以大体上区分出计算机的性能，因此 CPU 是计算机系统中最重要的部件。CPU 的外形结构如图 1-2 所示。

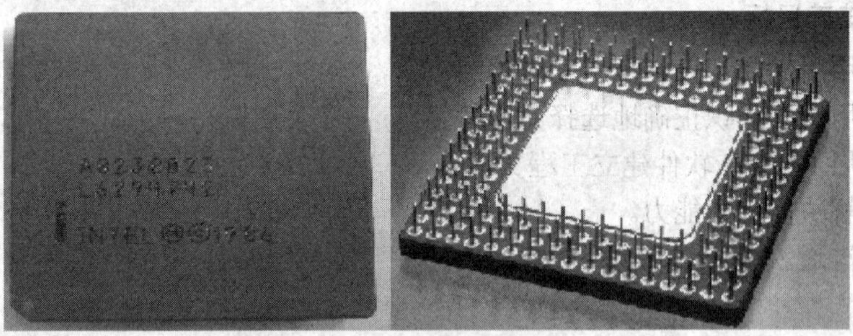

图 1-2 CPU 的外形结构

2. 存储器

CPU 要执行的程序及程序所需的数据就储存在存储器中，或者说 CPU 只执行储存在存储器中的程序。每一块存储器内部都有一定数量的存储单元，与 CPU 通过三总线相连后，每一个存储单元都有一个地址。存储器的外形结构如图 1-3 所示。

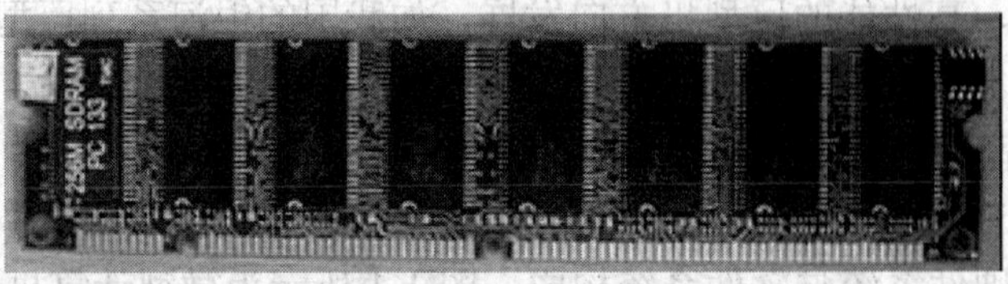

图 1-3 存储器的外形结构

存储器是半导体集成器件，根据数据的存取方式分类，可分为：

- 半导体存储器
  - 随机存取存储器(RAM)
    - 静态 RAM(SRAM)
    - 动态 RAM(DRAM)
    - 非易失性 RAM(NVRAM)
  - 只读存储器(ROM)
    - 掩膜式 ROM
    - 可编程 ROM(PROM)
    - 紫外线擦除可编程 ROM(EPROM)
    - 电擦除可编程 ROM(E^2PROM)
    - 闪速存储器(Flash Memory)

半导体存储器可分为只读存储器(ROM)和随机存取存储器(RAM)两大类。只读存储器(ROM)是一种非易失性存储器，其特点是信息一旦写入，就固定不变，掉电后，信息也不会丢失；随机存取存储器 RAM 是一种易失性存储器，其特点是在使用过程中，信息可以随机写入或读出，使用灵活，但信息不能永久保存，一旦掉电，信息就会自动丢失。

我们购买计算机时，总要问一下它的硬盘是多少 G、内存是多少 G，G 即 GB，是存储器的容量单位。在计算机内部，数据、地址及指令都是用 0 或 1 表示的，二进制代码中的 1 个 0 或 1 称为 1 位(bit)，用 b 表示，位是存储器的最小单位；连续的 8 个 0 或 1 称为 1 个字节(Byte)，用 B 表示，1 B = 8 b，字节是存储器的基本单位。常用存储器容量单位还有千字节(KB)、兆字节(MB)、千兆字节(GB)，它们之间的关系为

1 KB = 1024 B = 2^{10} B　　　1 MB = 1024 KB = 2^{20} B　　1 GB = 1024 MB = 2^{30} B

1 个或几个字节组成 1 个字，字是计算机内部数据处理的基本单位。1 个字所包含的 0 或 1 的位数称为字长，典型计算机 CPU 的字长有 8 位、16 位、32 位、64 位，51 系列单片机 CPU 的字长是 8 位。

读和写是存储器的基本操作。CPU 将数据存入存储单元称为写操作，CPU 取出存储单元中的数据称为读操作。不管是读还是写，必须要在存储器中找到该单元，即要给出该单元的地址，然后才能对之进行读或写。就像要到一栋楼房中去找某个人时，必须知道他所在房间的房门号一样，只不过存储器中每个单元的地址与单元中存储的数据都是用 0、1 表示的一串二进制数，初学时不容易区分。每个存储单元中只能存放 1 个字节，即 8 位 0 或 1，16 个二进制位就要占用 2 个单元。每个存储单元地址的位数与存储器的容量有关，存储器的容量越大，地址的位数就越多。

如果存储器有 2 根地址线 A1、A0，那么就有 4 个地址 00、01、10、11，最多能区分 4 个存储单元；3 根地址线，则有 000～111 共 8 个地址，最多能区分 8 个存储单元；4 根地址线可区分 16 个存储单元；以此类推。因此，存储器容量与地址线的关系为：容量 = 2^n B，n 为地址线的位数。如某存储器有 10 根地址线 A0～A9，则其寻址范围(即容量)为 2^{10} B = 1024 B = 1 KB，地址范围为 000H～3FFH；容量为 4 KB 的存储器，由于 4 KB = 2^{12} B，所以共需要 12 根地址线，地址范围为 000H～FFFH。

3. I/O 接口

I/O 接口是 CPU 与外设连接的桥梁，每一个 I/O 接口都有一个地址，称做端口地址。不同的外设端口地址是不同的，CPU 就是通过端口地址来区分各个外设的。

4. 外设

外设可分为输入设备与输出设备，主要包括显示器、键盘、鼠标、打印机、耳麦、摄像头、硬盘、光驱等。外部设备是根据不同的使用场合来配置的，办公室里通常要配备打印机，而网吧里则不需要打印机。在这里一定要注意：硬盘及光驱也属于外部设备，其作用是存储程序或文件。硬盘外形如图 1-4 所示。

图 1-4　硬盘

硬盘与存储器的区别：存储器是半导体集成器件，其工作速度快，能与 CPU 的工作速度相匹配，但容量有限；而硬盘是磁介质存储器件，工作速度相对较慢，容量无限。通常将系统软件或应用软件装在硬盘中，在执行某一程序时需要先将该程序从硬盘调入存储器才能执行。

5. 总线

在单片机系统中，CPU 是核心器件，其他器件都要与之相连，并且要求各器件之间协调工作，这样所需连线就很多，因此采用各个器件共同享用连线的方法，这些共同享用的连线就是总线。总线好比高速公路，各种物资须经过它进行传送，只是总线上传送的是 0 或 1。其中，为存储器或 I/O 接口提供地址的所有连线称为地址总线 AB，用于选定某一存储单元或 I/O 接口；控制各器件工作状态的所有连线称为控制总线 CB，实现对选定单元的读或写；用于传输数据的公共连线称为数据总线 DB，对选定单元读/写的信息是通过数据总线 DB 传送的。

下面通过分析计算机的启动过程进一步加深对计算机硬件系统的理解。

当我们按下计算机的电源开关后，CPU 就开始执行存储器中的指令了。存储器是由一系列存储单元构成的，通常每个单元能存储 8 个二进制位，即以字节为单位存储信息，每 8 个二进制位构成一个字节，如某一单元存储的数值为 10010111 等。每个单元都有一个地址，究竟从哪个单元开始执行呢？不同的 CPU 上电复位后开始执行指令的地址是不同的，51 系列单片机中的 CPU 从 0000H 单元开始执行，而 PC 机中的 CPU 是从 FFFF0H 单元开始执行的。这是第一步，即 CPU 得电后，它就要从存储器中的某一单元开始执行指令序列。如果 PC 机中的存储器都是由 RAM 构成的，那么这台计算机就不能正常工作，因为上电后 RAM 中的值是随机的，它不可能完成任何任务，因此 PC 机的存储器必须由 ROM 与 RAM 两部分组成。开机后，CPU 先执行 ROM 中的程序，这些程序是由生产厂家写入的，叫做 BIOS 程序，即基本的输入、输出程序，功能是初始化主要接口，将硬盘上存储的 Windows 操作系统的核心文件调入存储器中，然后 CPU 从存储器中执行这些核心文件，计算机就处于 Windows 操作系统的管理之下，这时完成计算机的启动。

计算机启动后，如果从桌面上或开始菜单下运行 Word，首先要从硬盘的某一路径下找到应用程序 Word.exe，然后将该程序从硬盘调入存储器中，CPU 才能够执行该程序，进入编辑状态。

1.2.2　单片机结构

1. 单片机的概念

微型计算机是由 CPU、存储器、I/O 接口及外设组成的，其中前三部分组成了计算机的主机。如将 CPU、存储器、I/O 接口集成在一块芯片上就构成了单片机，即单芯片微型计算机。单片机由于其低廉的价格，稳定可靠的性能，因此在国防、交通、工农业生产等各行各业都得到了广泛的应用。在日常生活中，如智能冰箱、智能空调、智能电饭锅等，都离不开单片机的控制。

目前生产单片机的公司非常多，如 Intel、LG、STC、Atmel、Philips、 Dallas、Winbond、Zilog、Microchip、Motorola 等。由于 Intel 公司将 MCS-51 的核心技术授权给了很多其他公司，所以许多厂家生产的单片机与 MCS 51 单片机具有良好的兼容性，包括指令兼容、总线兼容与引脚兼容，这使 51 系列单片机成为事实上的单片机工业标准。

2. 51 系列单片机的内部结构

51 系列单片机是 Intel 公司于 20 世纪 80 年代推出的 8 位单片机，目前已经有十多个品种，包括 51 子系列(如 8031/8051/8751/8951)、52 子系列(如 8032/8052/8752/8952)。制造时，一般采用 HMOS 工艺和 CHMOS 工艺，产品型号中凡带 C 的为 CHMOS 工艺芯片，如 80C51；不带 C 的为 HMOS 工艺芯片，如 8051。

在功能上，51 系列单片机有基本型和增强型两类，以芯片型号的末位数字来区分。“1”表示基本型，如 8031/8051/8751/8951 或 80C31/80C51/87C51/89C51 为基本型；“2”表示增强型，如 8032/8052/8752/8952 或 80C32/80C52/87C52/89C52 为增强型。

表 1-1 为 51 系列单片机的主要型号及性能指标。

表 1-1　51 系列单片机的主要型号及性能指标

子系列	型号	片内存储器		并行 I/O 接口	串行接口	中断源	定时/计数器	工作频率/MHz
		ROM	RAM					
8X51/52 系列	8031	无	128 B	4	1	5	2	12
	8051	4 KB	128 B	4	1	5	2	12
	8052	8 KB	256 B	4	1	6	3	12
	8751	4 KB	128 B	4	1	5	2	12
	8951	4 KB	128 B	4	1	5	2	12
8XC51/52 系列	80C31	无	128 B	4	1	5	2	12/16
	80C51	4 KB	128 B	4	1	5	2	12/16
	80C52	8 KB	256 B	4	1	6	3	12/16/20/24
	87C52	8 KB	256 B	4	1	6	3	12/16/20/24
	89C52	8 KB	256 B	4	1	6	3	12/16/20/24

51 单片机的主要资源为：5 V 电源，8 位 CPU，4 KB 片内程序存储器(ROM)，256 B 片内数据存储器(RAM)，4 个 8 位并行 I/O 口，1 个全双工串行口，2 个可编程定时/计数器，

5 个中断源，2 个优先级，片外程序存储器、数据存储器最大可扩展至 64 KB。51 单片机的内部结构如图 1-5 所示。

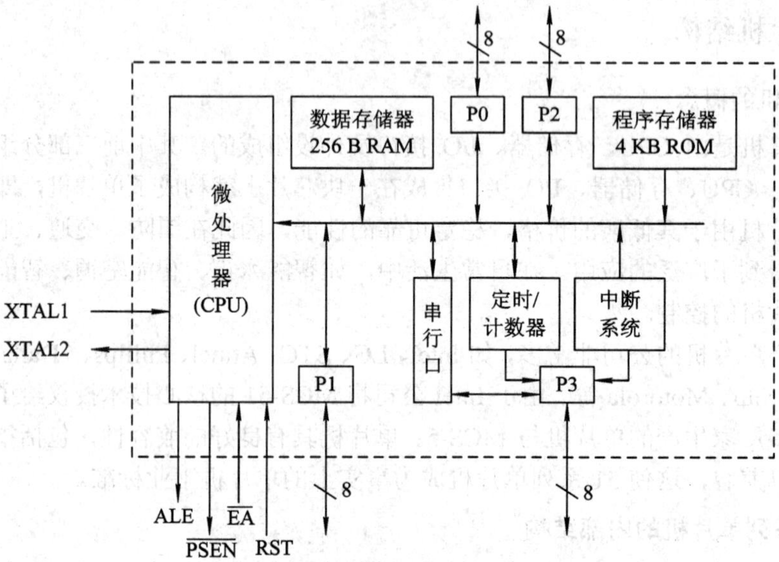

图 1-5　51 单片机内部结构

(1) CPU。CPU 是单片机的核心部件，通过执行指令发出指挥信号，协同其他部件完成相应的任务。单片机执行哪条指令受程序计数器 PC 控制，PC 是一个 16 位计数器，具有自动加 1 功能，最大寻址范围为 64 KB。CPU 每读取一个字节的指令，PC 就自动加 1，然后指向将要执行的下一条指令，为读取下一条指令作好准备；当下一条指令被取出执行时，PC 的值又加 1，这样在 PC 的控制下，指令被一条条地顺序执行。若当执行分支程序或调用子程序时，是通过转移或调用指令来改变 PC 值的，使其指向子程序对应的地址处，则开始执行相应的子程序。

(2) 存储器。51 单片机存储器分为程序存储器和数据存储器，它们分开编址，这是 51 单片机的一个重要特点。

程序存储器主要用来存放用户编写的程序及运行该程序用到的数据、表格等，由只读存储器构成，在 51 单片机芯片内集成了 4 KB 的 ROM 存储器；数据存储器用于存放输入数据、输出数据或运算产生的中间结果等随时有可能变动的数据，由随机存取存储器构成，51 单片机芯片内集成了 256 B 的 RAM 存储器。

当 51 单片机内部的程序存储器、数据存储器容量不够用时，可以进行片外扩展，最大容量可以扩展至 64 KB；当单片机的 I/O 接口不够用时，也可以进行片外扩展，片外扩展的 I/O 接口与片外数据存储器统一编址。

(3) I/O 接口。51 单片机的 I/O 接口是单片机控制外围设备的重要接口，是与外设进行信息交换的途径。51 单片机的 I/O 接口主要包括了并行口、串行口、定时/计数器及中断控制器等。

并行口有 P0、P1、P2、P3 四个，主要实现数据的并行输入/输出。所谓并行方式就是 n 位数据由 n 个通道同时传送。

串行口主要用于单片机与其他设备间采用串行方式传送数据。所谓串行方式就是一个通道分时传送 n 位数据。

定时/计数器有 T0、T1 两个，主要实现定时或计数功能。

中断控制系统主要实现对 2 个外部中断、2 个定时/计数器中断及 1 个串口中断的管理。

3. 51 单片机引脚说明

51 单片机的封装有 DIP、TQFP、PLCC 等多种形式。DIP 封装的 51 单片机引脚图及逻辑符号如图 1-6 所示。

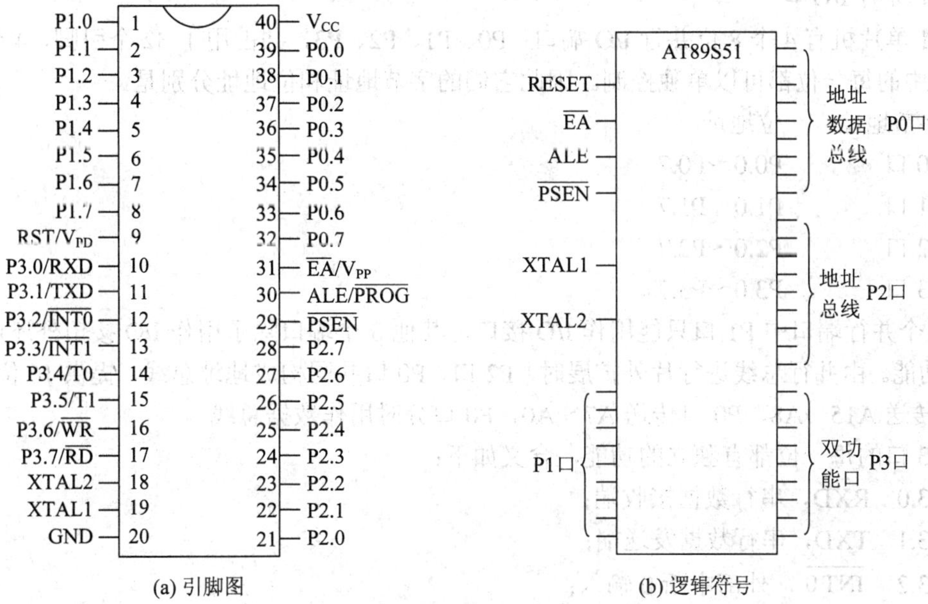

图 1-6　51 单片机引脚图及逻辑符号

单片机的 40 个引脚大致可分为电源、时钟、控制引脚和并行 I/O 口四类。

1) 电源

V_{CC}——芯片电源，接+5 V。

GND——接地端。

2) 时钟

XTAL1、XTAL2——外接晶振引脚。XTAL1 是片内振荡电路的输入端，XTAL2 是片内振荡电路的输出端。

3) 控制引脚

ALE/$\overline{PROG}$——地址锁存允许/片内 EPROM 编程脉冲。片外扩展存储器时，ALE 用于锁存由 P0 口送出的低 8 位地址；$\overline{PROG}$ 功能，在对片内 EPROM 编程期间，此引脚输入编程脉冲。

$\overline{PSEN}$——片外程序存储器选通信号。

RST/V_{PD}——复位/备用电源。RST(Reset)指复位信号输入端，当该引脚上所加高电平大于 10 ms 时，单片机进行复位初始化操作，使单片机内部的一系列存储单元恢复到初始值，SP 的值为 07H，P0～P3 的值为 FFH，其余寄存器的值为 00H，且将程序计数器 PC 的值置为 0000H。因此 51 单片机上电或复位后，是从 0000H 单元开始执行程序的。V_{PD} 的功能是指在 V_{CC} 掉电情况下所接的备用电源。

$\overline{EA}$/V_{PP}——片内、片外程序存储器选择端/片内 EPROM 编程电源。51 单片机内部有 4 KB 的 ROM，当 $\overline{EA}$ 接高电平时，单片机先从片内 ROM 中读取指令数据，片内 ROM 读完后自动读取片外 ROM；当 $\overline{EA}$ 接低电平时，单片机直接读取片外 ROM。现在的单片机芯片一般都具有片内 ROM，所以在设计电路时 $\overline{EA}$ 始终接高电平。V_{PP} 的功能是指片内为 EPROM 芯片时，在 EPROM 编程期间，施加编程电源 V_{PP}。

4) 并行 I/O 口

51 单片机有 4 个 8 位并行 I/O 端口：P0、P1、P2、P3，共占用了 32 个引脚，4 个并行 I/O 口中的每一位都可以单独控制。因此它们的字节地址和位地址分别是：

字节地址	位地址
P0 口	P0.0～P0.7
P1 口	P1.0～P1.7
P2 口	P2.0～P2.7
P3 口	P3.0～P3.7

4 个并行端口中 P1 口只能用作 I/O 接口，其他 3 个端口除了用作 I/O 接口外还可实现其他功能。由并行总线进行片外扩展时，P2 口、P0 口共同构成地址总线，提供 16 位地址，P2 口传送 A15～A8，P0 口传送 A7～A0，P0 口分时用作数据总线。

P3 口的每一位都有独立的功能，含义如下：

P3.0　RXD，串行数据接收端；

P3.1　TXD，串行数据发送端；

P3.2　$\overline{INT0}$，外部中断 0 输入；

P3.3　$\overline{INT1}$，外部中断 1 输入；

P3.4　T0，定时/计数器 0 的计数脉冲输入；

P3.5　T1，定时/计数器 1 的计数脉冲输入；

P3.6　$\overline{WR}$，片外数据存储器写选通信号；

P3.7　$\overline{RD}$，片外数据存储器读选通信号。

单片机引脚虽多，但要分类记忆就比较简单：电源 2 个(V_{CC} 和 GND)，晶振 2 个，复位 1 个，$\overline{EA}$ 1 个，剩下还有 34 个，29 脚 $\overline{PSEN}$、30 脚 ALE 只有片外扩展数据/程序存储器时才有特定用处，一般情况下不用考虑，最终就只剩下 4 个 8 位 I/O 口的 32 个引脚，这 32 个引脚的用法就是学习单片机的重点了。

4. 单片机最小系统

单片机最小系统，或者称为单片机最小应用系统，是指用最少的元件组成的单片机可以工作的系统。对 51 系列单片机来说，最小系统一般应包括单片机、复位电路、时钟电路，如图 1-7 所示。

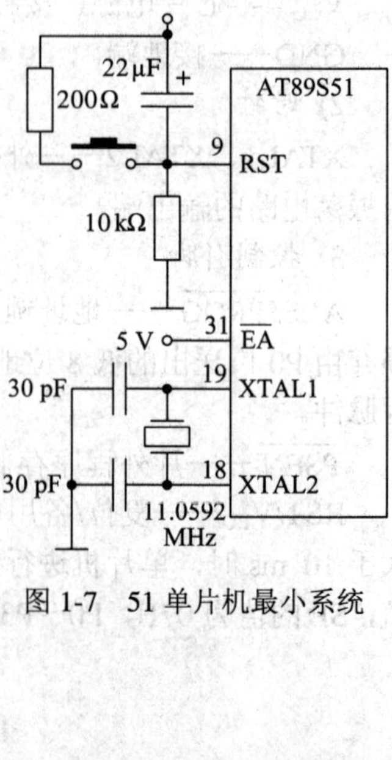

图 1-7　51 单片机最小系统

(1) 单片机：具有片内 ROM 的 51 系列单片机或与 51 兼容的单片机。

(2) $\overline{EA}$=1：表示单片机在复位后从片内 ROM 的 0000H 单元开始执行指令。

(3) 复位电路：为引脚 RST 提供单片机复位所需的高电平(>10 ms)。51 单片机常用复位电路如图 1-8 所示，复位电路有上电自复位、上电自复位加手动复位两种复位方式。上电自复位电路是在系统刚上电时，利用电容两端电压不能突变的工作原理，为 RST 引脚提供所需宽度的高电平，高电平持续的时间由电路中的 RC 值来决定，适当选取 RC 就可以使单片机实现上电自复位，一般推荐 C 取 22 μF，R 取 10 kΩ。上电自复位加手动复位电路不仅可以实现上电自复位，而且在需要时也可以由按键来实现手动复位。

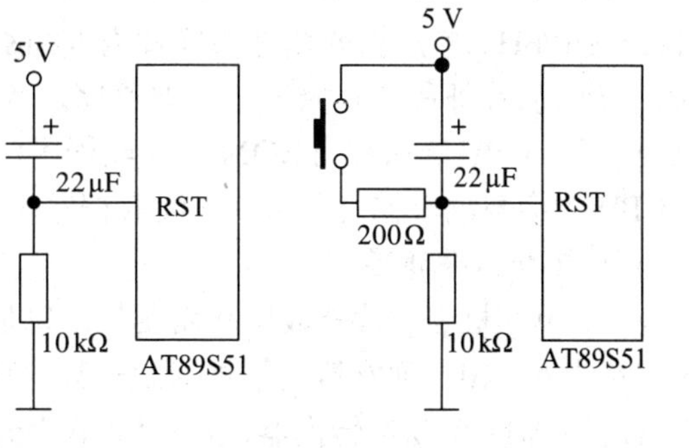

(a) 上电自复位　(b) 上电自复位加手动复位

图 1-8　复位电路

(4) 时钟电路：为单片机提供工作所需的时钟脉冲。在用串口通讯的场合，为了准确地得到 9600 波特率和 19200 波特率，晶振必须为 11.0592 MHz；在精确定时的场合，可选用 12 MHz 的晶振，以产生精确的 μs 级时间基准，从而方便定时操作。HOT-51 实验板上的晶振为 11.0592 MHz。

因为最小系统中单片机未接任何外设(输入或输出设备)，所以实际上单片机并不能完成任何具体的任务。

5. 51 单片机存储器的配置

51 系列单片机存储器的特点是将程序存储器和数据存储器分开编址。按其物理结构可分为片内程序存储器、片外程序存储器、片内数据存储器、片外数据存储器 4 个空间；按其逻辑结构可分为程序存储器、片外数据存储器、片内数据存储器 3 个空间。51 单片机存储器的配置如图 1-9 所示。

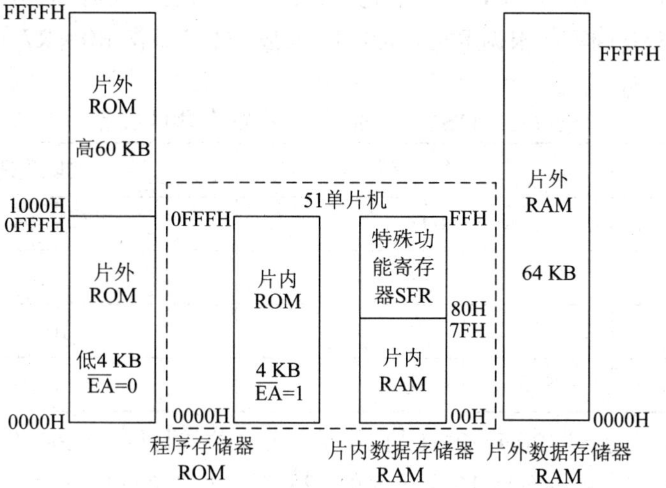

图 1-9　51 单片机存储器配置

1) 程序存储器

程序存储器用于存放用户编写的程序及运行该程序所用到的数据、表格等。片内、片外程序存储器统一编址，以程序计数器 PC 为地址指针，最大容量为 64 KB，地址范围为 0000H～FFFFH。单片机究竟是访问片内 ROM 还是片外 ROM 由 $\overline{EA}$ 决定。当 $\overline{EA}$ 端接低电平时，CPU 从片外程序存储器中读取程序，片内 4 KB 的 ROM 就好像不存在一样；当 $\overline{EA}$ 接高电平时，CPU 先从片内 ROM 中读取程序，当 PC 的值超过片内 ROM 的最大地址 0FFFH 时，CPU 才会自动转向片外 ROM 读取程序。

2) 片外数据存储器

在 51 单片机中，片外数据存储器与接口是统一编址的，地址范围为 0000H～FFFFH，最大容量为 64 KB。通常情况下扩展片外数据存储器的主要原因是接口资源不够，如控制系统中常用的 A/D 或 D/A 转换器，由于 51 单片机内部没有集成这类接口，因此只能片外扩展。

3) 片内数据存储器

片内数据存储器用于存放输入数据、输出数据或运算产生的中间结果等随时有可能变动的数据。51 单片机芯片内的数据存储器共有 256 B，分为两部分：地址在 00H～7FH 范围的低 128 B 为用户数据 RAM；地址在 80H～FFH 范围的高 128 B 为特殊功能寄存器(SFR)。

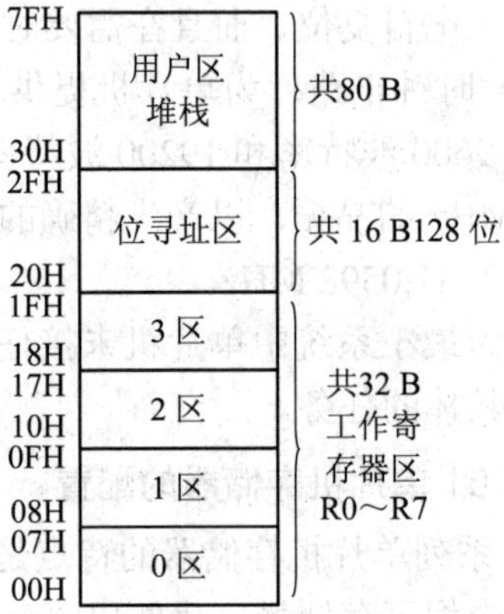

图 1-10　片内数据存储器配置

片内低 128 B 在结构上又分为工作寄存器区、位寻址区和用户区。片内数据存储器配置如图 1-10 所示。

(1) 工作寄存器区。地址为 00H～1FH 的 32 个字节称为工作寄存器区。32 个字节被平均分为四部分，称为 0～3 区。每个工作寄存器区均包含 8 个字节，均命名为 R0～R7。CPU 任何时刻只能使用其中的一组工作寄存器，CPU 当前正在使用的一组工作寄存器由程序状态字寄存器 PSW 中的 RS1、RS0 确定，根据 RS1、RS0 的状态，才能获得 R0～R7 的实际物理地址，如表 1-2 所示。

表 1-2　RS1、RS0 与工作寄存器的关系

RS1	RS0	工作寄存器	实际物理地址
0	0	0 区	00H～07H
0	1	1 区	08H～0FH
1	0	2 区	10H～17H
1	1	3 区	18H～1FH

(2) 位寻址区。地址为 20H～2FH 的 16 个单元是位寻址区。CPU 不仅可以对这 16 个单元进行字节寻址，也可以对这 16 个单元的 128 个二进制位直接进行位寻址，如“置 1”、“置 0”等操作。128 个位地址为 00H～7FH，位地址分配如表 1-3 所示。

表 1-3　位地址分配表

字节地址	最高位			位地址				最低位
	D7	D6	D5	D4	D3	D2	D1	D0
20H	07 H	06 H	05 H	04 H	03 H	02 H	01 H	00 H
21H	0FH	0EH	0DH	0CH	0BH	0AH	09H	08H
22H	17 H	16 H	15 H	14 H	13 H	12 H	11 H	10 H
23H	1FH	1EH	1DH	1CH	1BH	1AH	19H	18H
24H	27 H	26 H	25 H	24 H	23 H	22 H	21 H	20 H
25H	2FH	2EH	2DH	2CH	2BH	2AH	29H	28H
26H	37 H	36 H	35 H	34 H	33 H	32 H	31 H	30 H
27H	3FH	3EH	3DH	3CH	3BH	3AH	39H	38H
28H	47 H	46 H	45 H	44 H	43 H	42 H	41 H	40 H
29H	4FH	4EH	4DH	4CH	4BH	4AH	49H	48H
2AH	57 H	56 H	55 H	54 H	53 H	52 H	51 H	50 H
2BH	5FH	5EH	5DH	5CH	5BH	5AH	59H	58H
2CH	67 H	66 H	65 H	64 H	63 H	62 H	61 H	60 H
2DH	6FH	6EH	6DH	6CH	6BH	6AH	69H	68H
2EH	77 H	76 H	75 H	74 H	73 H	72 H	71 H	70 H
2FH	7FH	7EH	7DH	7CH	7BH	7AH	79H	78H

字节寻址与位寻址是对存储单元进行读/写操作的两种寻址方式。字节寻址时需给出存储单元的字节地址，如 P0、P1、20H 等，读/写操作的对象是 1 个字节(8 位二进制数)，如 P0 = 30H、20H = 56H 等；位寻址时需给出可位寻址的存储单元中某一位的位地址，如 P0.1、P1.1、20H 等，读/写操作的对象是 1 位二进制数，即 0 或 1，如 P0.1 = 0、20H = 1。特别是 20H = 56H 与 20H = 1 的区别，前者执行的结果是使 20H 单元的数值为 56H 即 01010110B，由表 1-3 可知后者只是将 24H 单元的最低位置 1。

字节寻址是 C51 编程时的基本寻址方式，51 单片机中所有存储单元均可字节寻址，但只有片内 RAM 中 20H～2FH 这 16 个单元和字节地址能被 0 或 8 整除的特殊功能寄存器可以位寻址。

(3) 用户区。地址为 30H～7FH 的 80 个字节为用户 RAM 区，只能字节寻址。该区域主要用做堆栈、数据暂存。

(4) 特殊功能寄存器。片内数据存储器中地址为 80H～FFH 的高 128 B 为特殊功能寄存器区，简称为 SFR 区。SFR 是 51 单片机内部具有特殊用途的寄存器(如并行口寄存器、串行口、定时/计数器寄存器等)的总称，主要用于管理单片机内的功能部件，如定时/计数器、中断系统等。在这 128 个字节中，只用了其中 21 个(51 系列单片机)或 27 个(52 系列单片机)，字节地址以 0 或 8 结尾的 SFR 既可以进行字节寻址，又可以进行位寻址。特殊功能寄存器(SFR)如表 1-4 所示。对 SFR 区中没有使用的单元进行读/写操作是无意义的。

表 1-4　特殊功能寄存器(SFR)

SFR	字节地址	位地址与位名称							
		D7	D6	D5	D4	D3	D2	D1	D0
P0	80H	P0.7	P0.6	P0.5	P0.4	P0,3	P0.2	P0.1	P0.0
		87H	86H	85H	84H	83H	82H	81H	80H
SP	81H								
DPL	82H								
DPH	83H								
PCON	87H								
TCON	88H	TF1	TR1	TF0	TR0	IE1	IT1	IE0	IT0
		8FH	8EH	8DH	8CH	8BH	8AH	89H	88H
TMOD	89H								
TL0	8AH								
TL1	8BH								
TH0	8CH								
TH1	8DH								
P1	90H	P1.7	P1.6	P1.5	P1.4	P1.3	P1.2	P1.1	P1.0
		97H	96H	95H	94H	93H	92H	91H	90H
SCON	98H	SM0	SM1	SM2	REN	TB8	RB8	TI	RI
		9FH	9EH	9DH	9CH	9BH	9AH	99H	98H
SBUF	99H								
P2	A0H	P2.7	P2.6	P2.5	P2.4	P2.3	P2.2	P2.1	P2.0
		A7H	A6H	A5H	A4H	A3H	A2H	A1H	A0H
IE	A8H	EA	—	—	ES	ET1	EX1	ET0	EX0
		AFH			ACH	ABH	AAH	A9H	A8H
P3	B0H	P3.7	P3.6	P3.5	P3.4	P3.3	P3.2	P3.1	P3.0
		B7H	B6H	B5H	B4H	B3H	B2H	B1H	B0H
IP	B8H	—	—	—	PS	PT1	PX1	PT0	PX0
		—	—	—	BCH	BBH	BAH	B9H	B8H
PSW	D0H	CY	AC	F0	RS1	RS0	OV	—	P
		D7H	D6H	D5H	D4H	D3H	D2H	D1H	D0H
A	E0H	E7H	E6H	E5H	E4H	E3H	E2H	E1H	E0H
B	F0H	F7H	F6H	F5H	F4H	F3H	F2H	F1H	F0H

下面介绍几种常用的特殊功能寄存器：

① 累加器 A—— 最常用的一个 8 位专用寄存器，用于向 CPU 提供运算所需的操作数，运算后的结果也存于 A 中。

② 寄存器 B——一个 8 位寄存器，主要用于乘、除法指令。

③ 程序状态字(PSW)—— 一个 8 位寄存器，反映了指令执行后 CPU 的工作状态。PSW 的一些位由用户软件设置，有些位则在指令执行后由硬件自动设置。程序状态字(PSW)寄存器的格式如表 1-5 所示。

表 1-5　程序状态字(PSW)寄存器

位序号	D7	D6	D5	D4	D3	D2	D1	D0
位名称	CY	AC	F0	RS1	RS0	OV	—	P
位地址	PSW.7	PSW.6	PSW.5	PSW.4	PSW.3	PSW.2	PSW.1	PSW.0

PSW.7(CY)——进位/借位标志。有进位/借位时，CY=1；无进位/借位时，CY=0。位操作时作累加位使用。

PSW.6(AC)——辅助进位/借位标志。低 4 位向高 4 位进位或借位时，AC=1；否则 AC=0。常用于十进制调整。

PSW.5(F0)——用户标志位，由用户定义的标志位。

PSW.4、PSW.3(RS1 和 RS0)——当前工作寄存器区选择位，如表 1-2 所示。

PSW.2(OV)——溢出标志。如果两个有符号数的运算结果超过了 8 位二进制数所能表示数据的范围(−128～+127)时表示产生溢出，OV=1；无溢出时，OV=0。

PSW.1——保留位，未使用。

PSW.0(P)——奇偶校验位。累加器 A 中 1 的个数为奇数时，P=1；1 的个数为偶数时，P=0。

④ 数据指针 DPTR——一个 16 位寄存器，也可拆成两个 8 位寄存器 DPH 和 DPL 使用，其中 DPH 为高 8 位，DPL 为低 8 位。DPTR 存放的是片外数据存储器中某存储单元的地址，CPU 通过 DPTR 访问片外数据存储器。

⑤ 堆栈指针 SP——堆栈就是一段连续存储单元，位于片内 RAM 的用户区中，堆栈中数据的存取原则是“后进先出”，堆栈的具体位置由堆栈指针 SP 来决定。堆栈指针 SP 是一个 8 位寄存器，它指示堆栈顶部在片内 RAM 中的位置。设置堆栈主要是为了保护断点和现场，单片机无论是转入子程序或执行中断服务程序，执行完后都要返回主程序，在转入子程序和中断服务程序前，必须将断点地址、重要的数据保存在堆栈中，否则返回时 CPU 就不知道原来程序执行到哪一步，应该从何处开始接着往下执行了，断点地址的存取是由硬件自动完成的。

⑥ P0～P3 并行口寄存器——通过对寄存器 P0～P3 的读/写，就可以实现数据从相应并行 I/O 口的输入/输出。若要使 P0 口 8 个引脚全部输出高电平，只要将 FFH 写入 P0 口即可，即 P0 = 0xff。

1.2.3　数制及转换

首先我们来看下面 3 个式子是否正确。

1+1=1；

1+1=2；

1+1=10。

应当说，这 3 个式子都是正确的。1+1=1 是逻辑运算，逻辑运算表示的是事物之间的因果关系，不表示大小；1+1=2 当然是我们最熟悉的十进制运算；1+1=10 仍是数值运算，只不过是用二进制表示数的大小，逢二进一。

因此，数制是表示数大小的一种方法。我们最熟悉的是十进制数，但在数字电路中只有高、低两种电平，这就决定了数字电路是以二进制数为基础的。CPU 是数字电路发展取得的伟大成果之一，它是典型的数字产品，因此 CPU 只能处理二进制信息。但是通常在计算机系统中，基本的存储单位为字节，即 8 位二进制数，如一存储单元的值为 00111100B，写这样一串二进制数很容易出错，不如写成十六进制数 3CH 方便，因此需要熟悉二进制、十六进制及其转换。

1. 二进制

任意一个二进制数都是由 0 或 1 两个数码组成的，二进制数的运算规律为“逢二进一”，其权为 2^n，后缀为 B。如二进制数 1101B 按权的展开式为

$$1101B = 1\times 2^3 + 1\times 2^2 + 0\times 2^1 + 1\times 2^0 = 13$$

2. 十六进制

十六进制数的数码有 16 个，分别为 0～9 和 A～F，A～F 表示十进制数 10～15。其运算规律为“逢十六进一”，其权为 16^n，后缀为 H，如 8CH。用 C 语言编程时，在十六进制数的前面加“0x”，如 0x8C。

3. 二进制数与十六进制数的转换

(1) 二进制数转换为十六进制数的方法：从二进制的最低位开始，每四位为一组，最后不足 4 位时补 0，然后分别转换为十六进制数码。如 11010110B，可分为 1101 与 0110 两组，则对应的十六进制数为 D6H。

(2) 十六进制数转换为二进制数的方法：将每个十六进制数码用四位二进制数替代。如 89H，8 对应的二进制数是 1000，9 对应的二进制数是 1001，所以 89H=10001001B。

1.2.4　51 单片机存储器的扩展

当单片机片内资源不够时，需要片外扩展程序存储器或数据存储器。由于单片机技术的进步，目前单片机程序存储器的容量基本都能满足要求，不需要扩展，但是由于单片机提供的 I/O 接口有限，控制任务复杂时经常需要扩展接口，而 51 单片机中接口地址与片外数据存储器是统一编址的，因此存储器的扩展对于单片机的应用仍有重要的意义。

1. 存储器引脚介绍

CPU 与存储器之间通过三总线相连，因此存储器应提供地址、数据、控制三类引脚。

1) ROM 存储器

ROM 存储器在工作时，只允许读出不允许写入，掉电后信息不丢失，在 51 单片机中用作程序存储器，因此 ROM 型存储器控制线除片选外只需要一个控制信号 $\overline{OE}$。一个 ROM 存储器应具有如下引脚：

$\overline{CE}$ ($\overline{CS}$)——片选端，低电平有效。当 $\overline{CE}$ 为低电平时，允许对存储器进行读操作；当 $\overline{CE}$ 为高电平时，芯片不工作。

$\overline{OE}$——输出使能端，低电平有效。当 $\overline{OE}$ 为低电平时，存储单元与数据线相连可以读出数据；当 $\overline{OE}$ 为高电平时，存储单元与数据线之间为高阻状态，即断开，不能读出数据。

An～A0——地址线。用于传送待读单元的地址，A0 为最低位。

D7～D0——数据线。用于传送选定单元中存储的数据，D0 为最低位。

图 1-11(a)所示为 8 KB ROM 存储器的逻辑图，由于 8 KB = 2^{13} B，所以访问该存储器共需 A12～A0 13 根地址线。只有当$\overline{CE}$、$\overline{OE}$同时有效为 0 时，由地址线 A12～A0 选定存储单元的数据才会送至数据线 D7～D0，实现读操作。只要$\overline{CE}$、$\overline{OE}$有任意一个为无效状态 1，存储单元与数据线之间呈高阻状态，就不能读出存储单元的数据。

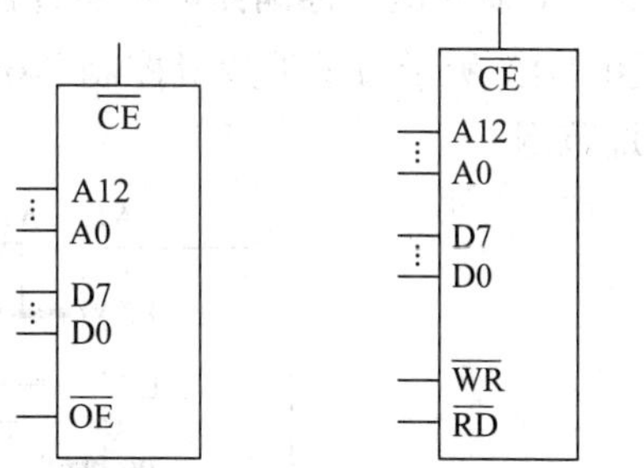

(a) ROM逻辑图　　(b) RAM逻辑图

图 1-11　存储器的逻辑图

2) RAM 存储器

RAM 存储器在 51 单片机中用作数据存储器，可随机读写，掉电后信息会丢失，因此它与 ROM 的区别主要在控制线上。除了片选端外，RAM 还需要$\overline{RD}$(读信号)、$\overline{WR}$(写信号)两个控制信号，$\overline{RD}$和$\overline{WR}$不能同时处于有效状态。图 1-11(b)所示为 8 KB RAM 的逻辑图。

当$\overline{CE}$=1 无效时，该存储器不工作；当$\overline{CE}$=0 有效时，如果$\overline{RD}$与$\overline{WR}$均无效，这时数据线与内部存储单元之间为高阻状态，既不能读出也不能写入数据；当$\overline{CE}$、$\overline{RD}$同时有效为 0 时，才能读出由地址线 A12～A0 选定单元中存储的数据，实现读操作；当$\overline{CE}$、$\overline{WR}$同时有效为 0 时，可将数据存入由地址线 A12～A0 选定的单元，实现写操作。

2. 51 单片机三总线结构

在进行片外扩展连接时，51 单片机要提供三类总线以便与其他器件交换信息，51 单片机的三总线结构如图 1-12 所示。

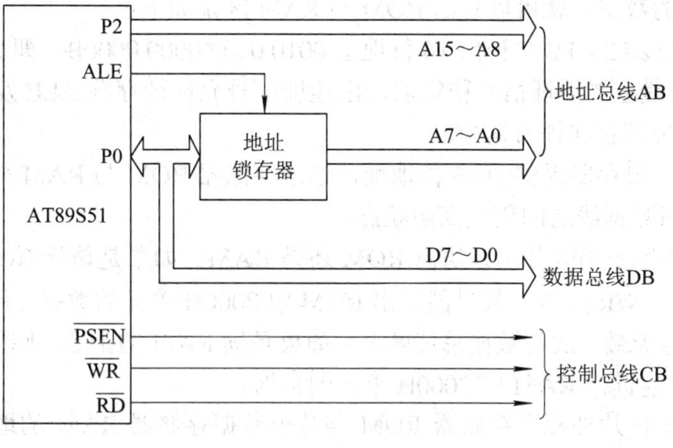

图 1-12　单片机片外扩展三总线

51 单片机进行片外扩展时，提供 16 位地址总线、8 位数据总线及所需的控制线。地址总线的高 8 位由 P2 口提供，低 8 位由 P0 口提供，当地址信息在地址总线上稳定后，在地址允许锁存端 ALE 锁存脉冲的作用下，将 P0 口的低 8 位地址信息存入片外地址锁存器中，然后将 P0 口用作数据总线发送数据。控制信号线有 3 个，其中$\overline{RD}$、$\overline{WR}$是片外数据存储器的读/写控制信号，$\overline{PSEN}$是片外程序存储器的读选通信号。

3. 51 单片机与存储器的扩展连接

图 1-13 所示为某单片机控制系统片外存储器扩展连接图，试分析芯片 RAM 与 ROM 的地址范围。

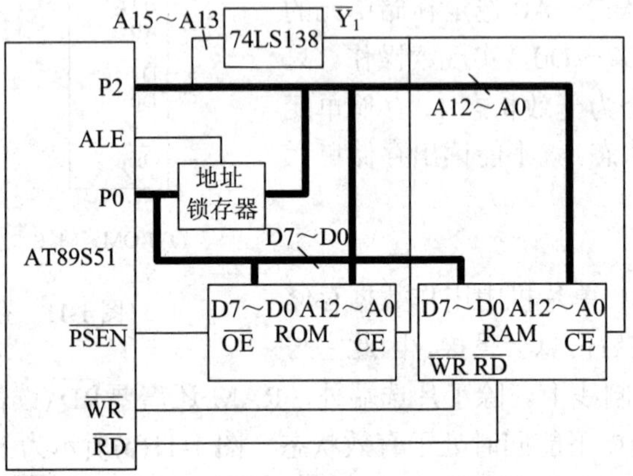

图 1-13　单片机存储器扩展连接图

不论是 ROM 还是 RAM，要使其工作，片选端 $\overline{CE}$ 必须有效，图 1-13 中 $\overline{CE}$ 端与 3 线-8 线译码器的 $\overline{Y1}$ 端相连，要使 $\overline{Y1}$ 端有效，则 A15、A14、A13 这 3 根地址线的信号必须为 001。当 A12～A0 全为低电平时，选中 ROM 与 RAM 中的最低地址单元；当 A12～A0 全为高电平时，选中 ROM 与 RAM 中的最高地址单元。故这两块存储器的地址范围为 0010 0000 0000 0000B～0011 1111 1111 1111B，即 2000H～3FFFH。ROM 与 RAM 两个芯片的地址范围完全一样，发送一个地址会同时选中两个单元，这两个单元不会冲突。通过读取地址为 2000H 单元的数据，就可以看出 ROM 与 RAM 区别如下：

(1) 由地址总线 P2、P0 口输出 16 位地址 0010 0000 0000 0000B，即 2000H。

(2) 当地址总线上的地址信号稳定后，由地址信号允许锁存端 ALE 发出锁存脉冲，将 P0 口的低 8 位地址锁存在锁存器中。

(3) 由 P2 口、锁存器提供的 16 位地址，选中存储器 ROM 与 RAM 中的 2000H 单元，但此刻选中单元与数据线之间仍呈高阻状态。

(4) CPU 根据指令码区分出是访问 ROM 还是 RAM。如果是访问 ROM 的指令，则使 $\overline{PSEN}$ 有效，$\overline{RD}$、$\overline{WR}$ 无效，故只能读出 ROM 中 2000H 单元的数据，而 RAM 中 2000H 单元由于控制信号无效，故与数据总线断开；如果是读 RAM 的指令，则使 $\overline{PSEN}$、$\overline{WR}$ 无效，$\overline{RD}$ 有效，只能读出 RAM 中 2000H 单元的数据。

从(4)可以看出，片外程序存储器 ROM 与片外数据存储器 RAM 的地址范围相同，都为 2000H～3FFFH，但由于使用不同的控制信号，所以不会产生冲突。当然在片外扩展时，也可为 ROM、RAM 分配不同的地址空间。

1.2.5　C51 基础

1. 计算机编程语言简介

单片机是一种大规模的数字集成电路，它只能识别 0 和 1，因此最早的程序就是由一连串的 0 和 1 组成的。这种由二进制代码 0 和 1 表示的，能被计算机直接识别和执行的语言称为机器语言，由机器语言编写的程序可以被 CPU 直接执行，并且速度快。例如要将 30H 赋给累加器 A，则机器码为 0111 0100　0011 0000B，可表示为 74H　30H。

由于机器语言难记、难写、难读，因此人们将这种由 0、1 组成的指令用英文助记符来表示，并称为汇编语言。如上述任务可用指令 MOV A,#30H 来实现。用汇编语言编写的源程序，CPU 不能直接执行，必须通过汇编程序将汇编语言源程序翻译成机器语言程序后才可运行。汇编语言目前在控制领域的应用仍然十分广泛，它的效率高、实时性强，但是汇编语言与机器语言一样都是面向机器的，这使汇编语言程序的移植性差，要求编程者对硬件一定要十分熟悉，初学者较难熟练掌握。

为了更好地开发利用计算机，产生了高级语言。高级语言接近于数学语言与自然语言，是目前绝大多数编程者的选择。与汇编语言相比，它不但将许多相关的机器指令合成为单条指令，并且去掉了与具体操作有关但与完成工作无关的细节，例如堆栈、寄存器等，这样不仅为编程者带来了方便还缩短了源程序。目前高级语言种类很多，如 C 语言、FORTRAN、VB、PASCAL 等。不管是用何种高级语言编写的源程序，CPU 都不能直接执行，均必须通过相应的编译程序将其翻译成机器语言程序(称为目标程序)后，CPU 才能执行。

由于 C 语言功能丰富，表达能力强，使用灵活方便，应用面广，兼顾了多种高级语言的特点，目标程序效率高，能直接对计算机硬件进行操作，因此针对 51 单片机的 C51 语言已成为专业化的实用高级语言，在控制领域越来越多的人选用 C 语言作为开发工具。

2. C51 程序结构

一个 C51 源程序可以由一个或多个源文件组成，每个源文件可由一个或多个函数组成，因此 C51 采用函数结构。一个源程序不论由多少个源文件组成，都有一个且只能有一个 main 函数，即主函数，不管 main()函数写于何处，程序总是从 main()函数开始执行，最后回到 main()函数结束。main()函数可调用其他函数，但不能被调用；其他函数也可以互相调用；中断函数不能被任何函数调用，包括主函数。编写 C51 源程序时，常采用的结构如下所示：

结构 1：

预处理命令	#include <reg51.h>
	#define uchar unsigned char
	#define uint unsigned int
函数说明	uchar func1(void);
	void func2(uchar i);
变量定义	uint m,n;
	uchar x=0;
主函数	main()
	{
	uchar a;
	a=func1();
	func2(10);

结构 2：

```
#include <reg51.h>
#define uchar unsigned char
#define uint unsigned int

uint m,n;          //定义变量 m、n
uchar x=0;
uchar func1()
{
    函数体 1
}
void func2(uchar i)
```

```
        ……
    }
函数 1    uchar func1()
    {
            函数体 1
    }
函数 2    void func2(uchar i)
    {
            函数体 2
    }

    {
        函数体 2
    }
    main()
    {
        uchar a;
        a=func1();
        func2(10);
    }
```

函数一般由函数定义和函数体两部分组成。函数定义部分包括函数类型、函数名、形式参数等，函数名后面必须跟一个圆括号()；形式参数在()内定义。函数体由一对花括号“{}”括起来。如果一个函数内有多个花括号，则最外层的一对“{}”为函数体的内容。函数体一般由声明语句和执行语句两部分组成。声明语句用于定义函数中用到的变量，也可对函数体中调用的函数进行声明。执行语句由若干语句组成，用于完成一定的功能。如果函数体只有一对花括号“{}”时，称之为空函数，什么也不做。C51 中的每条语句必须以分号“;”作为结束符，但是预处理命令、函数定义和花括号“}”之后不能加分号“；”。只有一个分号的语句称为空语句。

例如：要实现 z=x+y，x、y、x 为整数，可写作：

```
int x,y,z;
main()
{
    x=5;        //给 x、y 赋值
    y=6;
    z=x+y;
}
```

为了使源程序便于阅读和维护，C51 源程序书写时应遵循如下规则：

(1) 每行只写一个说明或一条语句。

(2) 用“{}”括起来的部分，通常表示了程序的某一层次结构。{}一般与该结构语句的第一个字母对齐，并单独占一行。

(3) 低一层次的语句或说明可比高一层次的语句或说明缩进后书写。

(4) 用“/* …… */”或“//”作注释，以增加程序的可读性。

(5) C51 对字母的大小写比较敏感，在程序中，同一个字母的大小写系统是作不同处理的。

编程时力求遵循这些规则，以养成良好的编程习惯。

3. C51 中的基本数据类型

1) 变量

变量的值在程序运行过程中是可以变化的，C51 中用到的所有变量必须作强制定义，

即先定义后使用。一般从数据类型、存储类型、作用域三个方面定义一个变量，在本节中，仅介绍变量的数据类型，存储类型、作用域在后续项目中介绍。

数据类型是根据被定义变量的性质、表示形式、占据存储空间的多少以及构造特点对变量进行定义的，即定义了变量的大小。常用的数据类型有基本数据类型、构造数据类型、指针类型、空类型 4 大类。

(1) 基本数据类型。基本数据类型最主要的特点是其值不可以再分解为其他类型，基本数据类型是自我说明的。基本数据类型是最基本的，C51 中常用的基本数据类型及其大小如表 1-6 所示。

表 1-6　C51 基本数据类型及其大小

基本数据类型	长　度	取值范围
unsigned char	1 字节	0～255
signed char	1 字节	−128～+127
unsigned int	2 字节	0～65 535
signed int	2 字节	−32 768～+32 767
unsigned long	4 字节	0～4 294 967 295
signed long	4 字节	−2 147 483 648～+2 147 483 647
float	4 字节	±1.175494E−38～±3.402823E+38
bit	1 位	0 或 1
sbit	1 位	0 或 1
sfr	1 字节	0～255
sfr16	2 字节	0～65 535

表 1-6 中，bit、sbit、sfr、sfr16 为 C51 的扩充数据类型，主要是针对 51 系列单片机而设置的。51 单片机内部有 21 个特殊功能寄存器，每个寄存器在存储器中都分配有唯一的地址和名称，单片机只能识别地址。我们记忆名称较为方便、快捷，因此当我们编程读写这些寄存器时，必须要在程序开始时用关键字 sfr、sfr16 对这些寄存器加以定义，实际就是给每个寄存器起一个我们已经约定好的名字，这样编译器才能将这些名称与 RAM 中的存储单元进行绑定，对它进行读/写操作。当然也可以起其他的名字，但是不利用互相交流和学习。

① sfr——定义一个 8 位特殊功能寄存器。一般形式为

```
sfr 8 位 SFR 名称=地址;
```

例如：

```
sfr P0=0x80;
```

P0 口是单片机 4 个并行 I/O 口中的一个，由表 1-3 可知它在片内 RAM 中的地址是 80H。通过这样定义后，编译器就会知道，P0 就代表了 80H 单元，对 P0 口进行读/写操作实际上是对 80H 单元进行读/写。例如，执行语句“P0=0xfe;”结果是使 P0.0 为低电平，P0.1～P0.7 为高电平，指令采用字节寻址同时设置 P0 口的 8 个输出位。

② sfr16 ——定义一个 16 位特殊功能寄存器。一般形式为

```
sfr16 16 位 SFR 名称=地址;
```

③ sbit——定义位地址，即可位寻址的特殊功能寄存器中的某一位地址。一般形式为

```
sbit 位地址名=位地址;
```

式中位地址一般有三种形式：直接位地址、特殊功能寄存器字节地址值带位号、特殊功能寄存器名称带位号。如采用特殊功能寄存器名称带位号时，需在定义位地址之前用sfr/sfr16 对特殊功能寄存器进行定义，且字节地址与位号之间、特殊功能寄存器名称与位号之间用“^”作间隔。

例如：

```
sbit led1=0x80;          //直接位地址
sbit led1=0x80^0;        //特殊功能寄存器字节地址值带位号
sbit led1=P0^0;          //特殊功能寄存器名称带位号
```

上述 3 条指令的作用都是给 P0 口最低位的位地址 P0.0 起名字为 led1，由 led1 可以知道该引脚外接一个发光二极管，可提高程序的可读性；如果外接一按键时，可定义为 sbit key=P0^0;。如在程序中执行语句“led1=0;”的结果就是使 P0.0 引脚输出低电平，P0.1～P0.7 保持原状态不变。对 P0～P3 进行位寻址时需先定义位地址。

④ bit——定义位变量，一般形式为

```
bit 位变量名;
```

例如：

```
bit  b1;
```

定义了一个位变量 b1，编译时由系统将 b1 与位寻址区(片内 RAM 的 20H～2FH 单元)中 128 个位地址中的一个绑定(由编译器决定)。当 b1 被修改后，b1 对应的位地址所在字节单元的内容也会随之改变。

关键字 bit 与 sbit 的区别在于，sbit 用于定义 51 单片机内部可以位寻址的特殊功能寄存器的某一位，定义的同时需要给出位地址(在片内 RAM 高 128 B)，位地址与名称之间的关系要符合表 1-4；而 bit 定义的是任意的位变量，名称可以由用户随便命名，位变量对应的位地址由编译器在编译时给出(在片内 RAM 低 128B 的位寻址区)，在定义位变量的同时是否赋初值由需要而定。

如果每次编程时都重新定义 SFR，去查找 SFR 的实际地址，这样做势必很麻烦，也没有必要。在头文件 reg51.h 或 reg52.h 中，已经对 51 或 52 系列单片机中用到的特殊功能寄存器和可位寻址位作了定义，我们可以通过文件包含命令直接使用。reg51.h 或 reg52.h 中的部分内容如下：

```
sfr P0=0x80;
sfr P1=0x90;
……
sbit CY=PSW^7;
sbit AC=PSW^6;
```

(2) 构造数据类型。构造数据类型是根据已定义的一个或多个数据类型用构造的方法来定义的，即一个构造类型的值可以分解成若干个“成员”或“元素”，每个“成员”都是一个基本数据类型或又是一个构造类型。在 C 语言中，数组类型、结构类型、联合类型都属于构造类型。

(3) 指针类型。指针是一种特殊的，同时又具有重要作用的数据类型。指针的值是存储器中某个单元的地址，根据指针的值可以取出该单元中存储的数据。虽然指针变量的取值类似于整型量，但它们是两个类型完全不同的量，因此不能混为一谈。

(4) 空类型。在调用函数时，通常应向调用者返回一个函数值。如果调用后不需要返回函数值时，可将该函数定义为空类型，其类型说明符为 void。

定义变量时，变量名要“见名知义”，除此之外还应注意以下几点：

① 允许在一个类型说明符后，说明多个相同类型的变量，各变量名之间用逗号分隔。类型说明符与变量名之间至少用一个空格间隔，最后一个变量名之后必须以“;”号结尾。

在定义变量的同时可以为其赋初值，这种方法称为初始化。一般形式为

类型说明符 变量 1=值 1，变量 2=值 2，……;

例如：

```
unsigned char a=4,b=45,c=0x45;
unsigned int x=32,y=344,z=7544;
```

应注意，在定义中不允许连续赋值，如 unsigned char a=b=c=5 是不合法的。

② 变量定义必须放在变量使用之前，一般是放在函数体的开头部分。

③ 给变量赋合适的数值。定义了变量的数据类型后，编译器编译时就会根据该变量的数据类型在单片机的存储器中为其分配一定的空间，变量的数据类型不相同，所分配的存储单元也就不同，为了合理地利用单片机的存储空间，编程时就要设定合适的数据类型。变量的数据类型确定后，变量数据的大小就受到了限制，编程时就不能随意给一个变量赋值了。例如：

```
unsigned char a;
```

定义了一个无符号字符变量 a，编译器就分配 1 个存储单元用于存放 a 的数值，如果给 a 赋大于 255 的数值，如 a=987;时，由于存放 987 需要 2 个存储单元，所以数据就会丢失，影响程序的执行结果。

④ 定义变量时，要考虑 51 单片机内存储器容量。51 单片机内片内数据存储器 256 B 中仅低 128 B 由用户使用，片内程序存储器也只有 4 KB，因此定义变量类型时，最好结合实际情况，尽可能定义为 unsigned char、signed char 类型，然后定义为 unsigned int、signed int 类型，充分利用 51 单片机有限的存储器实现各种控制功能。

⑤ 在 C51 源程序中，如果出现数据类型不一致的情况，会按照隐式转换的顺序进行转换。例如：

bit→char→int→long→float

signed→unsigned

也就是说，当一个 bit 量与一个 int 量进行运算时，系统会自动将位变量 bit 变为整型量 int，然后再与 int 量进行运算，结果为 int 量。

2) 常量

常量在程序执行时是不会改变的。常量也有数据类型，在源程序中，常量是可以不经定义而直接引用的。最常用的是整型常量即整常数：十进制整数如 10、240 等；十六进制整数要加前缀“0x”或“0X”，如 0x30、0xfe 等。注意：0xfe 与 0xFE 都是正确的。

4. **文件预处理**

C51 编译器在对源程序进行编译之前，先要对程序中的一些特殊命令进行预处理。预处理命令主要包括宏定义 define 和文件包含 include。预处理命令以符号“#”开头。

(1) 宏定义#define。宏定义#define 的功能是用一个指定的标识符来代表一个字符串或常量。其一般形式为

```
#define 标识符 字符串(或常量)
```

例如：

```
#define BYTE unsigned char
```

unsigned char 的另一个名字就是 BYTE，然后可以用 BYTE 来定义数据类型。例如：

```
BYTE x;
BYTE y;
```

则变量 x、y 为 unsigned char 型。

(2) 文件包含#include。所谓文件包含是指一个源文件可以包含另一个源文件，通过命令#include 来实现。其一般形式为

```
#include "文件名"
```

或

```
#include <文件名>
```

文件包含的执行过程如图 1-14 所示。预处理时，先把“文件名”指定的文件内容复制到文件包含命令所在的位置，再对合并后的文件进行编译。

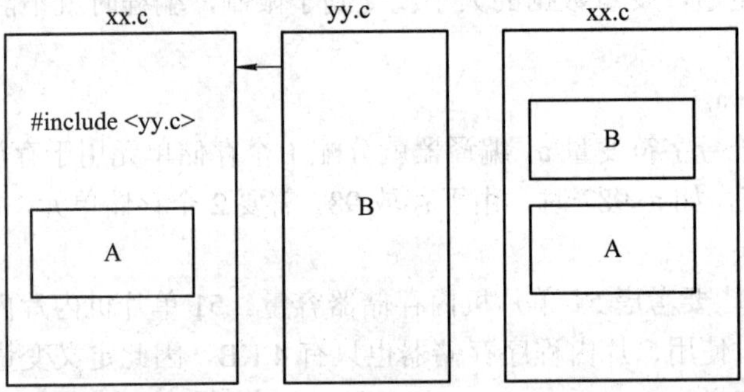

图 1-14　文件包含示意图

文件包含在 C51 编程时非常有用，它可以最大限度地避免编程人员重复劳动，提高工作效率。例如，在编写 51 单片机的应用程序时，第一条总是写“#include <reg51.h>或#include <reg52.h>”，它的作用就是将特殊功能寄存器定义头文件 reg51.h 或 reg52.h 包含到自已的源文件中，就不必再对特殊功能寄存器重新定义了。

另外，利用 C51 的库函数能使程序代码简单、结构清晰。每个库函数在相应的头文件中给出了函数原型声明，用户使用这些库函数时，在源文件开始处利用#include，将相关的函数声明头文件包含进来，系统在编译连接时会将该函数的程序代码从函数库中调出，嵌入到源文件中。在下例中，通过 math.h 头文件中的 extern float sin (float val)声明语句，系统在编译连接时会将 sin(x)的源代码从函数库中调出，嵌入到该程序中，用户不必了解 sin(x)实现的方法。

例如：

```
#include <math.h>
float x,y;
main()
{
    x=1.23;
    y=sin(x);
    …
}
```

C51 常用头文件如下：

reg51.h/reg52.h	定义了51/52系列单片机中的特殊功能寄存器与可位寻址的SFR的位地址
intrins.h	定义了C51的内部函数
math.h	定义了常用的数学函数
absacc.h	包含允许直接访问51单片机各存储区的宏定义
stdio.h	定义了51单片机的串口输入/输出函数
string.h	定义了字符串操作函数
stdlib.h	定义了动态内存分配函数

5. while 语句

while 语句是 C51 中的循环语句，它的一般形式为

```
while  (表达式)
{
    语句;(可为空语句)
}
```

说明：表达式为循环条件，语句为循环体。

特点：先判断表达式，后执行循环体语句。

while 语句执行时先判断表达式的值，如果表达式的值为真，就执行循环体语句；若表达式的值为假，则直接执行 while 后面的语句。while 语句执行流程如图 1-15 所示。

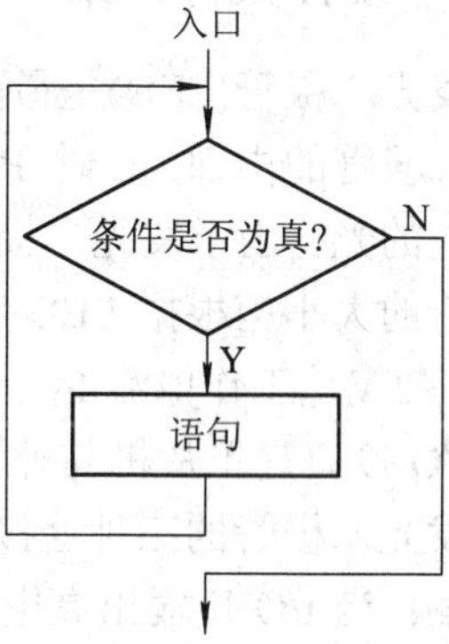

图 1-15　while 语句执行流程图

注意：

(1) 在 C 语言中，真是指“非 0”，假是指“0”，例如 1、2、10 等任何非零的数值都为真。

(2) 表达式可以是一个常数、一个关系表达式、一个逻辑表达式或一个带返回值的函数。

(3) 循环体语句可以是空语句，即“;”。

(4) 当循环体语句只有一条语句时，可不写大括号。

“while(1);”是最简单的 while 语句，它的表达式为 1，永远为真，而它的循环体为空语句，什么也不需要做，所以 while 语句构成了一个死循环，一直执行空语句，相当于使单片机停机。在 C 语言中，while 的循环体语句中一定要有使循环趋于结束的语句，以免构

成死循环；而在 C51 中，却常常需要形成死循环。这也是 C 语言与 C51 的区别之一。

“while(1);”中的分号“;”一定不能省，否则会将 while(1)后的第一条语句作为它的循环体，后面没有语句时，则是错误的 while 语句。

例如：试分析下述 3 个 while 语句的循环体。

①
```
while(1)
P0=0x88;
P1=0x33;
```
②
```
while(1);
P0=0x88;
P1=0x33;
```
③
```
while(1)
{
        P0=0x88;
        P1=0x33;
}
```

根据 while 语句的要求可知，第一个 while 语句的循环体为“P0=0x88;”，语句“P1=0x33;”不被执行；第二个 while 语句的循环体为“;”，语句“P0=0x88;P1=0x33;”不被执行；第三个 while 语句的循环体为“P0=0x88;P1=0x33;”，反复执行这两条语句。

1.3　项目实施

1.3.1　硬件设计方案

发光二极管(LED)是最简单的输出设备，通过它的亮、灭可以反映出程序运行的结果。发光二极管的内部为一个 PN 结，具有单向导电性，当给 LED 加正向电压时，可以发出不同颜色的光。由于发光二极管为非线性元件，因此当驱动 LED 时，应该串接限流电阻，限流阻值的大小应根据 LED 所需的工作电流来选择。常用发光二极管的工作电压 V_D 一般为 1.5 V～2 V，工作电流 I_D 一般取 10 mA～20 mA。

I/O 接口是单片机与外设交换信息的桥梁，图 1-16 中给出了用 51 单片机的并行 I/O 口驱动发光二极管的三种连接方法。当 I/O 口输出低电平时，方式 2、方式 3 中所接 LED 均可正偏；当 I/O 口输出高电平时，方式 1 所接 LED 正偏。但是不是三种连接方法都能点亮 LED，还要先了解一下 51 单片机并行 I/O 口的带负载能力。

51 单片机所接负载一般有灌电流负载和拉电流负载两种情况。灌电流负载是指当并行 I/O 口输出低电平时，负载电流由外设流入单片机 I/O 口，I/O 口被动接受负载电流，所以称之为灌电流，此时所接外设称为灌电流负载，如图 1-16 中的方式 2、方式 3；拉电流负载是指当并行 I/O 口输出高电平时，单片机 I/O 口主动给负载提供输出电流，所以称之为拉电流，此时所接负载称为拉电流负载，如图 1-16 中的方式 1。

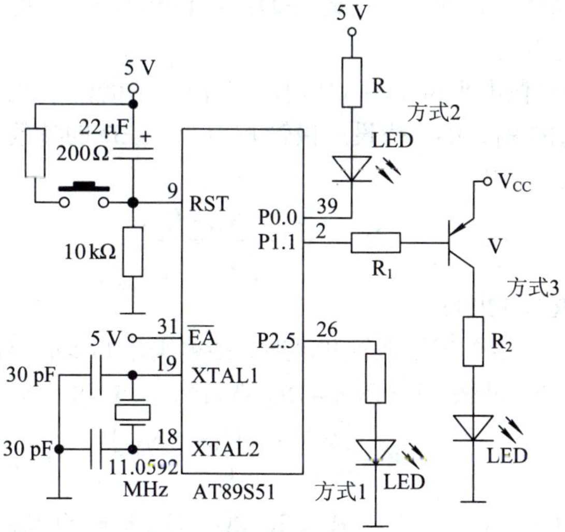

图 1-16　51 单片机驱动发光二极管

51 单片机的带负载能力如何呢？查阅相关资料可知，当 51 单片机 I/O 口输出高电平时，P0 口可接 8 个，P1～P3 仅能驱动 3 个 TTL 门电路，而每个门电路的输入电流是 μA 级，因此可知并行 I/O 口能提供的拉电流非常小；I/O 口能承受的灌电流较为特殊，一个 I/O 口允许灌入的最大电流为 10 mA，8 位 I/O 接口 P1～P3 口允许灌入的总电流之和不超过 15 mA，P0 口较大可达 26 mA，P0～P3 允许灌入的电流之和不能超过 71 mA。由此可见，单片机带灌电流负载的能力要远远大于带拉电流负载的能力。

根据 51 单片机的带负载能力，可知在方式 1 中，当 I/O 口输出高电平使 LED 满足正偏条件时，却无法提供 LED 所需的工作电流，因此方式 1 的接法是错误的。

在方式 2 中，当 I/O 口输出低电平 V_{OL}(0.3 V)时，LED 正向偏置，电流灌入 I/O 口，当电流小于单个 I/O 口允许的灌电流时，就可以安全点亮 LED。该方式适合于 LED 工作电流较小、数量较多但不同时点亮的场合。限流电阻 R 为

$$R = \frac{V_{CC} - V_D - V_{OL}}{I_D}$$

式中，V_D、I_D 为 LED 的工作电压、电流。当 LED 的参数为 2 V/10 mA 时，R = 270 Ω。

在方式 3 中，利用三极管来驱动 LED，灌入 I/O 口的是三极管的基极电流，因此是正确的。该方式适用于 LED 工作电流较大或数量较多且同时点亮的场合。例如：要求用 P0 口连接 8 个 LED，每个 LED 工作电流为 20 mA，且 8 个 LED 可能同时点亮时，方式 3 是唯一安全可靠的接法。方式 3 原理如图 1-17 所示，三极管构成了一个电子开关，由单片机控制电子开关，当 I/O 口输出低电平时，三极管饱和导通相当于开关闭

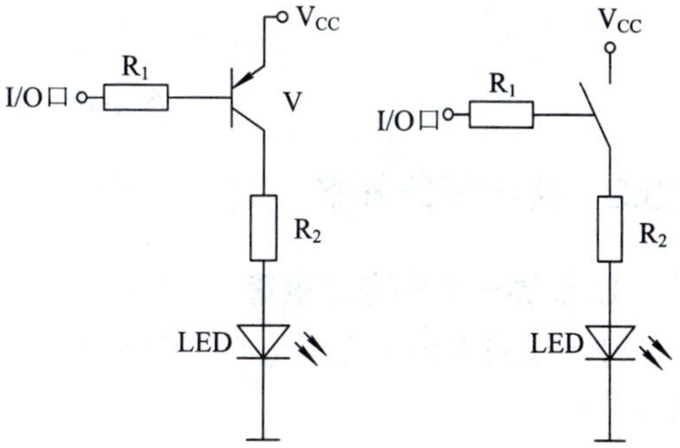

图 1-17　发光二极管驱动方式 3 等效电路

合，由 V_{CC} 提供 LED 所需工作电流，点亮 LED；当 I/O 口输出高电平时，三极管截止相当于开关断开，LED 不能点亮。

为了保证 I/O 口输出低电平 V_{OL}=0.3 V 时(即三极管基极输入电压)，三极管可以工作于饱和区，需要选取合适的 R_1、R_2。假设三极管 β=100，LED 的参数为 2.2 V/20 mA，三极管的饱和压降 U_{CE} = 0.3 V，则

$$R_2 = \frac{V_{CC} - V_D - U_{CE}}{I_D}$$

当 V_{CC} = 5 V 时，R_2 = 120 Ω。

如何选择 R_1 呢？当三极管工作在饱和区时，必须满足 $\beta I_b > I_c$，且 I_b<10 mA(一个 I/O 口允许的灌电流)，由图 1-17 可知，$I_b = (V_{CC} - U_{BE} - V_{OL})/R_1$，$I_c = I_D$，因此 R_1 应满足

$$R_1 < \frac{\beta(V_{CC} - U_{BE} - V_{OL})}{I_c}$$

式中，当 V_{CC} = 5 V、U_{BE} = 0.7 V 时，R_1 < 20 kΩ。取 R_1 = 10 kΩ 时，I_b = 0.4 mA 满足 I_b < 10 mA，故选 R_1 = 10 kΩ。

根据项目一的要求，确定本项目采用方式 2 在 P2 口连接 8 个发光二极管。项目一硬件电路如图 1-18 所示。

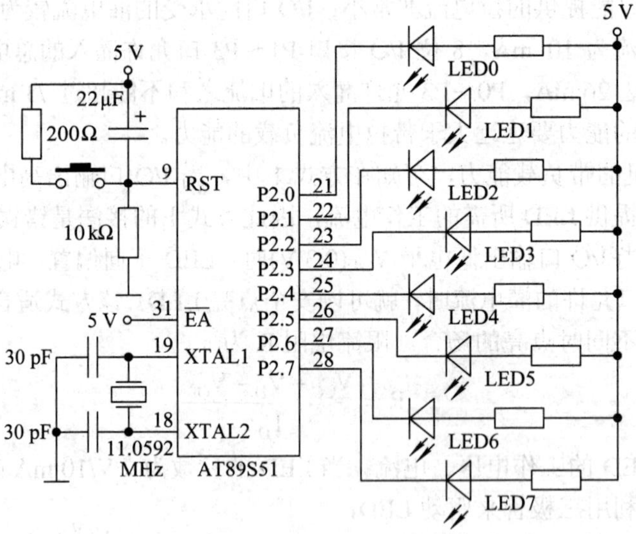

图 1-18　项目一硬件电路图

1.3.2　软件设计方案

1. 点亮一个发光二极管

项目要求编程点亮图 1-18 中的一个发光二极管，下面以点亮 P2.0 所接 LED0 为例介绍软件设计。

编程依据：当 I/O 口输出低电平时，点亮该 I/O 口所接 LED；当 I/O 口输出高电平时，该 I/O 口所接 LED 熄灭。

51 单片机的 4 个并行 I/O 口 P0～P3 寻址方式灵活，既可字节寻址，也可位寻址。字节寻址是一次向 P2 口发送一个字节即 8 位二进制数，但是只有最低位 P2.0 是我们需要的，根据编程依据使 P2.0 为低电平 0；P2.1～P2.7 没有用，可以为任意值，但是为了与 P2.0 作区别，全取 1，最终 P2 口的数据见表 1-7。

表 1-7　P2 口的数据

P2.7	P2.6	P2.5	P2.4	P2.3	P2.2	P2.1	P2.0	十六进制数
1	1	1	1	1	1	1	0	FEH
任意值							必须	

1) 源程序(字节寻址)

```
#include   <reg51.h>          //包含头文件 reg51.h
main()                        //主函数
{
     P2=0xFE;                 //字节寻址，点亮 LED0、熄灭 LED1～LED7
     whilc(1),                //动态停机
}
```

命令“#include　<reg51.h>”的作用是将头文件 reg51.h 中定义 51 单片机特殊功能寄存器的全部内容包含在该源程序中，在此就不必再定义了。编译时，是先将 reg51.h 中的全部内容复制到命令“#include　<reg51.h>”所在位置后，再进行编译。如果没有这条文件包含命令时，需要添加上语句“sfr P2=0xA0;”，否则编译器就不知将 P2 的数值存往何处。注意：头文件 reg51.h 或 reg52.h 中定义的所有名称均为大写字母，如果后面使用时写成小写字母，编译器将会不认识“p2”，会提示“未定义(undefine)”。

“//”为注释符号，每个“//”只能注释一行。添加注释后，可方便阅读程序。

语句“P2=0xFE;”为字节寻址，同时控制 P2 口的 8 个 I/O 引脚，0xFE 是十六进制整数，转换为二进制数 11111110 后，只有 P2.0 为 0，因此图 1-18 中 LED0 点亮、LED1～LED7 熄灭。

本项目的任务非常简单，只用一条语句就可实现功能，之后单片机就无事可做，但是 51 单片机是不能停机的，除非给它断电，“while(1);”语句的作用就是让单片机停止，但又不是真正的停机，它仍在执行“while(1);”，因此称之为动态停机。

2) 源程序(位寻址)

位寻址时只需为 P2.0 发送点亮 LED0 所需的低电平 0。

```
#include   <reg51.h>
sbit LED0=P2^0;               //给 P2.0 起名字为 LED0
main()
{
     LED0=0;                  //位寻址，点亮 LED0、熄灭 LED1～LED7
     while(1);                //动态停机
}
```

51 单片机的 4 个并行 I/O 口都是可以位寻址的，采用位寻址也可点亮一个 LED，大家

可能会想，不是已经将头文件 reg51.h 包含进来了吗？为什么还要用语句“sbit LED0=P2^0;”定义 P2.0 呢？在 KEIL C 中选中头文件 reg51.h，单击鼠标右键，在快捷菜单中，选中“open reg51.h”就可以打开该文件。浏览该文件可以看到，4 个并行 I/O 口 P0～P3 只定义了字节地址，并没有定义每一个的位地址，所以在对 P0～P3 的任意位进行位寻址时，源程序中必须用关键字“sbit”进行定义。语句“sbit LED0=P2^0;”的作用是给 P2 口的最低位 P2.0 重新起了一个名字 LED0，当然你可以给它起其他的任何名字，但最好能见名知意。

语句“LED0=0;”的作用是使引脚 P2.0 输出低电平，所接 LED0 正偏点亮。源程序中我们并没有控制 P2 口的 P2.1～P2.7，为什么 LED1～LED7 也和字节寻址时一样熄灭？这是因为图 1-18 电路中的复位电路在上电自复位后，P0～P3 的初值为全 1，即 FFH。

2. 点亮若干发光二极管

学会点亮一个发光二极管后，用相同的方法可以点亮 8 个发光二极管中的任意个。例如，点亮 LED1、3、5、7 四个发光二极管时，如果采用字节寻址，则 P2 口的数据见表 1-8。

表 1-8　P2 口的数据

P2.7	P2.6	P2.5	P2.4	P2.3	P2.2	P2.1	P2.0	十六进制数
0	1	0	1	0	1	0	1	55H
任意值							必须	

1) 源程序(字节寻址)

```
#include  <reg51.h>          //包含头文件 reg51.h
main()                       //主函数
{
    while(1)                 //死循环
        P2=0x55;             //字节寻址，点亮 LED1、3、5、7，熄灭 LED0、2、4、6
}
```

2) 源程序(位寻址)

位寻址时，每条语句只能点亮或熄灭一个 LED。编程时需要先用关键字“sbit”定义 P2.1、P2.3、P2.5、P2.7 四个 I/O 口，在主函数中，用 4 条位寻址语句才能够点亮 4 个发光二极管。

```
#include  <reg51.h>
sbit LED1=P2^1;              //定义 P2.1 为 LED1
sbit LED3=P2^3;              //定义 P2.3 为 LED3
sbit LED5=P2^5;              //定义 P2.5 为 LED5
sbit LED7=P2^7;              //定义 P2.7 为 LED7
main()
{
    while(1)                 //死循环
    {
        LED1=0;              //位寻址，点亮 LED1
```

```
            LED3=0;          //位寻址，点亮 LED3
            LED5=0;          //位寻址，点亮 LED5
            LED7=0;          //位寻址，点亮 LED7
        }
    }
```

通过比较前述两段源程序可以看出，当点亮的发光二极管较多时，位寻址的源程序会很长，而字节寻址不论点亮 8 个发光二极管中的几个，都只需要一条语句。因此编程时要依据实际情况选择合适的寻址方式，字节寻址适用于操作位数较多的情况，而位寻址则适合于操作位数较少的情况。

再比较本项目中的四段源程序，可以发现，在点亮一个发光二极管的源程序中，向 I/O 口发送一次代码后，while 语句使 CPU 无数遍执行空语句，相当于动态停机；而在点亮若干个发光二极管的源程序中，将发送代码的语句作为 while 的循环体，因此单片机上电后，CPU 是在无数遍地向 I/O 口发送代码。

1.3.3　程序调试

1. 实验板电路分析

HOT-51 实验板上，8 个 LED 的连接方法如图 1-19 所示，采用图 1-19 中的方式 2，8 个 LED 与 P0 口相连。由于未加驱动电路，考虑到 P0 口的带负载能力，所以在练习编程时，每次尽可能只点亮一个发光二极管，如果点亮若干个发光二极管，则可缩短实验板的通电时间。

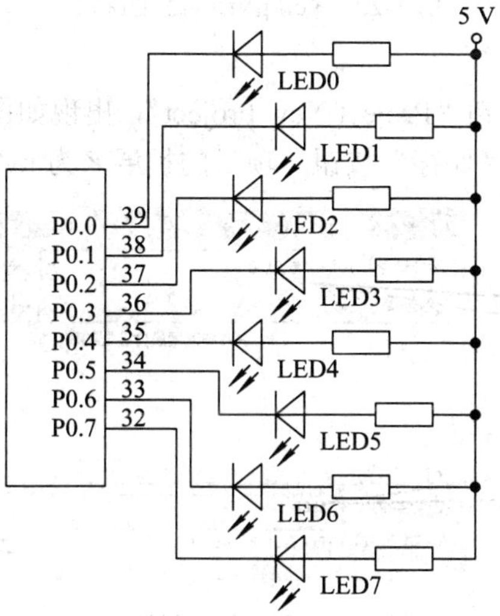

图 1-19　HOT-51 实验板 LED 电路

2. KEIL C 介绍

单片机的程序设计要在特定的编译器中进行，编译器可以完成源程序的编辑、编译等工作，生成可下载文件，现在最常用的是 Keil 公司的 μVision 集成开发环境，它支持 C51 语言和汇编语言的程序设计。

Keil μVision2 中有一项目管理器，用于管理项目文件。Keil μVision2 在使用时要先新建项目，然后再新建源程序文件，当源程序文件编辑好后，最后通过编译生成可下载文件。

(1) 启动。从开始菜单或桌面上启动 Keil μVision2，图 1-20 中圈出的即为“Keil μVision2”图标，启动后界面如图 1-20 所示。

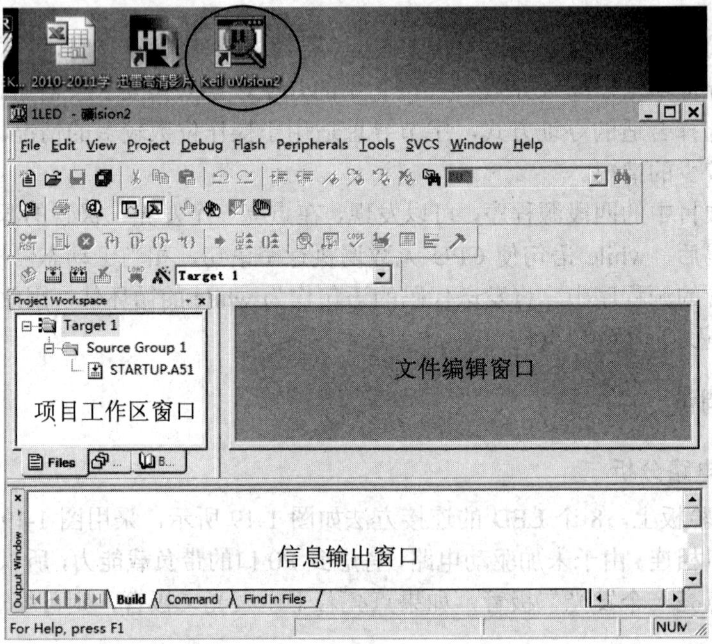

图 1-20　Keil μVision2 主窗口

(2) 新建项目。

① 创建新项目。选择按钮“Project\New Project”，出现如图 1-21 对话框。选择好存储路径，键入项目名称后单击“保存”按钮。项目的扩展名为.uv2。

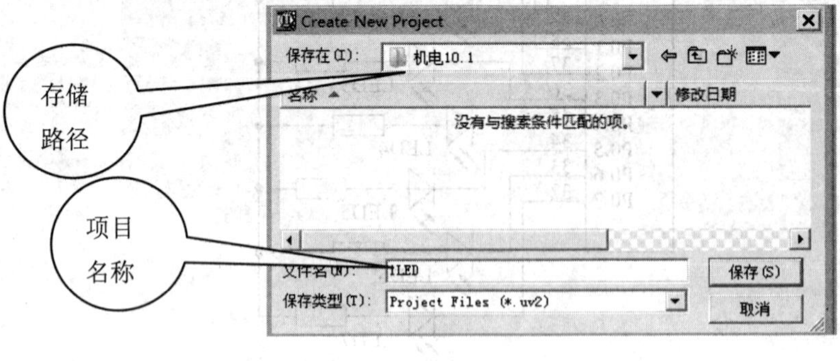

图 1-21　创建新项目窗口

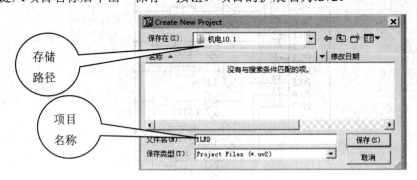

如果使用前一次创建的项目，选择“Project\Open Project”，再从弹出的窗口中选择已有的项目即可。

② 选择单片机型号。选择好存储路径、键入项目名称后单击“保存”按钮，弹出如图 1-22 所示单片机型号选择窗口，选择“Atmel\AT89S51 或 AT89S52”，单击“确定”按钮，将出现如图 1-23 所示的提示窗口，单击“是”按钮，新项目创建成功。

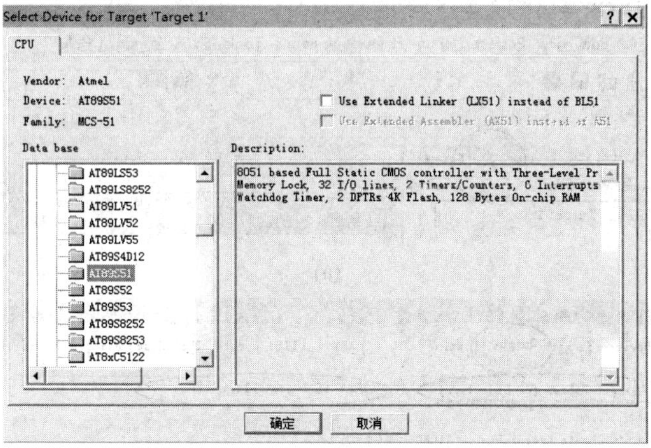

图 1-22　单片机型号选择窗口

图 1-23　提示窗口

在项目工作区窗口 Project Workspace 显示框内，单击文件夹 Target1 左侧的符号“+”，展开后如图 1-24 所示。在后面编辑源程序时，Target1 应一直保持展开状态。

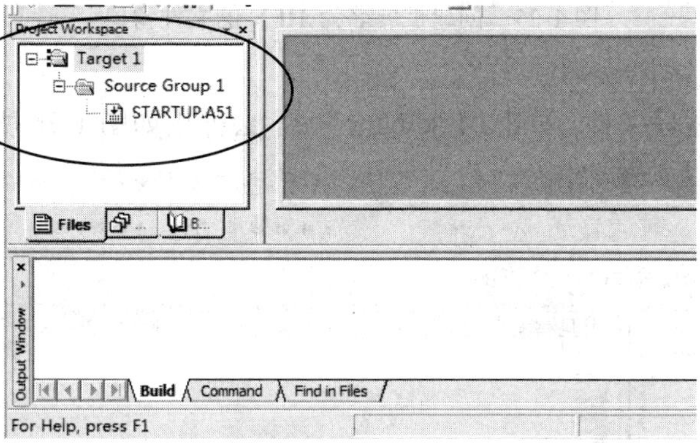

图 1-24　新建项目后项目工作区窗口

③ 选择创建扩展名为.HEX 的文件。单击图 1-25(a)所圈快捷图标或选择“Project\Build Target”，会弹出如图 1-25(b)所示窗口，单击第三个选项“Output”，选中“Create HEX File”，单击“确定”按钮即可。

每次新建项目后，都需作此选择。HEX 文件的名称默认与项目名相同，也可以在图 1-25(b)中的“Name of Executable”后键入所需名称；HEX 的文件默认与项目存放在同一文件夹，也可单击图 1-25(b)中“Select Folder for Objects ...”按钮，在弹出的窗口中重新选择存储路径。

(a)

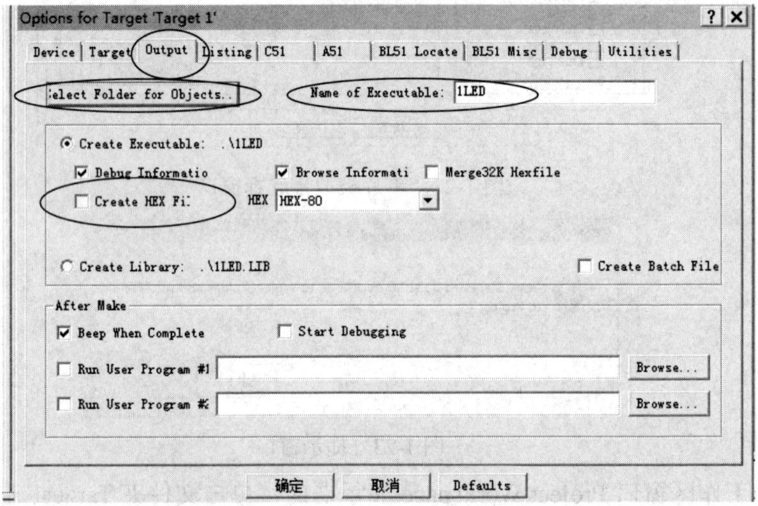

(b)

图 1-25　创建扩展名为.HEX 的文件窗口

(3) 新建源程序文件。

① 创建新的源程序文件。单击“File\New”后，会弹出如图 1-26 所示的文本编辑窗口。

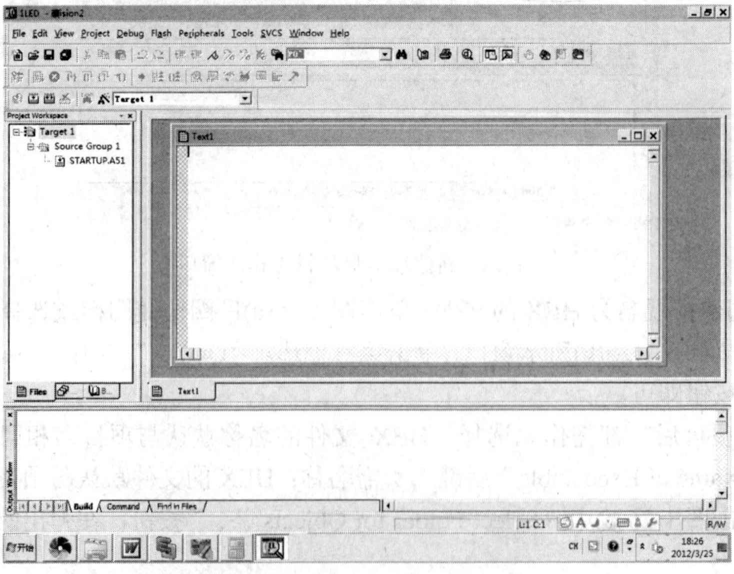

图 1-26　创建新的源程序文件窗口

② 保存源程序文件。选择"File\Save as"，会弹出如图 1-27 所示的窗口，选择好存储路径(和项目保存在同一文件夹)，并键入源程序文件名(注意：一定要键入源程序文件扩展名 .c)，如"一个 LED(位寻址).c"，单击"保存"按钮后进入编辑界面。源程序文件在先保存后编辑时，C51 的关键字将会高亮显示，以便检查错误。

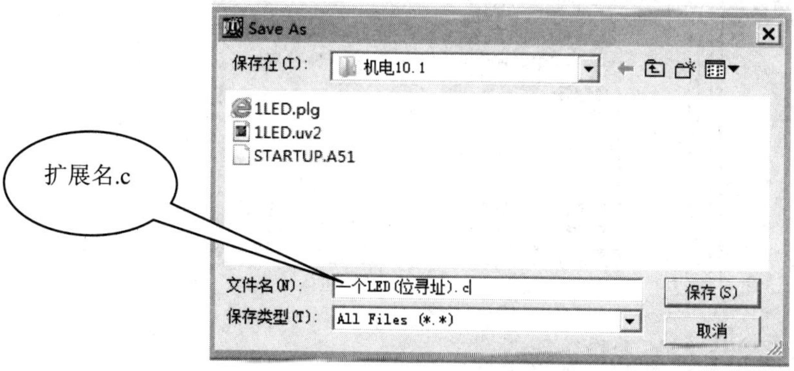

图 1-27　C51 源程序文件保存窗口

③ 将新建的源程序文件添加至项目中。如图 1-28(a)所示，在项目工作区窗口 Project Workspace 显示框内，展开文件夹 Target1 左侧的符号"+"，再右击文件夹"Source Group1"，将弹出图 1-28(a)所示界面，单击"Add Files to Group 'Source Group1'"后，会弹出如图 1-28(b)所示对话框，选择刚才创建的源程序文件"一个 LED(位寻址).c"后，单击"Add"，再单击"Close"关闭该对话框。源程序文件添加后项目工作区窗口如图 1-28(c)所示，多了一行显示，即刚添加的源程序文件名。

如果不需要文件夹"Source Group1"中的源文件，可以用鼠标左键单击不需要的"文件名"，弹出如图 1-28(d)所示界面，选择"Remove File '一个 LED(位寻址).c'"，将其从"Source Group1"移除后，可重新添加新的源程序文件。

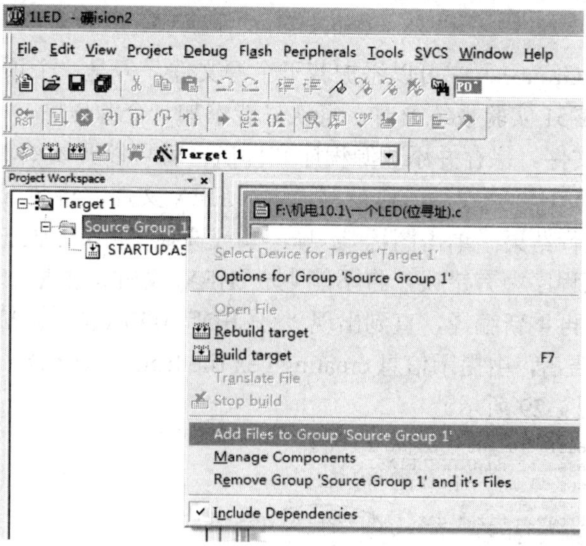

(a)

图 1-28　添加源程序文件对话框(1)

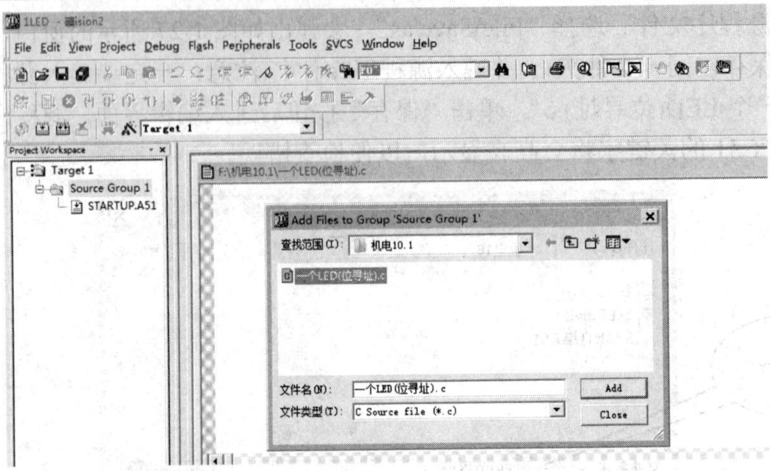

(b)

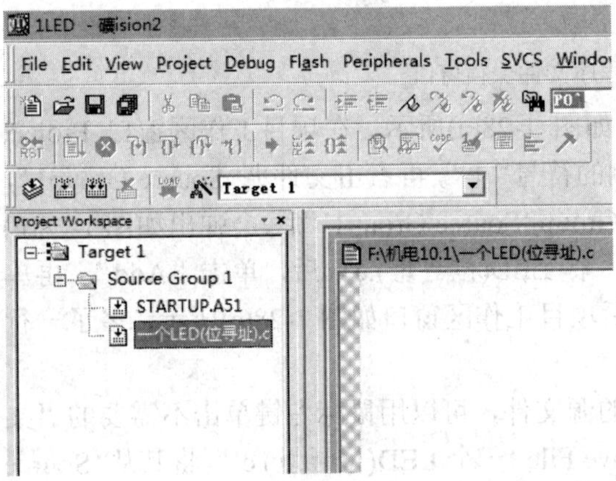

(c)

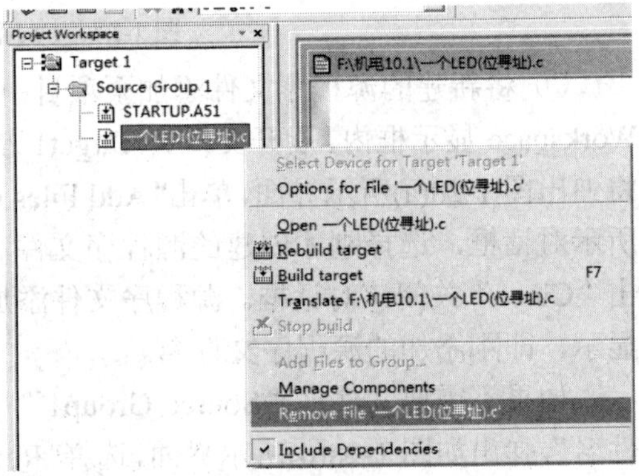

(d)

图 1-28　添加源程序文件对话框(2)

文件夹“Source Group1”中可以添加若干个源文件，但是一个项目中只能有一个主函数，因此在针对 HOT-51 实验板练习时，每次只能添加一个源程序。

④ 编辑源程序文件。保存并添加源程序文件后，就可以开始编辑了。

(4) 编译。源程序编辑完成后，通过编译生成.HEX 文件，将其下载至单片机芯片中，才能观察源程序的运行结果。单击图标或选择“Project\Rebuild all target files”，编译源程序。如果源程序中有错误，将不能生成 .HEX 文件，根据信息输出窗口中的提示找到错误并修改后，再重新编译，直到出现“"1LED" - 0 Error(s), 0 Warning(s)”提示信息，即 0 个错误，0 个警告后，由提示信息 creating hex file from “1LED” 可知创建了下载文件“1LED.HEX”，如图 1-29 所示。

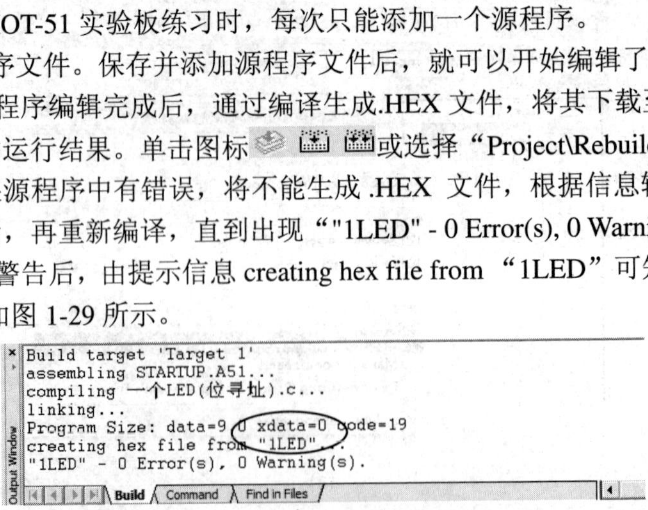

图 1-29　源程序编译成功后的提示信息

由图 1-29 可知，HEX 文件的名称默认与项目名相同，而非源程序文件名，下载时一定要注意。

三个编译图标是有区别的，第一个用于编译正在操作的文件，第二个用于编译修改过的文件，第三个用于编译当前项目中的所有文件。它们的共同点是都会生成扩展名为 .HEX 的可下载文件。

如果将源程序中的分号均去掉，编译后，信息输出窗口中就会给出错误提示信息，如图 1-30 所示。由错误提示信息可知共有 3 处错误，分别在第 3、6、7 行。当源程序较长时，提示的有些错误并不需要修改，这是由于源程序中的语句是前后关联的，当编译器发现第一个错误时，就无法编译，后面与此相关的内容均会提示出错，因此在改错时，一定要先改正第一个错误，改正后，重新保存、编译，可有效提高改错的效率。

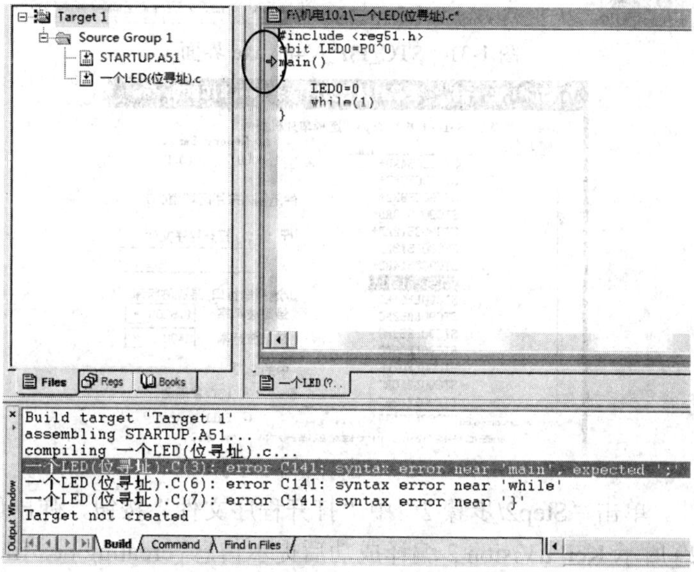

图 1-30 错误信息提示窗口

改错时，双击错误提示行，KEIL C 软件会自动定位错误行，如图 1-30 所示，以方便查找。由于 KEIL C 查找、定位错误并不是十分准确，因此要仔细检查定位的前后行及相关联的语句；而算法上的错误，如将 P0 写成了 P2，就检查不出来，所以在编辑时，一定要细心，尽可能减少不必要的错误。

3. STC_ISP_V483.exe 软件的使用

STC_ISP_V483.exe 软件是 HOT-51 资料包中自带的下载软件，可以将扩展名为.HEX 的文件下载至单片机芯片中。

(1) 连接。将实验板上的下载线与计算机的 USB 插口相连，下载线也是实验板的电源线。

(2) 启动。从开始菜单或桌面上启动 STC_ISP_V483.exe，启动后界面如图 1-31 所示。软件 STC_ISP_V483.exe 的操作界面较为简单，有 5 个步骤，分别是选择单片机型号、打开文件、选择串行口、设置选项、下载，按次序操作即可。

(3) 选择单片机型号。如图 1-32 所示，打开“Step1/步骤 1”中“MCU Type”的下拉菜单，选择单片机的型号为 STC90C516RD+。

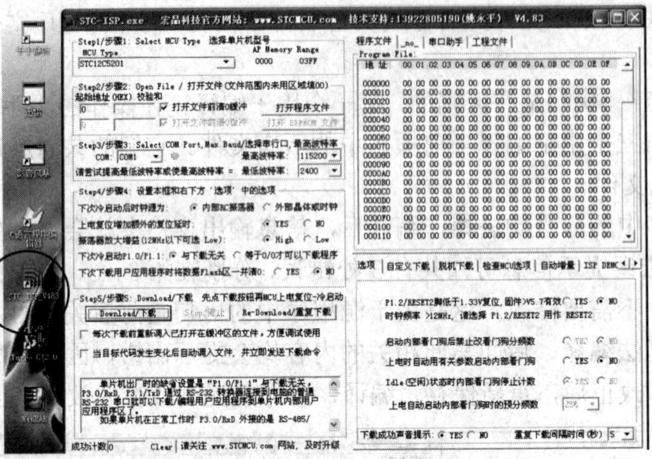

图 1-31　STC_ISP_V483.exe 界面

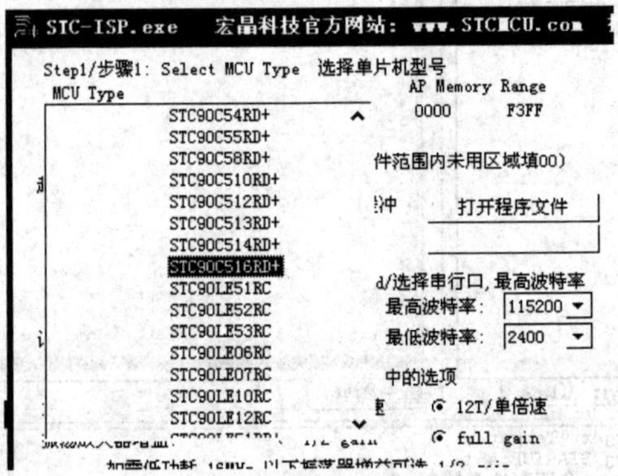

图 1-32　选择单片机型号

(4) 打开文件。单击“Step2/步骤 2”中“打开程序文件”按钮，弹出如图 1-33 所示对话框，根据图 1-29 所示 Keil uVision 2 编译成功后提示信息“creating hex file from “1LED””，单击 HEX 文件 1LED.hex，再单击“打开”按钮，对话框将自动关闭。

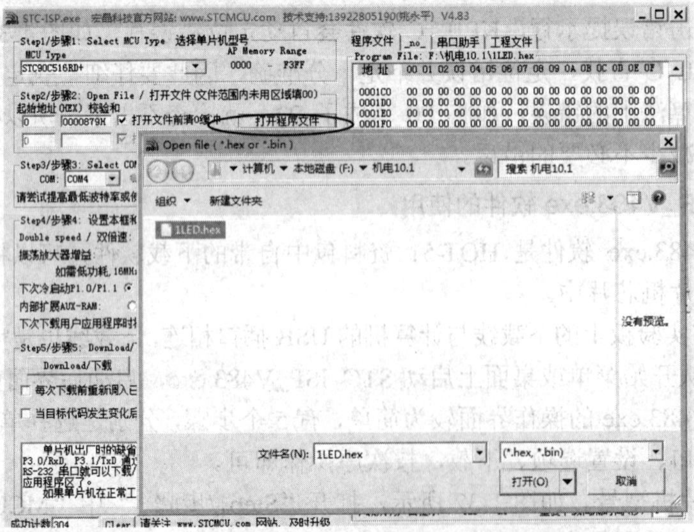

图 1-33　打开文件对话框

(5) 选择串行口。鼠标右键单击桌面上的“我的电脑”图标，弹出如图 1-34(a)所示的快捷菜单，单击“属性”选项，弹出如图 1-34(b)所示系统属性对话框，选择“硬件”标签页，单击“设备管理器”按钮，弹出如图 1-34(c)所示设备管理器对话框，展开“端口”前的“+”，由“Prolific USB-to-Serial Comm Port (COM3)”可知 HOT-51 实验板用的串口是“COM3”。然后单击下载软件 STC_ISP_V483.exe 的界面，在“Step3/步骤 3”的“COM”下拉菜单中选择“COM3”。

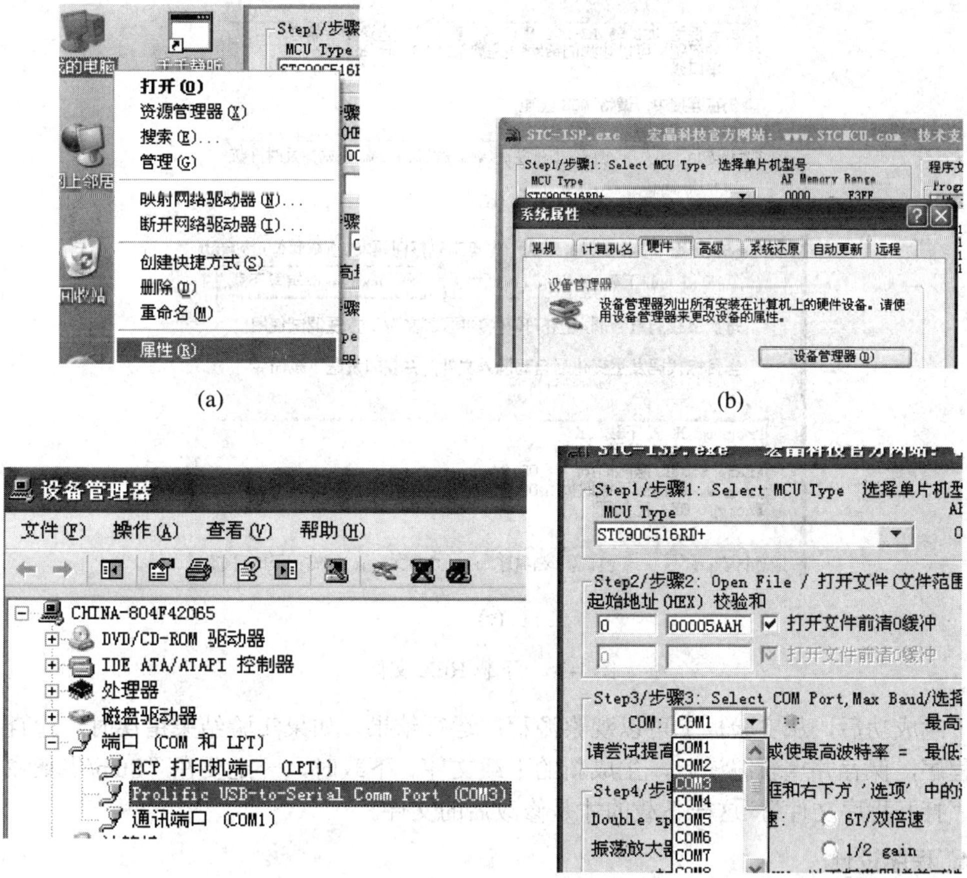

(a)　(b)　(c)　(d)

图 1-34　选择串行口

(6) 设置选项。“Step4/步骤 4”中的各选项均采用默认值，不需设置。

(7) 下载。单击“Step5/步骤 5”中的“Download/下载”按钮，如果下载进度框中出现图 1-35(a)所示“串口已被其它程序打开或该串口不存在”的提示信息，表示串行口选择错误。

选择正确的串行口后，重新单击“下载”按钮，等下载进度框中出现如图 1-35(b)所示“仍在连接中，请给 MCU 上电”信息时，闭合 HOT-51 实验板上的电源开关，开始下载文件。当下载进度框中出现图 1-35(c)所示“已加密”时，表示下载成功。

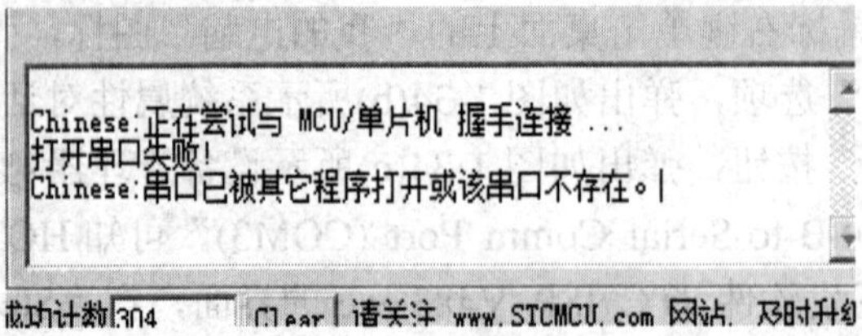

(a)

(b)

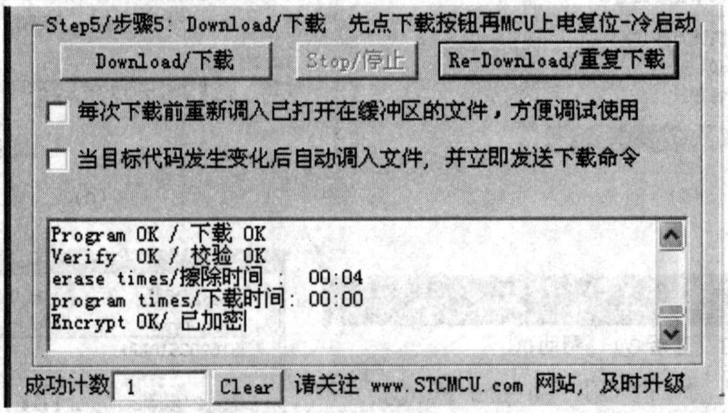

(c)

图 1-35　下载 HEX 文件

下载成功后，从实验板上可以观察源程序运行结果，如果实验结果错误时，检查并修改源程序，保存并重新编译后，生成新的下载文件。下载时，一定要在“Step/步骤 2”中重新“打开程序文件”，这样下载的才是修改后的文件。

4. 程序设计

根据实验板上所用的并行 I/O 端口，分别用字节寻址和位寻址两种方式重新编写源程序，注意书写格式、字母的大小写、分号等细节，养成良好的编程习惯。

5. 结果测试

将编译成功后生成的 .HEX 文件下载至单片机，观察程序执行结果。如果点亮的 LED 与编程时设置的不一样，那就要修改后重新下载，直至正确为止。

6. 拓展练习

(1) 新建源程序文件，用字节寻址、位寻址两种方式点亮 LED1～LED7，每次只点亮一个。

(2) 新建源程序文件，用字节寻址、位寻址两种方式同时点亮 LED1 和 LED7。

1.4　项 目 评 价

<table>
<tr><td colspan="2">项目名称</td><td colspan="4">点亮一个发光二极管</td></tr>
<tr><td>评价类别</td><td>项目</td><td>子项目</td><td>个人评价</td><td>组内互评</td><td>教师评价</td></tr>
<tr><td rowspan="12">专业能力
(80 分)</td><td rowspan="6">信息与资讯
(30 分)</td><td>微型计算机的组成(5 分)</td><td></td><td></td><td></td></tr>
<tr><td>51 单片机结构(5 分)</td><td></td><td></td><td></td></tr>
<tr><td>存储器配置(5 分)</td><td></td><td></td><td></td></tr>
<tr><td>单片机最小系统(5 分)</td><td></td><td></td><td></td></tr>
<tr><td>C51 基本结构(5 分)</td><td></td><td></td><td></td></tr>
<tr><td>存储器扩展(5 分)</td><td></td><td></td><td></td></tr>
<tr><td rowspan="2">计划(20 分)</td><td>原理图设计(10 分)</td><td></td><td></td><td></td></tr>
<tr><td>程序设计(10 分)</td><td></td><td></td><td></td></tr>
<tr><td rowspan="2">实施(20 分)</td><td>实验板的适应性(10 分)</td><td></td><td></td><td></td></tr>
<tr><td>实施情况(10 分)</td><td></td><td></td><td></td></tr>
<tr><td>检查(5 分)</td><td>异常检查</td><td></td><td></td><td></td></tr>
<tr><td>结果(5 分)</td><td>结果验证</td><td></td><td></td><td></td></tr>
<tr><td rowspan="2">社会能力
(10 分)</td><td>敬业精神(5 分)</td><td>爱岗敬业与学习纪律</td><td></td><td></td><td></td></tr>
<tr><td>团结协作(5 分)</td><td>对小组的贡献及配合</td><td></td><td></td><td></td></tr>
<tr><td rowspan="2">方法能力
(10 分)</td><td>计划能力(5 分)</td><td></td><td></td><td></td><td></td></tr>
<tr><td>决策能力(5 分)</td><td></td><td></td><td></td><td></td></tr>
<tr><td rowspan="2">评价</td><td>班级</td><td>　　姓名</td><td></td><td>学号</td><td></td></tr>
<tr><td colspan="5">总评　　教师　　日期</td></tr>
</table>

1.5 拓展与提高

在实际生产过程中，许多场合下要用单片机对强电设备进行控制。如在加热炉的炉温控制系统中，加热丝的电压为220 V或380 V的交流电，根据炉温的情况，频繁地通电与断电，以使炉温处在限定的温度范围内；或用单片机的输出来控制交流电动机的启停，在驱动交流电动机的情况下，一般不允许频繁地启停。

在设计该类系统时，一般要考虑强弱电分离，固态继电器由于其优良的性能在许多场合得到了广泛的应用，单相的固态继电器如图1-36所示。

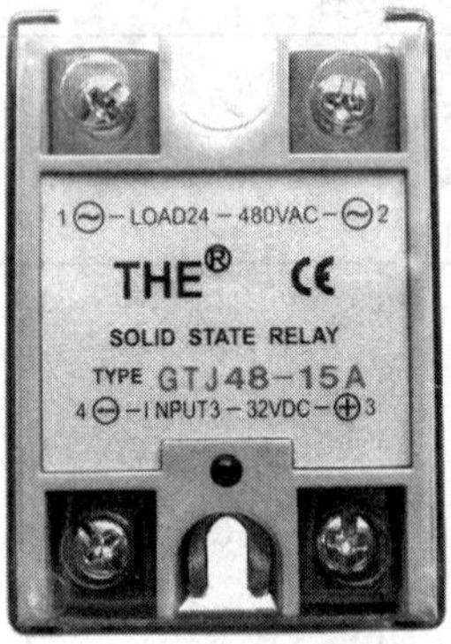

图1-36　固态继电器

由图1-36可以看出，固态继电器的3、4端接弱电控制信号，电压范围为3 V～32 V，其中3端为正，4端为负；1、2端可作主触头来使用，其耐压为480 V(交流)，触头电流为15 A。在选择固态继电器时，触头电流与电压一般要留有2～3倍的安全裕量。

固态继电器SSR(Solid State Relay)是现代微电子技术与电力电子技术相结合而发展起来的一种新型无触点电子开关。在逻辑控制电路中，可达到以弱控制强和弱强隔离的目的，它与电磁继电器工作原理基本相似，在触发信号的控制下，实现对负载电路通断切换的开关作用。

固态继电器是由固态元件组成的无触点开关，具有工作安全可靠、寿命长、无触点、无火花、无污染、高绝缘、高耐压(超过2.5 kV)、低触发电流、开关速度快、可与数字电路匹配，以阻燃型环氧树脂为原料，采用灌封技术，使之与外界隔离，具有良好的耐压、防潮、防腐、抗震动等性能。固态继电器具有内部电压过零时开启，负载过零时关断的特性，在负载上可以得到一个完整的正弦波形。因此电路的射频干扰很小，可降低感性负载(如风扇、三相电动机等)的反电动势，驱动阻性负载(如白炽灯、发热丝等)，可显著降低浪涌电流等优点。

习　题

一、填空题

1. 计算机的硬件系统由______、______ 、______ 、______4部分组成，将__________集成在一块芯片上就构成了单片机，_______是CPU与外设之间传递信息的桥梁。51系列单片机的I/O接口资源有________________，电源电压是____，有____个引脚，它的CPU是___位，数据总线是___位，地址总线是___位，寻址范围是_____。

2. 11010110B=______H，7EH=____________B。P2口连接有8个LED(灌电流负载)，如果P2=0x8c时，可点亮_______个LED；如果要点亮其中任意3个LED时，试写出符合要求的代码______________________。

3. RAM是__________存储器，它的特点是__________；ROM是________存储器，它的特点是__________；51单片机中的数据存储器是______存储器，程序存储器是______存储器，51系列单片机中，片内RAM中可位寻址的地址范围是_________。

4. 存储器的容量为256 B时，它的地址线为______位，地址范围为__________；存储器的地址线有11根时，它的容量是_______，地址范围是___________。

5. 头文件reg51.h的作用是_________________________，_____是C51中源程序的扩展名，可下载至单片机芯片中的十六进制文件扩展名是_______，C51中语句的结束符是______，注释标记是________________。

二、选择题

1. 地址范围为000H～1FFH时，存储器的容量为(　　)。

A. 256 B　　B. 512 B　　C. 1 KB　　D. 2 KB

2. while(10){循环体}，循环体的执行次数为(　　)。

A. 无法计算　　B. 1次　　C. 无数次　　D. 10次

3. 51系列单片机中，表示程序存放位置的控制引脚是(　　)。

A. RST　　B. SFR　　C. $\overline{EA}$　　D. XTAL1

4. 单片机复位后，51系列单片机的并行I/O口P0～P3的初值是(　　)。

A. 00H　　B. FFH　　C. 07H　　D. 0000H

5. 使P1.0、P1.3、P1.5为1，其他位为0时，P1口的状态为(　　)。

A. 25H　　B. 34H　　C. 29H　　D. 92H

三、判断题

1. 单片机的本质就是一块数字集成电路。(　　)

2. 单片机带灌电流负载的能力要高于带拉电流负载的能力。(　　)

3. 指令P0=0x66;是位寻址。(　　)

4. C51中的变量可以赋任意值。(　　)

5. 定义P2口最高位为abc时，可用语句bit abc=P2.7。(　　)

四、简答题

1. 简述RAM与ROM的区别。

2. 简述三总线的含义。

3. 简述51单片机的资源。

4. 画出51单片机最小系统。

5. 简述字节寻址与位寻址的区别。

五、设计与编程题

1. 有一8位的ROM存储器，其容量为8 KB，画出该存储器的逻辑图。

2. 写出实现下述要求的语句。

(1) 定义无符号字符型变量a，并为其赋初值。

(2) 定义无符号整型变量b，并为其赋初值。

(3) 设置P0口的P0.3为低电平，P0.5为高电平。

(4) 定义位变量 c。

3. 分析下面语句执行后 P3 口的结果。

```
P3=0x45;
P3=54;
P3.3=0;
P3.1=1;
```

4. 请解释下面 3 个源程序的执行过程。

(1)
```
#include <reg51.h>
main()
{
    P2=0xFE;
    while(1);
}
```

(2)
```
#include <reg51.h>
main()
{
    while(1)
    P2=0xFE;
}
```

(3)
```
#include <reg51.h>
main()
{
    while(1);
    P2=0xFE;
}
```

5. 用单片机的 P1 口驱动 8 个发光二极管，画出硬件电路图，分别采用字节寻址和位寻址编程点亮其中任意 2 个发光二极管。

项目二　霓虹灯控制系统

2.1　项 目 说 明

❖ 项目任务

霓虹灯为美化城市夜景作出了不可磨灭的贡献。本项目的任务是利用51单片机驱动8个发光二极管来模拟霓红灯控制系统。

❖ 知识培养目标

(1) 掌握C51变量的定义以及运算符的应用。
(2) 掌握延时的实现及其应用。
(3) 掌握基本程序的设计方法。
(4) 掌握C51库函数的使用。
(5) 掌握数组的定义及其应用。
(6) 掌握字节寻址与位寻址的应用。

❖ 能力培养目标

(1) 培养单片机控制系统的硬件分析与设计能力。
(2) 培养元器件的计算与选择能力。
(3) 培养C51的程序设计能力。
(4) 培养分析问题与解决问题的能力。
(5) 培养团队协作能力。

2.2　基 础 知 识

2.2.1　C51变量

1. 变量的定义

在项目一中，我们对C51中的变量进行了简要的说明，每个变量要有一个变量名，变量的数据类型不同，占用的存储单元数也不一样。在使用前必须对变量进行定义，完整的变量定义形式要指出变量的数据类型和存储类型，以便编译系统为它分配相应的存储单元。定义的一般形式为

[存储种类] 数据类型说明符 [存储类型] 变量名1[=初值], 变量名2[=初值]…;

1) 数据类型说明符

在定义变量时，必须通过数据类型说明符指明变量的数据类型，也就是规定了变量在存储器中占用的字节数。数据类型说明符可以是基本数据类型说明符，也可以是组合数据类型说明符，还可以是用 typedef 或#define 定义的类型别名。例如：

```
typedef unsigned int WORD;
#define BYTE unsigned char
BYTE A=0x34;
WORD a2=0x3534;
```

2) 变量名

变量名是 C51 为了区分不同变量为变量取的名称。在 C51 中规定变量名由字母、数字和下画线三种字符组成，且规定变量名第一个字符必须是字母或下画线。变量名有普通变量名和指针变量名两种，它们的区别是指针变量名前面要带“*”号。

3) 存储种类

存储种类是指变量在程序执行过程中的作用域。C51 变量的存储种类有四种，分别是自动(auto)、外部(extern)、静态(static)与寄存器(register)。

(1) auto：使用 auto 定义的变量称为自动变量，其作用范围在定义它的函数体或复合语句内部。当定义它的函数体或复合语句执行时，C51 才为该变量分配内存空间，结束时释放占用的内存空间。自动变量一般分配在内存的堆栈空间中。当定义变量时，如果省略存储种类，则该变量默认为自动(auto)变量。用自动变量能最有效地使用 51 单片机内存。由于 51 单片机访问片内 RAM 速度最快，通常将函数体内和复合语句中使用频繁的变量存放在片内 RAM 中，且定义为自动变量，可有效地利用片内有限的 RAM 资源。

(2) extern：使用 extern 定义的变量称为外部变量。在一个函数体内，要使用一个已在该函数体外或其他程序中定义过的外部变量时，该变量在该函数体内要用 extern 说明。外部变量被定义后分配固定的内存空间，在程序的整个执行时间内都有效，直到程序结束才释放。通常将多个函数或模块共享的变量定义为外部变量。外部变量是全局变量，在程序执行期间一直占有固定的内存空间。当片内 RAM 资源紧张时，不建议将外部变量放在片内 RAM。

(3) static：使用 static 定义的变量称为静态变量。它又分为内部静态变量和外部静态变量。在函数体内部定义的静态变量为内部静态变量，它在对应的函数体内有效，一直存在，但在函数体外不可见。这样不仅使变量在定义它的函数体外被保护，还可以实现变量离开函数时值不被改变。外部静态变量是在函数外部定义的静态变量，它在程序中一直存在，但在定义的范围之外是不可见的。如在多文件或多模块处理时，外部静态变量只在文件内部或模块内部有效。

(4) register：使用 register 定义的变量称为寄存器变量。它定义的变量存放在 CPU 内部的寄存器中，处理速度快，但数目少。C51 编译器编译时能自动识别程序中使用频率最高的变量，并自动将其作为寄存器变量，用户无须专门声明。

4) 存储类型

存储类型是用于指明变量存放在单片机的哪个存储器中。存储类型与存储种类完全不同，存储类型指明该变量在单片机内所处的存储空间。如果在变量定义时省略了存储类型标识符，C51 编译器会选择默认的存储类型。默认的存储类型由 SMALL、COMPACT 和 LARGE 存储模式来决定。C51 编译器能识别的存储类型如表 2-1 所示。

表 2-1　C51 编译器能识别的存储类型

存储类型	描　述
data	直接寻址的片内 RAM 低 128 B，访问速度快
bdata	片内 RAM 的可位寻址区(20H～2FH)
idata	间接寻址访问的片内 RAM，允许访问全部片内 RAM
pdata	用 Ri 间接访问的片外 RAM 的低 256 B
xdata	用 DPTR 间接访问的片外 RAM，允许访问全部 64 KB 的片外 RAM
code	程序存储器 ROM 的 64 KB 空间

(1) data 区：对 data 区的访问是最快的，所以应该把使用频率高的变量放在 data 区，由于空间有限，必须有效使用 data 区，data 区除了包含程序变量外，还包含了堆栈和寄存器组。例如：

```
unsigned char data system_status=0;
float data outp_value;
unsiged char data new_var;
```

在 SMALL 存储模式下，当未说明存储类型时，变量默认被定位在 data 区。标准变量和用户自定义变量都可以存储在 data 区，只要不超过 data 区的范围。因为 C51 使用默认的寄存器组传递参数，至少失去了 8 B。另外要定义足够大的堆栈空间，当内部堆栈溢出时，程序会产生莫名其妙的错误，实际原因是 51 系列单片机没有硬件报错机制，堆栈溢出只能以这种方式表示出来。

(2) bdata 区：在片内 RAM 的位寻址区(bdata 区)定义变量，这个变量就可进行位寻址，并且声明位变量。这对状态寄存器来说十分有用，因为这样可以单独使用变量的某一位，而不一定要用位变量名引用位变量。下面是一些在 bdata 区中声明变量和使用位变量的例子。

```
unsigned char bdata status_byte;
unsigned int bdata status_word;
sbit stat_flag=status_byte^4;
if(status_word^15)
{
    stat_flag=1;
}
```

编译器不允许在 bdata 区中定义 float 和 double 类型的变量。

(3) idata 区：idata 区可以存放使用比较频繁的变量，使用寄存器作为指针进行寻址。在寄存器中设置 8 位地址进行间接寻址，与外部存储器寻址比较，它的指令执行周期和代码长度都比较短。例如：

```
unsigned char idata system_status=0;
float idata outp_value;
```

(4) pdata 和 xdata 区：在这两个区声明变量和在其他区的语法是一样的，pdata 区只有 256 B，而 xdata 区可达 64 KB。例如：

```
unsigned char xdata system_status=0;
float pdata outp_value;
```

对 pdata 和 xdata 的操作是相似的，对 pdata 区寻址比对 xdata 区寻址要快，因为对 pdata 区寻址只需要装入 8 位地址，而对 xdata 区寻址需装入 16 位地址。所以尽量把外部数据存储在 pdata 区中，汇编语言中对 pdata 和 xdata 寻址要使用 MOVX 指令，需要 2 个机器周期。

(5) code 区：code 区即 51 单片机的程序存储器，所以存入的数据是不可以改变的，即不可重写。程序存储器除了存放用户编写的程序代码外，还可存放数据表、跳转向量和状态表，对 code 区的访问和对 xdata 区的访问的时间是一样的，代码区中的变量必须在编译时初始化，否则就得不到想要的值，下面是代码区的声明例子。

```
unsigned int code unit_id[2]={0x1234, 0x89ab};
unsigned char code uchar_data[ ] ={0x00,0x01,0x02,0x03,0x04,0x05,0x06,0x07};
```

2. 变量的存储模式

变量的存储模式确定了变量在内存中的地址空间，C51 编译器允许采用小编译模式 SMALL、紧凑编译模式 COMPACT、大编译模式 LARGE 三种存储模式。SMALL 模式下，变量存放在 51 单片机的内部 RAM 中；COMPACT 和 LARGE 模式下，变量存放在 51 单片机的外部 RAM 中。同样一个函数的存储模式确定了函数的参数和局部变量在内存中的地址空间，SMALL 模式下，函数的参数和局部变量存放在 51 单片机的内部 RAM 中；COMPACT 和 LARGE 模式下，函数的参数和局部变量存放在 51 单片机的外部 RAM 中。例如：

```
#pragma small                        //存储模式为 SMALL
unsigned char data i,j,k;
int xdata m, n;
unsigned char a=0x99,b=0x88;
unsigned char xdata ram[128];
unsigned int func1(int i, int j) large
{
    return(i+j);
}
unsigned int func2(int i, int j)
{
    return(i-j);
}
```

由于是 SMALL 模式，故 a、b、i、j、k 都存储在片内数据存储器中。不同的存储类型访问速度是不一样的，如：

```
unsigned char data var1;
unsigned char pdata var1;
```

unsigned char xdata var1;

在 SMALL 模式下，var1 被定位在 DATA 区，经 C51 编译器编译后，采用内部 RAM 直接寻址方式访问速度最快；在 COMPACT 模式下，var1 被定位在 pdata 区，经 C51 编译器编译后，采用外部 RAM 间接寻址方式访问速度较快；在 LARGE 模式下，var1 被定位在 xdata 区，经 C51 编译器编译后，采用外部 RAM 间接寻址方式访问速度最慢。为了提高系统运行速度，建议在编写源程序时，把存储模式设定为 SMALL，再在程序中对 xdata、pdata 和 idata 等类型变量进行专门声明。

定义变量时也可以省略存储类型，省略时 C51 编译器将按存储模式选择存储类型。单击图 2-1 中所圈图标或选择“Project\Options for、Target 'Target1'”，出现如图 2-1 所示窗口，单击第二个选项“Target”，“Memory Model”用于选择数据存储模式，“Code Rom Size”用于选择程序存储模式，选择好后，单击“确定”按钮。

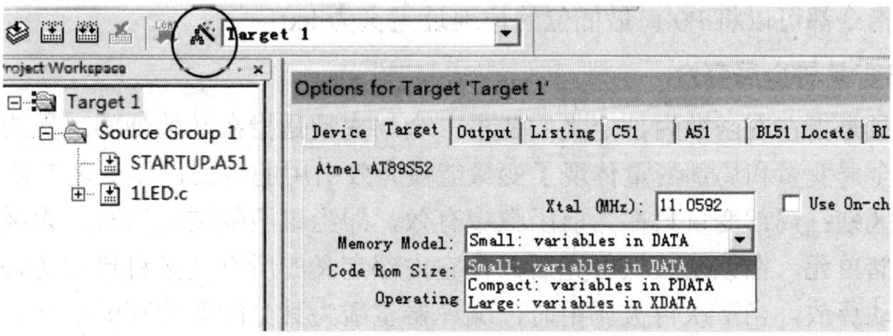

图 2-1　C51 编译器存储模式

3. 特殊功能寄存器变量

51 系列单片机片内有许多特殊功能寄存器，通过这些特殊功能寄存器可以管理与控制 51 系列单片机的定时器、计数器、串口、I/O 及其他功能部件，每一个特殊功能寄存器都占据片内 RAM 中的一个或两个字节。在 C51 中，允许用户对这些特殊功能寄存器进行访问，访问时需通过 sfr 或 sfr16 类型说明符进行定义，定义时需指明它们在片内 RAM 中对应单元的地址。一般形式为

sfr/sfr16 特殊功能寄存器名称=字节地址;

sfr 用于对 51 系列单片机中单字节(8 位)的特殊功能寄存器进行定义，sfr16 用于对双字节(16 位)特殊功能寄存器(DPTR)进行定义。特殊功能寄存器名一般用大写字母表示，地址一般采用直接地址形式，如：

```
sfr PSW=0xD0;          //定义程序状态字 PSW 的地址为 D0H
sfr TMOD=0x89;         //定义定时/计数器方式寄存器 TMOD 的地址为 89H
sfr P1=0x90;           //定义 P1 端口的地址为 90H
```

4. 位变量

在 C51 中，允许用户通过位类型符定义位变量。关键字有 bit 和 sbit 两个。

bit 用于定义一般的可进行位处理的位变量，位地址由编译器在编译时分配，位地址位于片内 RAM 中的 20H～27H 单元。它的一般形式为

bit 位变量名;

在格式中可以加上各种修饰，但严格来说只能是 bdata，如：

```
bit bdata a1;
```

而 bit pdata a3 是错误的。

sbit 用于定义可位寻址特殊功能寄存器中的某一位，定义时需指明其位地址，可以是直接位地址、特殊功能寄存器字节地址值带位号或特殊功能寄存器名带位号。一般形式为

```
sbit 位地址名=位地址;
```

如位地址为直接位地址，其取值范围为 0x7F～0xFF 中可位寻址的位地址；如采用特殊功能寄存器名称带位号时，需在定义位地址之前用 sfr/sfr16 对特殊功能寄存器进行定义，且字节地址与位号之间、特殊功能寄存器名称与位号之间一般用“^”作间隔。如：

```
sbit led1=0x80;          //直接位地址
sbit led1=0x80^0;        //特殊功能寄存器字节地址值带位号
sbit led1=P0^0;          //特殊功能寄存器名称带位号
```

这三条指令都可以将 P0 口最低位的位地址定义为 led1。

5. 局部变量与全局变量

局部变量是指在在函数内部定义的变量；全局变量是指在函数外部定义的变量，也称外部变量。全局变量和局部变量体现了变量能被有效引用的范围，即变量的作用域。

它们的区别：局部变量只在当前函数中有效，即当该函数被调用时，为函数内定义的变量分配存储单元，在该函数执行完后，在它内部定义的所有变量将自动销毁，分配的存储单元将自动释放，当下次再被调用时，编译器重新为其分配新的存储单元；而编译器为全局变量分配存储单元后，它将永远占据这些存储单元。

1) *局部变量的作用域注意事项*

(1) 主函数中定义的变量也只能在主函数中使用，不能在其他函数中使用；同时，主函数中也不能使用其他函数中定义的变量，因为主函数也是一个函数，它与其他函数是平行关系。这一点与其他语言不同，应予以注意。

(2) 形参变量是属于被调函数的局部变量，实参变量是属于主调函数的局部变量。

(3) 允许在不同的函数中使用相同的变量名，它们代表不同的对象，分配不同的单元，相互间不干扰，也不会发生混淆。

(4) 在复合语句中也可定义变量，其作用域只在复合语句范围内。

2) *全局变量的作用域注意事项*

(1) 全局变量可以被本文件中所有函数共用，它的作用范围是从定义变量的位置开始到本源文件结束。

(2) 全局变量定义在使用它的函数之后，当在该函数中使用全局变量时，应作全局变量说明，只有在函数内经过说明的全局变量才能使用，全局变量的说明符为 extern。但在一个函数之前定义的全局变量，在该函数内使用时可不再加以说明。

(3) 在同一源文件中，允许全局变量和局部变量同名。在局部变量的作用域内，全局变量不起作用。

(4) 外部变量可加强函数模块之间的数据联系，但是又使函数要依赖这些变量，因而使得函数的独立性降低，从模块化程序设计的观点来看这是不利的，因此在不必要时尽量不要使用全局变量。我们知道单片机内部的数据存储器容量有限，51 系列单片机供用户使

用的只有 128 B，如果定义 unsigned int 类型变量，一个变量是两个字节，最多只能定义 64 个；定义 unsigned char 类型变量，一个变量为一个字节，最多也只能定义 128 个。当源程序较长，控制功能较复杂时，会遇到内存不够用的情况，因此用 C51 编程，虽然降低了对单片机硬件知识的要求，但也要在刚开始学习时养成良好的思考习惯，牢记单片机内部的可用资源，从节省片内 RAM 的角度出发，能用局部变量的就不用全局变量，能用 unsigned char 类型的就不用 unsigned int 类型。

2.2.2 C51 的运算符与表达式

C 语言中运算符和表达式数量之多，应用之灵活，是其他高级语言所没有的。C51 中常用运算符主要有算术运算符、关系运算符、逻辑运算符、位运算符、赋值运算符。这些运算符按其所在表达式中参与运算的操作数的个数可分为单目运算符、双目运算符和三目运算符。

(1) 算术运算符：用于各类数值运算，包括加(+)、减(–)、乘(*)、除(/运算)、求余(%)、自增(++)、自减(– –)，共 7 种运算。

(2) 关系运算符：用于各类比较运算，包括大于(>)、小于(<)、等于(= =)、大于等于(>=)、小于等于(<=)和不等于(!=)，共 6 种运算。

(3) 逻辑运算符：用于各类逻辑运算，包括与(&&)、或(||)、非(!)，共 3 种运算。

(4) 位运算符：参与运算的操作数，按二进制位进行运算。包括按位与(&)、按位或(|)、按位非(~)、按位异或(^)、左移(<<)、右移(>>)，共 6 种运算。

(5) 赋值运算符：用于赋值运算，分为简单赋值(=)、复合算术赋值(+=，-=，*=，/=，%=)和复合位运算赋值(&=，|=，^=，>>=，<<=)三类，共 11 种运算。

C51 运算符的优先级是不相同的。一个表达式中包含若干运算符时，先进行高优先级、后进行低优先级的运算，如 y=a+b*c，则先计算 b*c 的值，然后再与 a 的值相加。而当一个运算量两侧的运算符优先级相同时，则按运算符的结合性所规定的结合方向处理。运算符的结合性一般有两种，即左结合性(自左至右)和右结合性(自右至左)。例如算术运算符的结合性是自左至右，即先左后右。如有表达式 x–y+z 则 y 应先与“–”号结合，执行 x–y 运算，然后再执行+z 的运算。这种自左至右的结合方向就称为左结合性，而自右至左的结合方向称为右结合性。最典型的右结合性运算符是赋值运算符，如 x=y=z，由于“=”的右结合性，应先执行 y=z，再执行 x=(y=z)运算。

用各运算符和括号将运算对象或操作数(常量、变量和函数等)连接起来的、符合 C 语法规则的式子就称为表达式。每个表达式都有一个值和类型，求表达式的值时，按运算符的优先级和结合性所规定的顺序进行，当一个操作数两侧运算符的优先级相同时，再按 C 语言规定的结合方向(结合性)进行。

1. 算术运算符和算术表达式

加法运算符+　双目运算符，应有两个量参与加法运算，具有左结合性。

减法运算符–　双目运算符，具有左结合性。

乘法运算符*　双目运算符，具有左结合性。

除法运算符/　双目运算符，具有左结合性。当参与运算的操作数为整型量时，结果也为整型量，舍去小数；操作数中有一个是实型，则结果为实型。例如：10/4=2；10/4.0=2.5。

求余运算符%　双目运算符，具有左结合性，要求参与运算的量均为整型，求余运算的结果等于两数相除后的余数。如 10%3=1。

自增运算符++　单目运算符，使变量的值自增 1。

自减运算符--　单目运算符，使变量的值自减 1。

对某变量 x 进行自增、自减运算时，有++x、--x、x--、x++四种情况，其中++x、--x 是先使 x 加 1 或减 1，然后使用修改后 x 的值，即先修改后使用；而 x--、x++是先使用 x 的值，再对 x 加 1 或减 1，即先使用后修改。

若 x 的初值为 3，则执行 y=++x 后，x 为 4、y 为 4；若执行 y=--x 后，x 为 2、y 为 2；如执行 y=x++后，x 为 4、y 为 3；执行 y=x--后，x 为 2、y 为 3。

自增、自减是单目运算符，且运算对象只能是变量，不能是常量或表达式，如++6，(x+a)++都是错误的。

2. 赋值运算符与赋值表达式

“=”是赋值运算符，作用是将一个表达式的值赋给一个变量。由“=”连接的式子称为赋值表达式。一般形式为：

```
变量=表达式
```

例如：

```
x=m+n
y=sin(a)+sin(b)
```

赋值表达式的功能是计算表达式的值并将值赋予左边的变量。赋值运算符具有右结合性。如 x=y=z=22，可理解为 x=(y=(z=22))。

在 C51 中，把“=”定义为运算符，从而构成赋值表达式。凡是表达式可以出现的地方，均可出现赋值表达式。例如，式子 y=(m=4)+(n=5)是合法的。它的意义是把 4 赋予 m，5 赋予 n，再把 m、n 相加，和赋予 y ，故 y 应等于 9。

在 C51 中也可以组成赋值语句，任何表达式在其末尾加上分号就构成为语句。如“x=8;”、“a=b=c=5;”都是赋值语句。在项目一中我们已使用过了。

如果赋值运算符两边的数据类型不相同，系统将自动进行类型转换，即把赋值号右边的类型换成左边的类型。具体规定如下：

(1) 实型量赋予整型变量时，舍去小数部分。如 x 为 unsigned char 型，在执行 x=4.56 时，只将整数部分赋给 x，即 x=4。

(2) 整型量赋予实型变量时，数值不变，但将以浮点形式存放，即增加小数部分(但小数部分值为 0)。

(3) 字符型量赋予整型变量，由于字符型量为一个字节，而整型量为两个字节，故将字符型的值存放到整型量的低八位中，高八位为 0。

(4) 整型量赋予字符型变量，只把低八位赋予字符型变量。

3. 关系运算符和关系表达式

关系运算是双目运算，用于比较两个操作数的大小。C51 提供了 6 种关系运算符，即小于(<)、小于等于(<=)、大于(>)、大于等于(>=)、等于(==)、不等于(!=)。这 6 个关系运算符分为两个优先级，前四种高于后两种。

将两个表达式(可以是算术表达式、赋值表达式、关系表达式等)用关系运算符连接起来就构成了关系表达式。关系表达式的值是逻辑值“真”或“假”。但是 C51 中没有逻辑型变量和常量，也没有专门的逻辑值，故以“非 0”代表“真”，以“0”代表“假”。当关系表达式成立时，表达式的值为真，否则表达式的值为假。如 5>3，则该表达式为真，即该关系表达式的值为 1；8==12，该表达式的值为 0，即为假。

算术、关系、赋值这三类运算符的优先级是由高到低，例如 a=b<c，该表达式等效于 a=(b<c)。下面所示关系表达式也是合法的：

a+b>c+d

(a=3)>(b=5)

(a>b)>(b>c)

如 a=3、b=4、c=5、d=6，则这三个关系表达式的值分别为 0、1、0。

注意：不要误将关系运算符“==”写作赋值运算符“=”。

4．逻辑运算符和逻辑表达式

逻辑运算用于判断运算对象的逻辑关系，运算对象为关系表达式或逻辑量。C51 提供了逻辑非(!)、逻辑与(&&)、逻辑或(||)三种逻辑运算。

通过逻辑运算符将逻辑量或关系表达式连接起来，可以构成逻辑表达式。逻辑表达式在程序中一般用于控制语句(if、for、while、do-while)，对某些条件作出判断，根据条件的成立(真)与不成立(假)决定程序的流程。参加逻辑运算的对象将“非 0”视为“真”，“0”视为“假”；逻辑运算的结果为逻辑意义上的“真”或“假”，以数字 1 表示“真”，以数字 0 表示“假”。

(1) 逻辑非。逻辑非的一般形式：

!表达式

功能：单目运算符，其结果为表达式逻辑值的“反”。若表达式值为 0，则“!表达式”值为 1；若表达式值为非 0，则“!表达式”值为 0。

例如：x=3, 由于 3 是非 0，因此 x 为真，所以!x=0，即为假。

(2) 逻辑与。逻辑与的一般形式：

表达式 1&&表达式 2

功能：若参加运算的两个表达式的值均为非 0，则结果为 1；若有任一表达式的值为 0，则结果为 0。

例如：若 x=3、y=3、z=0，则 x&&y=1，x&&z=0。

(3) 逻辑或。逻辑或的一般形式：

表达式 1 || 表达式 2

功能：若参加运算的两个表达式的值均为 0，则结果为 0；若有任一表达式的值为 1，则结果为 1。

例如：若 x=3、y=3、z=0，则 x||y=1，x||z=1。

三个逻辑运算符中，逻辑非(!)是单目运算符，优先级最高，逻辑与(&&)的优先级比逻辑或(||)高。逻辑运算常用于分支或循环结构的条件中。如：

x&&y=1

x||z=1

!y=0

逻辑与的运算规则：全为真时，相与的结果为真；逻辑或的运算规则：有任一为真时，相或的结果为真；逻辑非的运算规则：真的非为假，假的非为真。它们与数字电路中的逻辑运算完全一致。

5. 位运算符和位表达式

在计算机中，1 位 0 或 1 是能够操作的最小数据单位，针对 1 位 0 和 1 的操作就称为位运算。一般的位运算是用来控制硬件的，或做数据变换使用，但是灵活的位运算能够有效地提高程式运行的效率。C 语言提供了位运算的功能，这使得 C 语言也能像汇编语言一样用来控制硬件。

C51 中的位运算主要有按位与(&)、按位或(|)、按位异或(^)、按位非(~)、左移(<<)、右移(>>)6 种。

1) 按位与

按位与运算符“&”是双目运算符，其功能是将参与运算的两个操作数各对应的二进位相与。只有对应的两个二进位均为 1 时，结果位才为 1；否则为 0。如：

11001001&00001111=00001001

按位与的应用：

(1) 清零某些位。例如，a 为 unsigned char 型，将 a 的最高位保留，其余位清 0，可通过表达式 a&0x80 来实现。

(2) 取某操作数中指定位。例如，x 为 unsigned char 型，要取出其低四位，即使其高半字节为零，低半字节保持，可用表达式 x&0x0f 来实现。

2) 按位或

按位或运算符“|”是双目运算符，其功能是将参与运算的两个操作数各对应的二进位相或。只要对应的两个二进位有一个为 1 时，结果位就为 1。如：

10011101|11000111=11011111

按位或的应用：按位或运算常用来将操作数的某些位置为 1。例如：x 为 unsigned char 型，如果是使 x 的最高位为 1，其余位不变，可通过表过式 x|0x80 来实现。

3) 按位异或

按位异或运算符“^”是双目运算符，其功能是将参与运算的两个操作数各对应的二进位相异或。当两个对应的二进位不相同时，结果为 1；相同时，结果为 0。如：

10110101^00111011=10001110

按位异或的应用：

(1) 交换两个值，不用临时变量。例如：a=3，二进制数为 011B；b=4，二进制数为 100B。若欲将 a 和 b 互换，可用以下赋值语句来实现：

a=a^b;　b=b^a;　a=a^b;

(2) 取反。某数与 0xFF 按位异或时，相当于对该数取反。例如，0x88^0xFF=0x77。

4) 按位非

按位非运算符“~”为单目运算符，具有右结合性。其功能是对参与运算的操作数的各二进位按位求反。如：

~11000011=00111100

按位非的应用：按位非主要用于求取某一二进制数的反码，或和其他运算结合使用。

5) 左移

左移运算符“<<”是双目运算符，其功能是把“<<”左边的操作数的各二进位全部左移若干位，由“<<”右边的操作数指定移位的位数，移位时将溢出的高位丢弃，低位补 0。如：a=11000011，执行 a<<2=00001100。

左移的应用：左移 1 位相当于该数乘以 2，左移 2 位相当于该数乘以 4，左移 n 位相当于该数乘以 2^n。但此结论只适用于该数左移时被溢出舍弃的高位中不包含 1 的情况。例如：a<<4 指把 a 的每个二进位向左移动 4 位。如 a=00000011(十进制 3)，左移 4 位后为 00110000(十进制 48)。

6) 右移

右移运算符“>>”是双目运算符，其功能是把“>>”左边的操作数的各二进位全部右移若干位，“>>”右边的操作数指定移动的位数。移到右端的低位被舍弃，对于无符号数，高位补 0；对于有符号数，算术移位是在左边用符号位填补，逻辑移位则是在左边补 0。例如：a=00110011，执行 a>>2=00001100。

右移的应用：右移 1 位相当于该数除 2，右移 2 位相当于该数除 4，右移 n 位相当于该数除 2^n。但此结论只适用于该数右移时被舍弃的低位中不包含 1 的情况。

设 a 为 unsigned uchar 类型，且 a=12，表示把 000001100 右移 2 位为 00000011(十进制 3)，即 a>>2=3。对于左边移出的空位补入 0。

6. 复合赋值运算符

在赋值运算符“=”的前面加上其他运算符，组成复合赋值运算符。C51 中支持的复合赋值运算符有：+=加法赋值；-=减法赋值；*=乘法赋值；/=除法赋值；%=取余赋值；&=按位与赋值；|=按位或赋值；^=按位异或赋值；～=逻辑非赋值；>>=右移赋值；<<=左移赋值。

复合赋值运算的一般形式为

变量 复合运算赋值符 表达式

相当于

变量=变量 运算符 表达式

它的处理过程：先把变量与其后的表达式进行某种运算，然后将运算的结果赋给前面的变量。其实这是 C51 中简化程序的一种方法，大多数二目运算都可以用复合赋值运算符简化来表示。例如：a+=6 相当于 a=a+6；a%=5 相当于 a=a%5；b&0x55 相当于 b=b&0x55；x>>=2 相当于 x=x>>2。

2.2.3 C51 语句

1. C51 语句概述

C51 的函数主要是由语句组成，程序的功能也是通过执行语句来实现的。C51 中的语句可分为表达式语句、函数调用语句、复合语句、控制语句、空语句五类。

1) 表达式语句

表达式语句由表达式加上分号“;”组成。其一般形式为

```
表达式;
```

执行表达式语句就是计算表达式的值。例如：x=y+z;是利用赋值语句将 y+z 保存到 x 变量中；又如 y+z;是合法的加法表达式，但计算结果不能保留，无实际意义；i++;是自增语句，i 值增 1。

a=3 与 a=3;是不一样的。不加分号，为赋值表达式，不是语句；加分号后才是赋值语句。对赋值语句的使用要注意以下几点：

(1) 由于在赋值符“=”右边的表达式也可以又是一个赋值表达式，因此形式为

```
变量=(变量=表达式);
```

是成立的，形成嵌套的情形。其展开之后的一般形式为

```
变量=变量=…=表达式;
```

例如：a=b=c=d=e=5;按照赋值运算符的右结合性，实际上等效于：e=5;d=e;c=d;b=c;a=b;

(2) 在变量定义中给变量赋初值是变量定义的一部分，赋初值后的变量与其后的其他同类变量之间仍必须用逗号间隔，而赋值语句则必须用分号结尾。

(3) 在变量定义中，不允许连续给多个变量赋初值。如 int a=b=c=5 是错误的，必须写为 int a=5,b=5,c=5; 而赋值语句允许连续赋值。

(4) 注意赋值表达式和赋值语句的区别。赋值表达式是一种表达式，它可以出现在任何允许表达式出现的地方，而赋值语句则不能。如：

```
if((x=y+5)>0)
    z=x;
```

此语句是合法的，语句的功能是，若表达式 x=y+5 大于 0，则 z=x。

而下述语句是非法的：

```
if((x=y+5;)>0)
    z=x;
```

因为=y+5;是语句，不能出现在表达式中。

2) 函数调用语句

将函数调用作为一个语句。函数调用的一般形式为

```
函数名(实际参数表);
```

执行函数调用语句就是调用函数体并把实际参数赋予函数定义中的形式参数，然后执行被调函数体中的语句，求取函数值；调用无参函数时，无需实际参数表。

3) 复合语句

把多个语句用括号“{}”括起来组成一条复合语句。在程序中应把复合语句看成是单条语句，而不是多条语句，例如：

```
{
    x=y+z;
    a=b+c;
    z=x/c;
```

```
}
```

复合语句内的各条语句都必须以分号“;”结尾，在括号“}”后不能加分号。

4) 控制语句

控制语句用于控制程序的流程，实现程序的各种结构方式。控制语句共有九种，它们是：

```
if() ~ else        条件语句
switch             多分支选择语句
for() ~            循环语句
while() ~          循环语句
do~ while()        循环语句
continue           结束本次循环语句
break              中止执行 swith 或循环语句
goto               转向语句
return             函数的返回语句
```

括号“()”中表示条件，“~”表示内部语句。如：

```
if(a>45)
{
    b=x*y;
    c=x/y;
}
else
    b=c=0;
```

5) 空语句

只有分号“;”组成的语句才称为空语句。空语句是什么也不执行的语句，在程序中空语句可用来作循环体或内部语句。如“while(1);”就是用空语句作循环体，其作用是无数遍执行空语句。

2. for 语句

for 语句是 C 语言所提供的功能强大且使用广泛的一种循环语句。其一般形式为

```
for(表达式 1;表达式 2;表达式 3)
{
    循环体语句;
}
```

表达式 1 用于给循环变量赋初值，一般为赋值表达式，也允许在 for 语句外给循环变量赋初值；表达式 2 是循环结束条件，可以是关系表达式或逻辑表达式；表达式 3 用于修改循环变量的值，一般是赋值语句；循环体语句可以为空语句。

表达式 1～3 都可以是逗号表达式，即每个表达式都可由多个表达式组成；三个表达式都是任选项，都可以省略，但分号不能省略。for 语句的执行过程是：

第一步：计算表达式 1。

第二步：计算表达式 2，若值为真(非 0)，则执行循环体语句，然后执行第三步；否则

结束 for 语句，不再执行循环体和第三步，接着执行 for 的下一条语句。

第三步：计算表达式 3。

第四步：转至第二步重复执行。

在整个 for 语句的执行过程中，表达式 1 只计算一次，表达式 2 和表达式 3 则可能计算多次；循环体可能执行多次，也可能一次都不执行；for 语句的执行过程如图 2-2 所示。

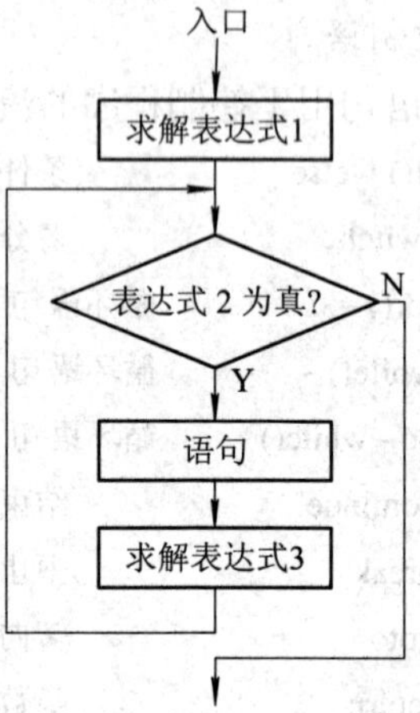

图 2-2　for 语句执行流程图

3. do-while 语句

do-while 语句也是 C51 中常用的循环语句，它的一般形式为

```
do
{
    语句;
}
while(表达式);
```

说明：“表达式”为循环条件，“语句”为循环体。

特点：先执行循环体语句，后判断表达式。

do-while 语句的执行过程是先执行循环体语句一次，再判别表达式的值，若为真(非 0)，则继续执行循环体语句；若为假，则终止循环。流程图如图 2-3 所示。

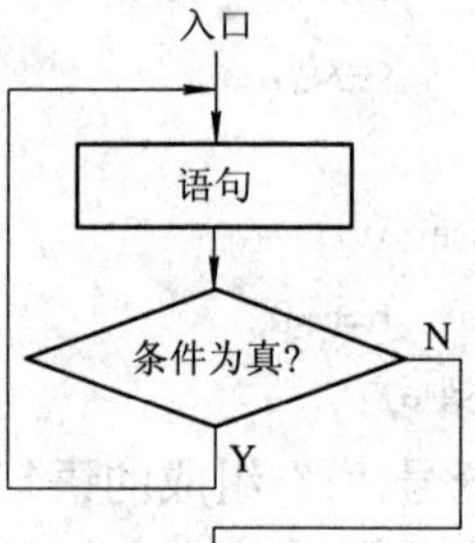

图 2-3　do-while 语句的执行流程图

do-while 语句和 while 语句的区别在于 do-while 是先执行后判断，因此 do-while 至少要执行一次循环体；而 while 是先判断后执行，如果条件不满足，则一次循环体语句也不执行。while 语句和 do-while 语句可以相互替换。

例 1　用 do-while 语句与 while 语句分别执行 2000 次空语句。

解：源程序 1

```
void delay()
{
    unsigned int i=0;
    do
        i++;
    while(i<2000);
}
```

源程序 2

```
void delay()
```

```
{
    unsigned int i=0;
    while(i<2000)
        i++;
}
```

2.2.4　C51 函数

1. C51 函数的分类

C51 源程序是由一个或多个函数组成的，函数是 C51 源程序的基本模块，通过对函数的调用实现特定的功能。C51 语言不仅提供了许多库函数，还允许用户自己定义函数，用户可把自己的算法编成一个个相对独立的函数模块，然后用调用的方法来使用这些函数。由于采用了函数结构，C51 易于实现结构化程序设计，使程序的层次结构更为清晰，便于程序的编写、阅读和调试。在 C51 中可以从不同的角度对函数进行分类。

1) 从函数定义的角度分类

(1) 库函数：由 C51 系统提供，用户无须定义，也不必在程序中作类型说明，只需在程序前包含该函数原型的头文件就可以在程序中直接调用。

(2) 用户定义函数：由用户按需要写的函数。对于用户自定义函数，不仅要在程序中定义函数本身，而且在主调函数模块中还必须对该被调函数进行类型说明，然后才能使用。

2) 从有无返回值的角度分类

(1) 有返回值函数：此类函数被调用后将向调用者返回一个执行结果，称为函数返回值，如数学函数即属于此类函数。由用户定义的有返回值函数必须在函数定义和函数说明中明确返回值的类型。

(2) 无返回值函数：此类函数用于完成某项特定的处理任务，执行完成后不向调用者返回函数值。由于函数无须返回值，因此用户在定义此类函数时可指定其为空类型，空类型的说明符为 void。

3) 从主调函数和被调函数之间数据传送的角度分类

(1) 无参函数：函数定义、函数说明及函数调用中均不带参数。主调函数和被调函数之间不进行参数传送。此类函数通常用来完成一组指定的功能，可以返回或不返回函数值。

(2) 有参函数：也称为带参函数。在函数定义及函数说明时都有参数，称为形式参数(简称为形参)；在函数调用时也必须给出参数，称为实际参数(简称为实参)。在调用有参函数时，主调函数将把实参的值传送给形参，供被调函数使用。

在 C51 中，所有的函数定义，包括主函数 main 在内，都是平行的，也就是说，在一个函数的函数体内，不能再定义另一个函数，即不能嵌套定义。但是函数之间允许相互调用，也允许嵌套调用，习惯上把调用者称为主调函数，函数还可以自己调用自己，称为递归调用。main 函数是主函数，它可以调用其他函数(不包括中断函数)，而不允许被其他函数调用。因此，C51 程序的执行总是从 main 函数开始的，完成对其他函数的调用后再返回到 main 函数，最后由 main 函数结束整个程序执行。一个 C51 源程序必须有，也只能有一个主函数 main。

2. 函数的定义与调用

1) 无参函数的定义与调用

(1) 无参函数的定义。无参函数定义的一般形式为

```
类型说明符 函数名()
{
    类型说明语句;
    语句;
}
```

类型说明符和函数名称为函数头，类型说明符指明了该函数的类型，函数的类型实际上是函数返回值的类型，而无参函数多数没有返回值，可定义为 void 类型；函数名是由用户定义的标识符，函数名后有一个空括号，其中无参数，但括号不可少。{}中的内容称为函数体，在函数体中也有类型说明，这是对函数体内部所用到的变量的类型说明。

在 C51 中，如果有一些语句多次用到，而语句的内容都相同时，就可以将这些语句写成一个函数，在主函数中通过调用该函数来使用这些语句。

(2) 无参函数的调用。在 C51 中，无参函数调用的一般形式为

```
函数名();
```

2) 有参函数的定义与调用

(1) 有参函数的定义。有参函数定义的一般形式为

```
类型说明符 函数名(形参类型 1 参数 1,……,形参类型 n 参数 n)
{
    类型说明语句;
    语句;
}
```

函数名后“()”中定义的参数称为形式参数，它们可以是各种类型的变量，各参数之间用逗号间隔；在函数调用时，主调函数将赋予这些形式参数以实际数值，这些实际的数值称为实参。形参出现在函数定义中，在整个函数体内都可以使用，离开该函数则不能使用；实参出现在主调函数中，进入被调函数后，实参变量也不能使用；形参和实参的功能是作数据传送，当发生函数调用时，主调函数把实参的值传送给被调函数的形参，从而实现主调函数向被调函数的数据传送。函数的形参和实参还具有以下特点：

① 形参变量只有在被调用时才分配内存单元，在调用结束时，即刻释放所分配的内存单元。因此形参只有在函数内部有效，函数调用结束返回主调函数后则不能再使用该形参变量。

② 实参可以是常量、变量、表达式、函数等，无论实参是何种类型的量，在进行函数调用时，它们都必须具有确定的值，以便把这些值传送给形参。因此应预先用赋值、输入等办法使实参获得确定值。

③ 实参和形参在数量、类型和顺序上应严格一致，否则会发生“类型不匹配”的错误。

④ 函数调用中发生的数据传送是单向的，即只能把实参的值传送给形参，而不能把形参的值反向地传送给实参。因此在函数调用过程中，形参的值会发生改变，而实参中的值不会产生变化。

(2) 有参函数的调用。在 C51 中，有参函数调用的一般形式为

函数名(实际参数表);

实际参数表中的参数可以是常数、变量或其他构造类型数据及表达式。各实参之间用逗号分隔。函数的调用方式灵活，常用的还有函数表达式和函数实参两种方式。

① 函数表达式。函数作为表达式中的一部分出现在表达式中，函数返回值参与表达式的运算。当采用这种调用方式时，被调用的函数必须有返回值。例如 max(x,y)为求 x，y 之间的最大值，z=max(x,y)是一个赋值表达式，把调用 max 函数的返回值赋予变量 z。

② 函数实参。函数作为另一个函数调用的实际参数出现，这种情况是把该函数的返回值作为实参进行传送，因此被调函数也必须要有返回值。

3. 函数的声明

在 C51 中，除主函数外的其他函数在定义时可以写在主函数的前面，也可以写在主函数的后面，但是不可以写在主函数的内部。当函数写在主函数的后面时，必须要在主函数之前对函数进行声明，声明的作用是为了编译器在编译主函数过程中，当遇到函数调用时，知道有这样一个函数存在，才能够根据它的类型和参数等信息为它分配必要的存储空间。函数声明语句的一般形式为

无参函数：类型说明符 函数名();　　如：void delay500ms();

有参函数：类型说明符 函数名(类型 1,……, 类型 n);　　如：void delay10ms(uchar);

可以省略函数声明的几种情况：

(1) 当被调函数的函数定义出现在主调函数之前时，在主调函数中可以不对被调函数再作说明而直接调用。

(2) 所有函数定义之前，在函数外预先说明各个函数的类型，这样则在以后的各主调函数中，可不再对被调函数作说明。例如：

```
char   str(int a);        //声明有参函数 str
void   f();               //声明无参函数 f
main()
{
}
char   str(int a)
{
}
void   f()
{
}
```

其中第 1、2 行对 str 函数和 f 函数预先作了声明，因此在以后各函数中无须对 str 和 f 函数再作声明就可以直接调用了。

(3) 对库函数的调用不需要再作声明，但在源程序的开始处须用“#include”命令包含所需的头文件。

4. 函数的值

有返回值的函数被调用后，会向主调函数返回一个数值，称为函数的值或称为函数返回值。

关于函数的值有以下一些说明：

(1) 函数的值只能通过 return 语句返回主调函数。return 语句的一般形式为

```
return 表达式;
```

或

```
return (表达式);
```

该语句的功能是计算表达式的值，并返回给主调函数。在函数中允许有多个 return 语句，但每次调用只能有一个 return 语句被执行，因此只能返回一个函数值。

(2) 函数值的类型和函数定义中函数的类型应保持一致，如果两者不一致，则以函数类型为准，自动进行类型转换。

2.2.5　一个发光二极管的闪烁

1. 闪烁原理

控制一个发光二极管点亮→延时→熄灭→延时→点亮，就会形成闪烁的效果，如图 2-4 所示流程图。闪烁的效果与发光二极管点亮、熄灭的时间有关，如果时间太短，人的眼睛无法分辨；若时间太长，发光二极管闪烁的速度会太慢，而影响效果。因此发光二极管点亮或熄灭的时间一般控制在 100 ms～1 s 之间。

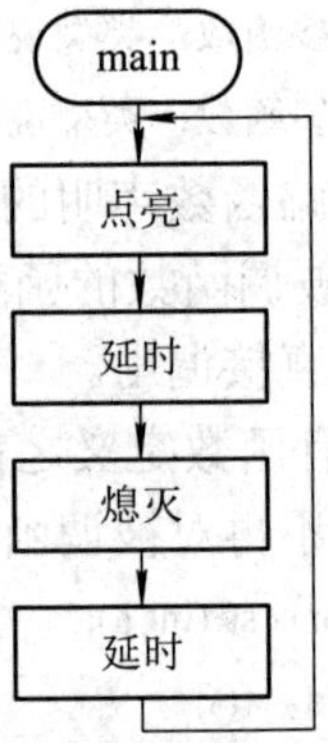

图 2-4　发光二极管闪烁流程图

点亮与熄灭的时间不需要特别准确，可以用延时语句或延时函数来实现，称为软件延时。软件延时的原理就是让单片机重复执行没有意义的空语句来实现时间的推移，一般由循环语句构成。在延时时间要求特别精确时可用定时/计数器来实现。

2. for 语句实现延时

1) 由 for 构成的延时语句

C51 中的循环语句均可实现延时，但 for 语句用得最多。由 for 构成的延时语句为

```
unsigned int i;
for(i=0;i<1827;i++);
```

先定义了一个 unsigned char 类型的变量 i，用于控制 for 的循环次数，表达式 1 给 i 赋初值 0，表达式 2 是循环结束语句，判断 i 是否小于 1827，表达式 3 通过 i 自增 1 修改 i，循环体为空语句，什么也不需要做。当变量 i 从 0 递增至 1826 时，条件 i<1827 为真，执行空语句，共 1827 次；当 i 递增至 1827 时，条件 i<1827 为假，退出 for 循环。

由 C51 编写的延时语句不能精确地计算出延时时间，通过 KEIL C 仿真后可知当晶振为 12 MHz，for 循环 1827 次时，约延时 10 ms。需要修改延时时间时，以 1827 为基准进行调整，或者由 for 语句的嵌套来实现更长时间的延时，不必每次都进行仿真。

如果要延时 1 s，可以以 10 ms 为基准，采用双重循环来实现。由于 1 s = 100 × 10 ms，内层循环实现 10 ms 延时，外层再循环 100 次，就可以达到延时 1 s 的要求。1 s 的延时语句为

```
unsigned int i,j;
for(i=0;i<100;i++)
     for(j=0; j<1827;j++);
```

定义 i、j 两个变量用于控制双层循环的次数。第一个 for 语句的后面没有分号，它的循环体就是第二个 for 语句；第二个 for 语句的循环体是空语句，因此第二个 for 语句为内层循环，由变量 j 控制循环 1827 次，延时 10 ms；第一个 for 语句为外层循环，由变量 i 控制循环 100 次，延时 1 s。

执行时，第一个 for 语句的 i 每加一次，第二个 for 语句的 j 就需要加 1827 次，因此两重循环共执行了 100×1827 次，约延时 1 s。若需要更长的时间时可以改变外层 for 循环的循环次数或增加嵌套的次数。

2) 应用举例

例 2　编程使图 1-18 中发光二极管 LED0 闪烁，点亮和熄灭的时间均为 1 s。

解：只要单片机上电，发光二极管 LED0 就能不停地闪烁，即无休止地点亮 1 s、熄灭 1 s。要求控制一个 LED 闪烁时，字节寻址与位寻址均可实现，本例中采用位寻址。

源程序

```
#include <reg51.h>                    //包含 51 系列单片机的头文件
#define uchar unsigned char
#define uint unsigned int
sbit LED0=P2^0;                       //定义 P2.0 为 LED0
main()                                //主函数
{
     uint i,j;                        //定义局部变量 i、j，用于延时
     while(1)                         // while 死循环，无数遍点亮、熄灭 LED0
     {
          LED0=0;                     //位寻址，点亮 LED0
          for(i=0;i<100;i++)          //延时 1 s
               for(j=0; j<1827;j++);  //分号必须有
          LED0=1;                     //位寻址，熄灭 LED0
          for(i=0;i<100;i++)          //延时 1 s
               for(j=0; j<1827;j++);  //分号必须有
     }
}
```

主函数中先定义了 i、j 两个变量，在函数内部定义的变量为局部变量，然后执行 while 循环，由于 while 的表达式是 1，永远为真，形成死循环，因此 CPU 将一直执行 while 的循环体语句。在 while 的循环体中，先点亮 LED0，延时 1 s，后熄灭，延时 1 s，编译后下载至单片机就可以观察到 LED0 闪烁的效果。

例 3　编程使图 1-18 中发光二极管 LED0 闪烁，点亮和熄灭的时间均为 500 ms。

解：源程序

```
#include <reg51.h>                      //包含 51 系列单片机的头文件
#define uchar unsigned char
#define uint unsigned int
sbit LED0=P2^0;                         //定义 P2.0 为 LED0

/*延时函数*/
void delay500 ms()                      //延时 500 ms
{
    uint i,j;                           //定义局部变量 i、j，用于延时
    for(i=0;i<50;i++)                   //外层 for 语句循环 50 次
        for(j=0; j<1827;j++);           //内层 for 语句约延时 10 ms，分号必须有
}

/*主函数*/
main()
{
    while(1)                            // while 死循环，无数遍点亮、熄灭 LED0
    {
        LED0=0;                         //位寻址，点亮 LED0
        delay500ms();                   //调用延时函数，延时 500 ms
        LED0=1;                         //位寻址，熄灭 LED0
        delay500ms();                   //调用延时函数，延时 500 ms
    }
}
```

"/*　*/"也是 C51 的注释符，可以注释多行，而"//"只能注释一行。

由于关键字 unsigned char、unsigned int 较长，使用时会很麻烦，英文不好时也容易写错，这时可用#define 命令给它们重新起一个比较简单的新名字，如：uchar、uint，当然也可以是其他名字，在后续程序中可直接用这个新名字定义变量，如：uint i,j;。

源程序中，在主函数之前定义了无参延时函数 void delay500ms()，"void"表示该函数执行完后不需要返回任何数值，是一个无返回值的函数；"delay500ms"是延时函数的名字，表示它是一个延时 500 ms 的函数，函数名可以任意起，但是要注意两点：一是不能和 C51 中的关键字相同，二是要做到见名知义；函数名后的括号中没有写任何参数，表示它是一个无参函数。延时函数 delay500ms()的函数体内定义了 i、j 两个变量用于控制循环次数，它们均为局部变量。

在主函数中需要延时 500 ms 时，可以通过语句"delay500ms();"调用延时函数，CPU 转去执行延时函数，从而实现延时功能，这样会使主函数看起来条理清晰，增强了程序的可读性。

例 4　编程使图 1-18 中的发光二极管 LED0 闪烁，点亮 500 ms、熄灭 300 ms。

解：该题目要求发光二极管点亮与熄灭的时间不相同，如果编写无参延时函数，需将无参延时函数的时间设置为 100 ms，调用 3 次实现 300 ms 的延时，调用 5 次实现 500 ms 的延时，方可实现题目要求。最好的方法是编写有参延时函数，在调用时给以不同的实参，这样就可以实现不同时间的延时了。

源程序

```
#include <reg51.h>                    //包含 51 系列单片机的头文件
#define uchar unsigned char
#define uint unsigned int
sbit LED0=P2^0;                       //定义 P2.0 为 LED0

/*延时函数*/
void delay10ms(uchar a)               //定义有参延时函数，延时时间为 a×10 ms
{
    uint i,j;                         //定义局部变量 i、j，用于延时
    for(i=0;i<a;i++)
        for(j=0; j<1827;j++);         //分号必须有
}

/*主函数*/
main()
{
    while(1)                          // while 死循环，无数遍点亮、熄灭 LED0
    {
        LED0=0;                       //位寻址，点亮 LED0
        delay10ms(50 );               //实参为 50，延时 500 ms
        LED0=1;                       //位寻址，熄灭 LED0
        delay10ms(30 );               //实参为 30，延时 300 ms
    }
}
```

由“void delay10ms(uchar a)”定义一个有参延时函数，括号中的“uchar a”表示 a 是该函数的一个形式参数，用 a 来控制函数体内第一个 for 语句的循环次数，两个 for 语句共执行 a×1827 次，约延时 a×10 ms；在主函数中调用该函数时，需要对应给出一个具体的数据，即实参，当执行被调函数时，将函数体中的所有形参用实参代替。

主函数中通过调用语句“delay10 ms (50);”及“delay10ms (30);”调用 delay10 ms 函数，并将实参 50 或 30 传送给 delay10 ms 中的形参 a，执行延时函数后可分别获得 500 ms 及 300 ms 的延时，改变实参可以方便地改变延时时间。

延时函数是单片机编程中常用的一个函数，除了由 for 语句构成外，也可以由 while 语句构成；循环变量的修改不仅可以用自增，也可以用自减。

3) 思考

编写实现下述要求的源程序。

(1) 分别用前述方法实现 300 ms 延时。

(2) 用位寻址使 P2.2 端口所接发光二极管闪烁，点亮、熄灭时间自定。

(3) 用字节寻址使 P2.3、P2.4 端口所接的两个发光二极管同时闪烁，点亮、熄灭时间自定。

2.2.6 流水灯

流水灯是霓虹灯中最简单的一种闪烁效果，要求每次只点亮一个发光二极管，轮流点亮所有的发光二极管，点亮时间为 500 ms；轮流点亮所有发光二极管时，既可从高位至低位，也可从低位至高位，还可在高位与低位之间往复。硬件电路如图 1-18 所示。

从程序流程的角度来看，程序可以分为顺序结构、分支结构、循环结构三种形式，如图 2-5 所示。分支结构与循环结构形式多样，图 2-5(b)、(c)所示的分支结构与循环结构只是其中常见的一种。这三种基本结构可以组成各种复杂程序，它们不是绝对独立的，常常是相互融合的，从前述源程序中就可以清楚地看到这一点。

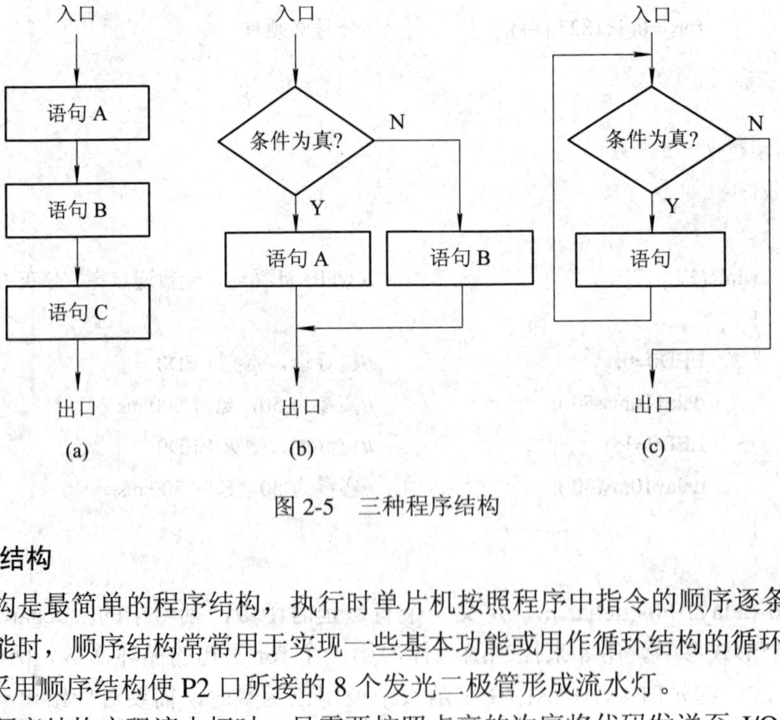

图 2-5　三种程序结构

1. 顺序结构

顺序结构是最简单的程序结构，执行时单片机按照程序中指令的顺序逐条执行。在实现复杂的功能时，顺序结构常常用于实现一些基本功能或用作循环结构的循环体。

例 5　采用顺序结构使 P2 口所接的 8 个发光二极管形成流水灯。

解：用顺序结构实现流水灯时，只需要按照点亮的次序将代码发送至 I/O 口即可。从 LED0～LED7 依次点亮，当最高位的 LED7 点亮后，又从 LED0 重新开始，流程图如图 2-6 所示。

流水灯在点亮一个 LED 的同时，要使其他 7 个 LED 熄灭，用字节寻址较为方便。从低位至高位轮流点亮 LED 时，P2 口所需代码如表 2-2 所示。

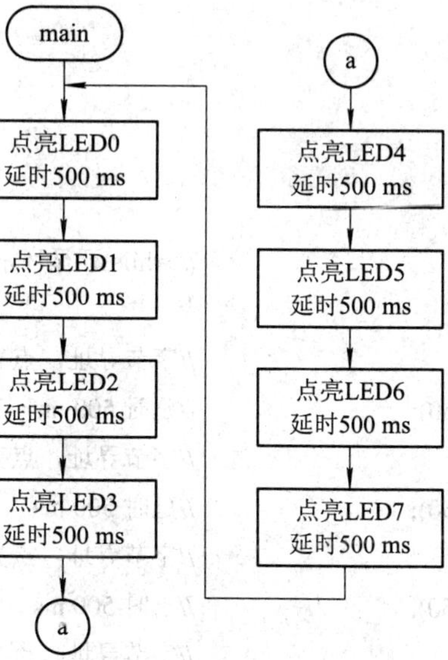

图 2-6　流水灯流程图(顺序结构)

表 2-2　流水灯代码

二进制代码								十六进制代码
P2.7	P2.6	P2.5	P2.4	P2.3	P2.2	P2.1	P2.0	
1	1	1	1	1	1	1	0	FEH
1	1	1	1	1	1	0	1	FDH
1	1	1	1	1	0	1	1	FBH
1	1	1	1	0	1	1	1	F7H
1	1	1	0	1	1	1	1	EFH
1	1	0	1	1	1	1	1	DFH
1	0	1	1	1	1	1	1	BFH
0	1	1	1	1	1	1	1	7FH

从表 2-2 可知，由于每次只能点亮一个 LED，因此每个代码中都只有一个低电平。

源程序

```
#include <reg51.h>                    //包含 51 系列单片机的头文件
#define uchar unsigned char
#define uint unsigned int

/*延时函数*/
void delay10ms(uchar a)               //定义有参延时函数，延时时间为 a×10 ms
{
    uint i,j;                         //定义局部变量 i、j，用于延时
    for(i=0;i<a;i++)
        for(j=0; j<1827;j++);         //分号必须有
```

```
}

/*主函数*/
main()
{
    while(1)                    // while 死循环，无数遍点亮 LED0～LED7
    {
        P2=0xfe;                //字节寻址，点亮 LED0
        delay10ms(50);          //延时 500 ms
        P2=0xfd;                //字节寻址，点亮 LED1
        delay10ms(50);          //延时 500 ms
        P2=0xfb;                //字节寻址，点亮 LED2
        delay10ms(50);          //延时 500 ms
        P2=0xf7;                //字节寻址，点亮 LED3
        delay10ms(50);          //延时 500 ms
        P2=0xef;                //字节寻址，点亮 LED4
        delay10ms(50);          //延时 500 ms
        P2=0xdf;                //字节寻址，点亮 LED5
        delay10ms(50);          //延时 500 ms
        P2=0xbf;                //字节寻址，点亮 LED6
        delay10ms(50);          //延时 500 ms
        P2=0x7f;                //字节寻址，点亮 LED7
        delay10ms(50);          //延时 500 ms
    }
}
```

主函数由 while 语句构成死循环，在 while 的循环体中顺序向 P2 口发送代码，使 LED0～LED7 轮流点亮，由于 while(1)的表达式永远为真，因此当 LED7 点亮后又重新从 LED0 开始点亮。上述源程序之所以称为顺序结构，就是指在 while 的循环体中，发送代码、延时这个操作按点亮发光二极管的次序连续写了 8 次。

顺序结构的优点是简单、直观；缺点是书写量较大，源程序较长。

2. 循环结构

C51 中提供了 while 语句、do-while 语句、for 语句三种循环结构语句，循环结构使程序具有了重复处理能力。在编程时，先找出需要反复执行的某种操作，再将其编写为一个可重复执行的程序段，每次执行该程序段时会得到新的结果，该程序段就是循环结构的循环体。

如例 5 用顺序结构实现流水灯时，while 语句的循环体中虽然有 16 条语句，但实际上是在重复着同一个操作，就是将代码发送至 P2 口后再延时 500 ms，如果用一个变量 a 表示每一个代码，那么这 16 条语句就可以用 2 条语句表示，即：“P2=a;delay10ms(50);”，只是每次执行时，变量 a 要有新的数值，如何修改变量 a 就是循环结构编程时的重点与难点了。

1) 利用移位指令实现流水灯

仔细观察表 2-2，可发现点亮 LED0～LED7 的 8 个代码之间的特殊性在于将前一个代码左移一位之后就是所需的新代码，而这一规律可用 C51 中的左移运算“<<”实现。但是左移运算“<<”是将最高位移入程序状态字寄存器 PSW 中的进位 CY，其他位数据左移之后，在最低位补入 0，如果初值为 FEH，左移一位后的结果为 FCH，而不是所需的 FDH，如表 2-3 所示。解决的方法是左移一位后再进行加 1 运算，即可将 FCH 转换为 FDH。

表 2-3 左移一位并加 1

操作	二进制代码								十六进制代码
	P2.7	P2.6	P2.5	P2.4	P2.3	P2.2	P2.1	P2.0	
原数值	1	1	1	1	1	1	1	0	FEH
左移 1 位	1	1	1	1	1	1	0	0	FCH
加 1	1	1	1	1	1	1	0	1	FDH

在源程序中，可定义变量 a 并赋初值 FEH，通过对 a 左移一位、加 1 后，可得到相邻的下一个代码，执行 7 次便得到 FDH、FBH、F7H、EFH、DFH、BFH、7FH 其他的 7 个代码。内层由 for 语句实现，此功能将 LED0～LED7 轮流点亮一遍，外层由 while 语句构成死循环，无数遍执行 for 语句，就可以实现无数遍点亮 LED0～LED7，流程图如图 2-7 所示。

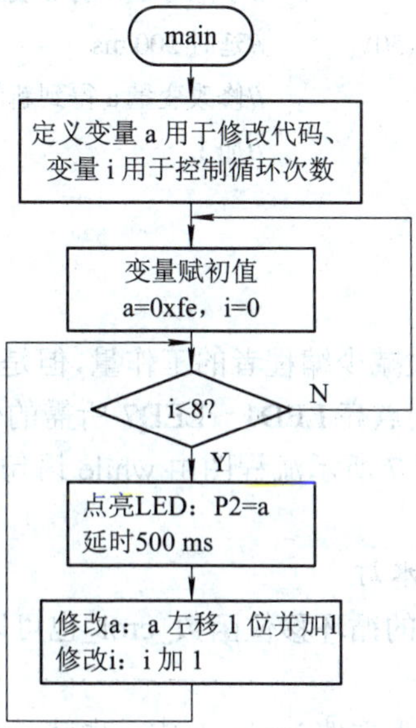

图 2-7 流水灯流程图(循环结构，“<<”)

源程序

```
#include <reg51.h>                    //包含 51 系列单片机的头文件
#define uchar unsigned char
#define uint unsigned int
```

```
/*延时函数*/
void delay10ms(uchar a)              //定义有参延时函数，延时时间为 a×10 ms
{
    uint i,j;                        //定义局部变量 i、j，用于延时
    for(i=0;i<a;i++)
        for(j=0; j<1827;j++);        //分号必须有
}

/*主函数*/
main()
{
    uchar a;                         //局部变量 a 用于存放点亮 LED 的代码
    uchar i;                         //局部变量 i 用于控制内层 for 循环
    while(1)                         //外层 while 死循环，无数遍点亮 LED0～LED7
    {
        a=0xfe;                      //a 的初值为 0xfe，点亮 LED0
        for(i=0;i<8;i++)             //内层 for 循环，循环 8 次，LED0～LED7 点亮一遍
        {
            P2=a;                    //字节寻址，将 a 发送至 P2 口，点亮一个 LED
            delay10ms(50);           //延时 500 ms
            a=a<<1;                  //修改变量 a 得到新的代码，先左移一位
            a++;                     //加 1
        }
    }
}
```

采用循环结构编程可以大大减少编程者的工作量，但是在源程序中只能看到点亮 LED0 的代码 0xfe，并不能直接地看到点亮 LED1～LED7 所需的代码，因此相对于顺序结构，循环结构不易被初学者掌握。图 2-7 所示流程图由 while 语句和 for 语句构成双重循环，称之为 while+for 结构。

2) 利用 C51 库函数实现流水灯

利用 C51 自带的库函数中的循环移位函数_crol_也可以实现流水灯，而且比用左移运算“<<”更为简单。

循环移位函数_crol_包含在头文件 intrins.h 中，也就是说，如果在程序中要用到这个函数，就必须在程序的开头处用 include 命令包含 intrins.h 头文件。

(1) 头文件 intrins.h。头文件 intrins.h 中常用的函数有：

crol：字符型变量循环左移。

cror：字符型变量循环右移。

irol：整型变量循环左移。

iror：整型变量循环右移。

lrol：长整型变量循环左移。

lror：长整型变量循环右移。

nop：空操作 NOP 指令。

testbit：测试并清零位。

(2) 循环左移函数_crol_。在头文件 intrins.h 中，函数_crol_的声明为

```
unsigned char _crol_(unsigned char val,unsigned char n);
```

函数_crol_的前面没有 void，取而代之的是 unsigned char，这表示它是一个有返回值的函数，返回值的类型是 unsigned char；括号内有 unsigned char val、unsigned char n 两个形参，形参 val 用于表示循环移位操作的对象、形参 n 表示循环左移的位数，在调用该函数时，必须要给出对应类型的两个实参，执行完该函数后，通过函数内部的某种运算而得到一个新的 unsigned char 类型的数值，并将这个新值返回给调用它的语句。

“crol”中的 c 表示移位的对象是 unsigned char 类型，r 表示循环移位，l 表示移位的方向是向左。

循环左移函数可以将一个变量的最高位移入最低位，其他各位依次左移一位，如表 2-4 所示。

表 2-4　循环左移一位

	最高位			二进制代码				最低位	十六进制
移位前	1	0	1	0	1	0	1	0	AAH
移位后	0	1	0	1	0	1	0	1	55H

循环左移函数_crol_应用举例：

```
unsigned char a=0x88;
a=_crol_(a,2);
```

首先定义一个 unsigned char 类型的变量 a，初值为 88H，语句“a=_crol_(a,2);”的作用是将 a 连续循环左移两位后，再送给 a，执行后 a 为 22H。

(3) 循环右移函数_cror_。循环右移函数可将一个变量的最低位移入最高位，其他各位依次右移一位，如表 2-5 所示。

表 2-5　循环右移一位

	最高位			二进制代码				最低位	十六进制
移位前	1	0	1	0	1	0	1	1	ABH
移位后	1	1	0	1	0	1	0	1	D5H

循环右移函数_cror_应用举例：

```
unsigned char a=0x66,b;
b=_cror_(a,2);
```

首先定义 unsigned char 类型的变量 a、b，a 的初值为 66H，语句“b=_cror_(a,2);”的作用是将 a 连续循环右移 2 位后，送给 b，执行后 a 的值不变，而 b 为 99H。

头文件 intrins.h 中，其他循环移位函数与函数_cror_、_crol_的命名、使用类似。

循环移位的好处在于设置好初值后，初值中 0 和 1 的个数就确定了，不论循环移位多少次，向哪个方向移位，移位后所得结果中 0 和 1 的个数都不会改变，利用循环移位的这个特点可方便地实现流水灯。

(4) 循环移位函数实现流水灯。在源程序中，定义变量 a 用以循环移位，初值为 FEH；变量 a 循环左移一次就可以得到点亮下一个 LED 所需的代码，利用循环左移函数实现流水灯的流程图如图 2-8 所示。

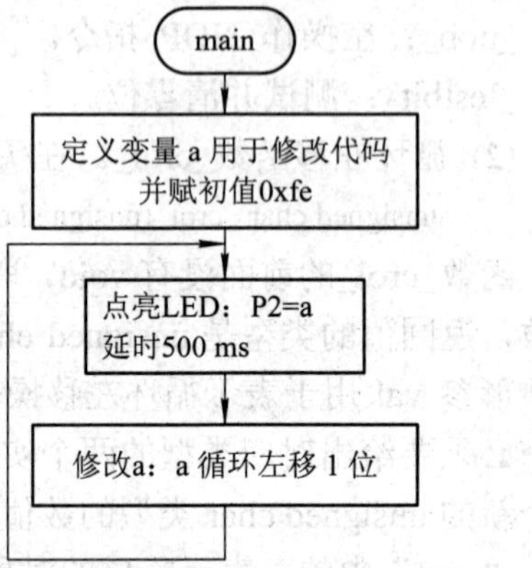

图 2-8　流水灯流程图(循环结构，“_crol_”)

源程序

```
#include <reg51.h>                    //包含 51 系列单片机的头文件
#include <intrins.h>
#define uchar unsigned char
#define uint unsigned int

/*延时函数*/
void delay10ms(uchar a)               //定义有参延时函数，延时时间为 a×10 ms
{
    uint i,j;                         //定义局部变量 i、j，用于延时
    for(i=0;i<a;i++)
        for(j=0; j<1827;j++);         //分号必须有
}

/*主函数*/
main()
{
    uchar a=0xfe;                     //局部变量 a 用于存放点亮 LED 的代码，初值为 0xfe
    while(1)                          // while 死循环，无数遍点亮 LED0～LED7
    {
        P2=a;                         //字节寻址，将 a 发送至 P2 口，点亮一个 LED
        delay10ms(50);                //延时 500 ms
        a=_crol_(a,1);                //通过循环左移一位修改变量 a，得到新的代码
    }
}
```

利用函数_crol_实现流水灯时，只需要 while 一层死循环，在循环体内通过语句“a=_crol_(a,1);”修改 a，当 a 的初值为 FEH 即 11111110B 时，循环左移一位后为 11111101B，即 FDH，然后将 FDH 重新赋给变量 a，当 while 循环体中的最后一条语句执行完后，重新执行 while 循环体中的第一条语句“P2=a;”，这时发送至 P2 口的数据就变成了 FDH，流水灯的工作状态也得到了更新。

3) 利用数组实现流水灯

(1) 数组。在程序设计中，为了处理方便，把具有相同类型的若干变量按有序的形式组织起来。这些按一定顺序排列的同类数据的集合称为数组。在 C51 中，数组属于构造数据类型。一个数组可以分解为多个数组元素，这些数组元素可以是基本数据类型或是构造类型，根据数组元素的类型，数组可分为数值数组、字符数组、指针数组、结构数组等各种类别。

在 C51 中，使用数组前必须先进行类型定义，数组定义的一般形式为

类型说明符 数组名[常量表达式], ……;

其中，类型说明符是任一种基本数据类型或构造数据类型，数组名是用户定义的数组标识符；方括号中的常量表达式表示数组元素的个数，也称为数组的长度。例如：

```
unsigned int a[10];            //定义无符号整型数组 a，有 10 个元素
float b[10],c[20];             //定义实型数组 b，有 10 个元素；实型数组 c，有 20 个元素
unsinged char ch[10][20];      //定义字符数组 ch 为二维数组，有 200 个元素
```

在定义数组的同时可以给数组元素赋初值，这时可省略方括号中的常量。例如：

```
unsigned char a[5]={1,2,3,4,5};
```

相当于

```
unsigned char a[ ]={1,2,3,4,5};
```

经过上面的定义和初始化后，数组 a 的各元素为：a[0]=1，a[1]=2，a[2]=3，a[3]=4，a[4]=5。

对于数组的定义应注意以下几点：

① 数组的类型实际上是指数组元素值的类型。对于同一个数组，其所有元素的数据类型都是相同的。

② 数组名的书写规则应符合标识符的书写规定。

③ 数组名不能与其他变量名相同，例如：unsigned char a,a[5];，变量 a 与数组 a 的名称相同，这是不允许的。

④ 方括号中常量表达式表示数组元素的个数，如 a[5]表示数组 a 有 5 个元素。但是其元素序号是从 0 开始递增的，因此 5 个元素分别为 a[0]、a[1]、a[2]、a[3]、a[4]，如果引用 a[5]=3;，则会出错。

⑤ 不能在方括号中用变量来表示元素的个数，但是可以是符号常数或常量表达式。例如：

```
#define FD 5
void main()
{
    int a[3+2],b[7+FD];
}
```

上述说明方式是合法的。但是下述说明方式是错误的：

```
void main()
{
    int n=5;
    int a[n];
}
```

⑥ 允许在同一个类型定义中，定义多个数组和多个变量。例如：

```
int a,b,c,d,k1[10],k2[20];
```

按上面格式定义的数组，存储在 51 单片机的片内或片外数据存储器中，具体在片内还是片外，取决于存储模式。

单片机编程时常用数组存放数据表，数据表中各元素的数值无需改变，只需取出使用，由于 51 单片机的片内 RAM 很有限，通常会把 RAM 分给参与运算的变量或数组，而那些程序中不需改变的数据则应存放在程序存储区 ROM 中(code)，以节省宝贵的 RAM 空间。数组存于 ROM 中时，定义的一般形式为：

类型说明符 code 数组名[常量表达式]={元素 1,元素 2,…… };

关键字“code”表示该数组存放在程序存储器中，大括号“{}”中是存于该数组中的数据，各数据间用逗号分隔。例如：

```
unsigned char code pingfang[ ]={0,1,4,9,16,25,36,49,64,81};
```

数组 pingfang 用于存储 0～9 的平方，共 10 个元素，存放在 code 区。需要 0～9 中某数的平方时，可直接从该数组中取出使用，如 3 的平方就是 pingfang[3]，这样的数组称为数据表。有了数据表后，可以将某些操作转换为查表操作，这是单片机编程时常采用的策略。

当没有关键字“code”时，数组存放在片内或片外数据存储器中，即可取出某个元素，也可修改某元素的值；有了关键字“code”后，数组存放在程序存储器中，只能取出某个元素使用，但不能修改，否则在编译时会提示出错。例如：

```
a. unsigned char s[ ]={0,0,0};
void main()
{
    s[2]=3;
}
b.  unsigned code char s[ ]={0,0,0};
void main()
{
    s[2]=3;
}
```

程序 a 中定义的数组 s 存放在数据存储器中，主函数中的语句“s[2]=3;”是正确的，它的作用是将数组 s 的第 3 个元素(元素序号为 2)的数值修改为 3。

程序 b 中定义的数组 s 存放在程序存储器中，主函数中的语句“s[2]=3;”是错误的，因为程序存储器是 ROM 类型的，使用时只能读出不能写入。

(2) 用数组实现流水灯。用数组实现流水灯时，首先定义数组 uchar code leddisp[ ]存放流水灯所需的 8 个代码，然后在主函数中通过“P2=leddisp[i];”将该数组中 8 个的元素依次取出送至 P2 口；8 个元素送完一遍后，再从第一个元素开始发送。数组中 8 个元素的序号从 0～7，i 赋初值 0 后，每执行一次“P2=leddisp[i];”后，由自增运算修改 i，就可以取出下一个元素。流程图如图 2-9 所示。

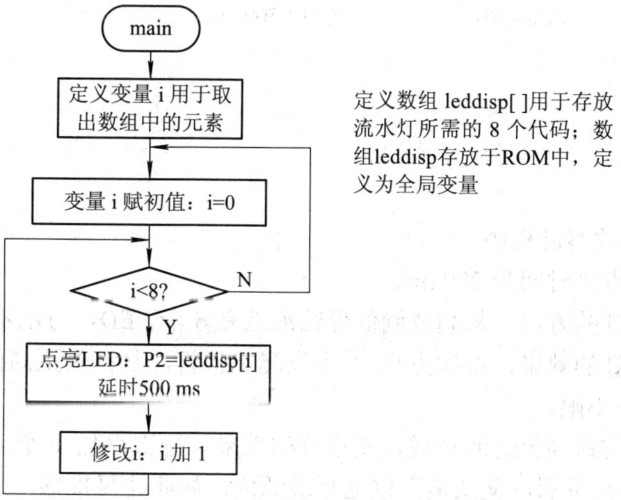

图 2-9　流水灯流程图(循环结构，数组)

源程序

```
#include <reg51.h>                    //包含 51 系列单片机的头文件
#define uchar unsigned char
#define uint unsigned int

/*必要的全局变量定义*/
uchar code leddisp[ ]={0xfe,0xfd,0xfb,0xf7,0xef,0xdf,0xbf,0x7f} ;
                                      //数组 leddisp 存放流水灯所需的 8 个代码

/*延时函数*/
void delay(uchar c)                   //定义有参延时函数，延时时间为 c×10 ms
{
    uint i,j;                         //定义局部变量 i、j，用于延时
    for(i=0;i<c;i++)
        for(j=0; j<1827;j++);         //分号必须有
}
/*主函数*/
main()
{
    uchar i;
    while(1)                          //外层 while 死循环，无数遍点亮 LED0～LED7
    {
```

```
            for(i=0;i<8;i++)          //内层 for 循环，循环 8 次，LED0～LED7 点亮一遍
            {
                P2=leddisp[i];
                        //将数组 leddisp 中序号为 i 的元素送至 P2 口，点亮 1 个 LED
                delay(50);            //延时 500 ms
            }
        }
    }
```

3. 思考

根据下述要求改写源程序。

(1) 流水灯的点亮时间为 200 ms。

(2) 改变流水灯的方向，从高位到低位轮流点亮 8 个 LED，方法不限。

(3) 改变流水灯的效果，每次点亮 2 个发光二极管，从低位至高位轮流点亮，点亮时间为 600 ms，方法不限。

(4) 在最低位与最高位之间形成往复推移的效果。每次点亮 1 个或 2 个发光二极管，由低位逐渐移到最高位后，又从最高位退至最低位，如此往复推移。

(5) 以随机的方式任意点亮一组 LED，点亮 1 s 后，再随机点亮另一组灯。

2.3 项目实施

2.3.1 硬件设计方案

本项目与项目一相同，仍用单片机的 P2 口通过限流电阻连接 8 个发光二极管，如图 1-18 所示，但编程时要注意不能长时间同时点亮 8 个发光二极管。

2.3.2 软件设计方案

霓虹灯的闪烁效果花样繁多，只要你能想到，就可以通过编程来实现。本项目中编程使图 1-18 中 P2 口所接的 8 个发光二极管，能自动地从上到下，再从下到上点亮，每次点亮一个；然后从两边到中间，再从中间到两边点亮，每次点亮两个；不断循环，点亮时间为 200 ms。

根据 LED 的闪烁效果，首先分析所需的代码，然后确定采用什么方式编程。LED 花样闪烁时，代码较多，用顺序结构编程，源程序的代码会非常长，不易采用；用循环结构编程，重点要考虑循环体如何更新，由于花样闪烁的代码之间不一定具有特定的规律，最好采用适用范围较广的方法，就是定义数组 leddisp[ ]存放所需的代码，在主函数中根据代码的个数控制循环体执行的次数，而循环体就是通过“P2=leddisp[i];”发送点亮 LED 所需的代码。流程图与图 2-9 相似，只是循环次数由 8 次增为 22 次，延时时间由 500 ms 减为 200 ms。

源程序

```
#include <reg51.h>                    //包含 51 系列单片机的头文件
```

```
#define uchar unsigned char
#define uint unsigned int

/*必要的全局变量定义*/
uchar code leddisp[ ]={    0xfe,0xfd,0xfb,0xf7,0xef,0xdf,0xbf,0x7f,
                           0xbf,0xdf,0xef,0xf7,0xfb,0xfd,0xfe,
                           0x7e,0xbd,0xdb,0xe7,0xdb,0xbd,0x7e} ;
                                      //数组 leddisp 存放流水灯所需的 22 个代码

/*延时函数*/
void delay(uchar c)                   //定义有参延时函数，延时时间为 c×10 ms
{
    uint i,j;                         //定义局部变量 i、j，用于延时
    for(i=0;i<c;i++)
        for(j=0; j<1827;j++);         //分号必须有
}
/*主函数*/
main()
{
    uchar i;
    while(1)                          //外层 while 死循环，无数遍闪烁
    {
        for(i=0;i<22;i++)             //内层 for 循环，循环 22 次，花样闪烁一遍
        {
            P2=leddisp[i];
                //将数组 leddisp 中序号为 i 的元素送至 P2 口，点亮 LED
            delay(20);                //延时 200 ms
        }
    }
}
```

2.3.3 程序调试

1. 实验板电路分析

同项目一。

2. 程序设计

根据实验板电路图改写霓虹灯控制系统的源程序。

3. 结果分析

通过下载软件，将扩展名为 .hex 的十六进制文件装入单片机芯片中，然后观察运行结果。

4. 拓展练习

编写实现下述要求的源程序。

(1) 编程使图 1-18 中的 8 个发光二极管形成花样流水灯。从 LED0～LED7 点亮，先每次点亮 1 个 LED，后每次点亮 2 个 LED，最后每次点亮 3 个 LED，不断循环。

(2) 自定义闪烁效果，编程实现。

2.4 项 目 评 价

项目名称		霓虹灯控制系统			
评价类别	项目	子项目	个人评价	组内互评	教师评价
专业能力(80 分)	信息与资讯(40 分)	变量的定义及运算符的应用(10 分)			
		结构化程序设计(5 分)			
		循环移位函数的应用(7 分)			
		数组的定义与应用(10 分)			
		函数的定义与调用(8 分)			
	计划(20 分)	原理图设计(5 分)			
		流程图(10 分)			
		程序设计(5 分)			
	实施(10 分)	实验板的适应性(5 分)			
		实施情况(5 分)			
	检查(5 分)	异常检查			
	结果(5 分)	结果验证			
社会能力(10 分)	敬业精神(5 分)	爱岗敬业与学习纪律			
	团结协作(5 分)	对小组的贡献及配合			
方法能力(10 分)	计划能力(5 分)				
	决策能力(5 分)				
评价	班级		姓名		学号
	总评		教师		日期

2.5　拓展与提高

交通信号灯在十字路口的交通控制系统中有重要的作用，用单片机可以非常容易地实现交通信号灯的控制。设有一个十字路口，东西为主干道通行 50 s、南北为支干道通行 30 s。初始态为南北路口的绿灯亮，东西路口的红灯亮，南北路口方向通车。延迟 30 s 后，南北路口的绿灯熄灭，而南北路口的黄灯开始闪烁(1 Hz)；闪烁 5 次后，南北路口的红灯亮，同时东西路口的绿灯亮，东西路口方向开始通车；延迟 50 s 后，东西路口的绿灯熄灭，黄灯开始闪烁；闪烁 5 次后，再切换到南北路口方向；之后，重复上述过程。

交通信号灯硬件原理图如图 2-10 所示。

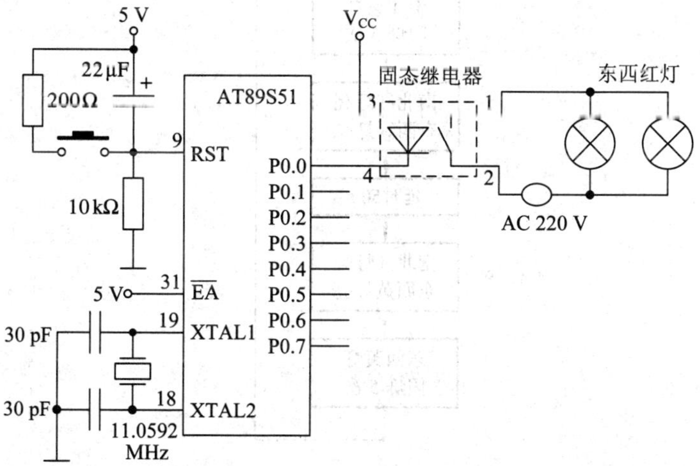

图 2-10　交通信号灯原理图

图 2-10 所示电路中，P0.0 接固态继电器，通过固态继电器实现东西方向红灯的控制。其余指示灯接法与 P0.0 相同，只是控制引脚不同，P0.1 控制东西方向黄灯，P0.2 控制东西方向绿灯，P0.3 控制南北方向红灯，P0.4 控制南北方向黄灯，P0.5 控制南北方向绿灯，P0 口最高两位没有使用。当某 I/O 口为 0 时，相应的指示灯点亮。

编程时先要根据控制要求及 I/O 端口的分配来确定 P0 口所需代码。P0 口空余的 P0.7、P0.6 取任意值(取全 0)，可得表 2-6 所示满足控制要求的代码。

表 2-6　交通信号灯控制代码

控制要求	二进制代码								十六进制代码
	空余		南北方向			东西方向			
	P0.7	P0.6	P0.5 绿	P0.4 黄	P0.3 红	P0.2 绿	P0.1 黄	P0.0 红	
南北绿灯，东西红灯	0	0	0	1	1	1	1	0	1EH
南北黄灯，东西红灯	0	0	1	0	1	1	1	0	2EH
南北红灯，东西绿灯	0	0	1	1	0	0	1	1	33H
南北红灯，东西黄灯	0	0	1	1	0	1	0	1	35H

实现交通灯控制，就是根据控制要求，将表 2-6 中各状态所需代码按顺序发送至 P0 口，当最后一个状态实现时，又重新开始。流程图如图 2-11 所示。

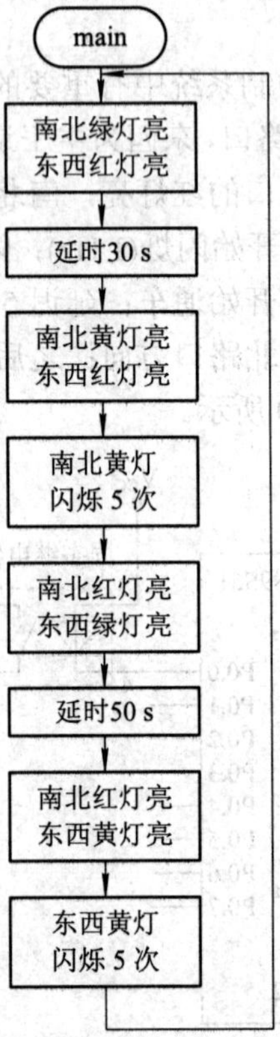

图 2-11　交通灯流程图

源程序

```
#include <reg51.h>                    //包含 51 系列单片机的头文件
#define uchar unsigned char
#define uint unsigned int

/*必要的全局变量定义*/
sbit esyellow= P0^1;                  //定义东西方向的黄灯为 esyellow
sbit snyellow= P0^4;                  //定义南北方向的黄灯为 snyellow

/*延时函数*/
void delay(uint a)                    //定义有参延时函数，延时时间为 a×10 ms
{
    uint i,j;                         //定义局部变量 i、j，用于延时
    for(i=0;i<a;i++)
        for(j=0; j<1827;j++);         //分号必须有
```

```
}

/*主函数*/
main()
{
    uchar i;
    while (1)                              //while 死循环
    {
        P0=0x1e;                           //字节寻址，南北绿灯亮、东西红灯亮
        delay(3000);                       //南北支干道通行 30 s
        P0=0x2e;                           //字节寻址，南北黄灯亮、东西红灯亮
        i=0;                               //南北黄灯闪烁 5 次，循环变量赋初值
        do                                 //do-while 循环 10 次
        {
            snyellow=~snyellow;            //位寻址，南北黄灯状态取反，实现闪烁
            delay(50);                     //黄灯点亮、熄灭的时间为 500 ms
        }
        while(++i<10);                     //修改循环变量 i，并判断是否到 10 次
        P0=0x33;                           //字节寻址，南北红灯亮、东西绿灯亮
        delay(5000);                       //东西主干道通行 50 s
        P0=0x35;                           //字节寻址，南北红灯亮、东西黄灯亮
        i=0;
        do                                 //东西黄灯闪烁 5 次
        {
            esyellow =~esyellow;           //位寻址，东西黄灯状态取反，实现闪烁
            delay(50);                     //黄灯点亮、熄灭的时间为 500 ms
        }
        while(++i<10);
    }
}
```

在源程序中既用到了字节寻址，也用到了位寻址。字节寻址可以根据控制要求同时点亮或熄灭南北、东西方向的所有灯，如四种基本工作状态的实现；而位寻址只能点亮或熄灭南北、东西方向的一个灯，如控制黄灯闪烁，在位寻址时，要先用关键字“sbit”定义位地址。

源程序中用“sbit”定义南北方向的黄灯为“snyellow”，东西方向的黄灯定义为“esyellow”。由硬件电路可知，当 I/O 口为 0 时，灯点亮；当 I/O 口为 1 时，灯熄灭，一个灯闪烁时 I/O 口的状态相反。综合这两点可采用求反运算“~”实现黄灯闪烁。例如，语句 snyellow= ~snyellow;的作用就是将 snyellow 取反后再送给自身，在该条语句之前，执行的是 P0=0x2e;，其中 P0.4(定义为 snyellow)为低电平 0，驱动南北方向黄灯，执行 snyellow=

~snyellow;后 snyellow 改变为 1，再一次执行该语句，又变为 0，……，最终使黄灯闪烁。

用 do-while 语句实现闪烁次数的控制，闪烁 5 次就是使黄灯点亮 5 次、熄灭 5 次，共需要 10 次。表达式++i<10 的执行过程是先使循环控制变量 i 自增 1，然后再判断 i 是否小于 10，当 i 小于 10 时，继续执行循环体语句；当 i 大于 10 时，结束循环，表示黄灯已闪烁了 5 次，执行 do-while 语句的下一条语句。

编程时同一要求可用不同的方法来实现，可以用 for 语句或者 while 语句代替 do-while 语句，也可以用字节寻址代替位寻址实现南北方向黄灯闪烁 5 次，相关程序段为

```
for(i=0;i<5;i++)                //for 循环使南北黄灯闪烁 5 次
{
    P0=0x2e;                    //南北黄灯亮、东西红灯灭
    delay10ms(50);              //延时 500 ms
    P0=0x3e;                    //南北黄灯灭、东西红灯灭
    delay10ms(50);              //延时 500 ms
}
```

当采用字节寻址实现黄灯闪烁时，不需要 sbit esyellow= P0^1;sbit snyellow= P0^4;这两条位地址定义语句。

习　题

一、填空题

1. ________________________是全局变量，________________________是局部变量。

2. 如果在一个复合语句中定义了一个变量，则该变量的有效范围是______________。

3. 在 C51 中，用_____表示真、_____表示假，表达式 0x13&0x17 的值是________，表达式 0x13&&0x17 的值是________，表达式 0x13|0x17 的值是________，表达式 0x13||0x17 的值是________，~0x13 的值是_______，!0x13 的值是_______。

4. 定义数组 unsigned char a[ ]={1,2,3,4,5,6}，则数组 a 共有______个元素，元素 a[4]=____，该数组存储在________________，需_________个存储单元。

5. unsigned char 类型是______位，unsigned int 类型是______位。

二、选择题

1. 循环语句 for(a=0;a<120;a++)的循环次数为(　　)次。

A. 121　　B. 120　　C. 119　　D. 110

2. C51 中延时可由(　　)语句实现。

A. for 语句　　B. do-while 语句　　C. while 语句　　D. 皆可

3. 如果源程序中用到循环移位函数_cror_时，应包含头文件(　　)。

A. math.h　　B. intrins.h　　C. stdio.h　　D. string.h

4. 如果 c=FCH 时，将 c 循环左移两位后为(　　)。

A. F3H　　B. F9H　　C. F8H　　D. E7H

5. 数组定义时，如果有关键字“code”，则数组存放在(　　)中。

A. 片内数据存储器　　B. 片外数据存储器　　C. 程序存储器

三、判断题

1. for 语句中三个表达式都可以缺少。 (　)
2. 无参函数一定是无返回值函数，有参函数一定是有返回值函数。 (　)
3. 调用有参函数时，一定要给出与形参数目一致的实参。 (　)
4. 在不同的函数中定义的变量名不能相同。 (　)
5. 有参函数的形参是虚拟的，所以不需要占用存储空间。 (　)

四、简答题

1. 简述 C51 的运算符。
2. 简述无参函数与有参函数的区别。
3. 简述头文件 intrins.h 的作用。
4. 简述 C51 存储类型与存储模式的区别。
5. 简述 while 语句与 do-while 语句的区别。

五、设计与编程题

1. 分别采用字节寻址与位寻址编程，使 P1 口所接 8 个发光二极管中的任意两个同时闪烁，点亮、熄灭时间自定。

2. 编程使 1 个 LED 以 2 Hz 的频率闪烁 3 次后，熄灭 3 s，再闪烁 3 次，……，如此不断循环。

3. 编程实现流水灯。要求每次点亮 3 个发光二极管，从高位至低位轮流点亮，点亮时间自定。分别采用顺序结构、循环结构编程。

4. 编程实现花样闪烁。要求 8 个 LED 每次点亮 2 个，在 LED7～LED0 之间往复 2 遍后，再全体闪烁 2 次，不断重复。

5. 设计交通灯控制系统。用发光二极管模拟交通灯，南北、东西通行的时间均为 30 s，初始状态为东西绿灯、南北红灯，30 s 后，东西黄灯亮 5 s；然后是东西红灯、南北绿灯，延时 30 s，南北黄灯亮 5 s 后，又重新开始。

项目三　数码管显示电路

3.1　项 目 说 明

❖ 项目任务

数码管显示器在单片机控制系统中有着广泛的应用，是人机交互的重要器件。本项目的任务是在掌握数码管结构的基础上，为单片机控制系统设计出八位数码显示电路，并编程在数码管上显示“12345678”或“12-00-00”。

❖ 知识培养目标

(1) 掌握数码管的结构。

(2) 掌握静态显示的原理、结构及编程。

(3) 掌握动态显示的原理、结构及编程。

(4) 掌握驱动电路的设计。

❖ 能力培养目标

(1) 能利用所学知识正确地理解数码管显示原理。

(2) 能利用所学知识编写数码管显示的应用程序。

(3) 能利用所学知识解决实际工程问题。

(4) 培养团结协作能力。

3.2　基 础 知 识

3.2.1　if 语句

1. if 语句的基本形式

if 语句用于构成分支结构，它通过判断表达式来决定执行哪个分支程序。C51 中 if 语句有以下几种基本形式。

1) 单分支 if 语句

单分支 if 语句的一般形式为

```
if(表达式)
{
    语句;
}
```

功能：如果表达式的值为真，则执行其后的语句；否则不执行该语句，单分支 if 的流程图如图 3-1 所示。

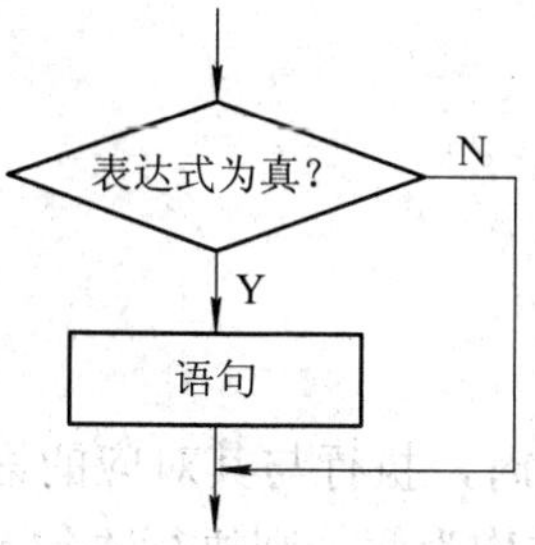

图 3-1　单分支 if 流程图

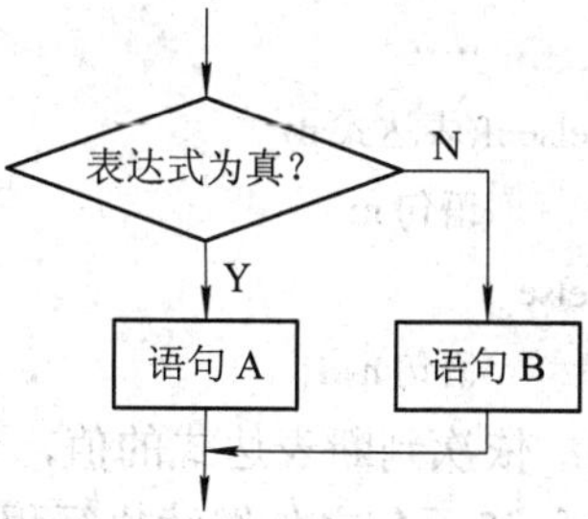

图 3-2　双分支 if 流程图

2) 双分支 if 语句

双分支 if 语句的一般形式为

```
if(表达式)
{
    语句 A;
}
else
{
    语句 B;
}
```

功能：如果表达式的值为真，则执行语句 A；如果表达式的值为假，执行语句 B。双分支 if 流程图如图 3-2 所示。

例 1　有两个无符号整数 a、b，若当 a>b 时，x=a；若当 a<=b 时，x=b，编程实现。

解：源程序

```
main( )
{
    unsigned int a=30,b=67,x;
    if(a>b)
        x=a;
    else
        x=b;
}
```

3) 多分支 if-else-if 语句

多分支 if-else-if 语句的一般形式为

```
if(表达式 1)
    语句 1;
else if(表达式 2)
```

```
        语句 2;
else if(表达式 3)
        语句 3;
        ……
else if(表达式 n)
        语句 n;
else
        语句 n+1;
```

功能：依次判断表达式的值，当某个表达式的值为真时，执行与其对应的语句，然后跳转到整个 if 语句之外继续执行程序；如果所有的表达式均为假，则执行语句 n+1，然后继续执行后续程序。多分支 if-else-if 语句的执行过程如图 3-3 所示。

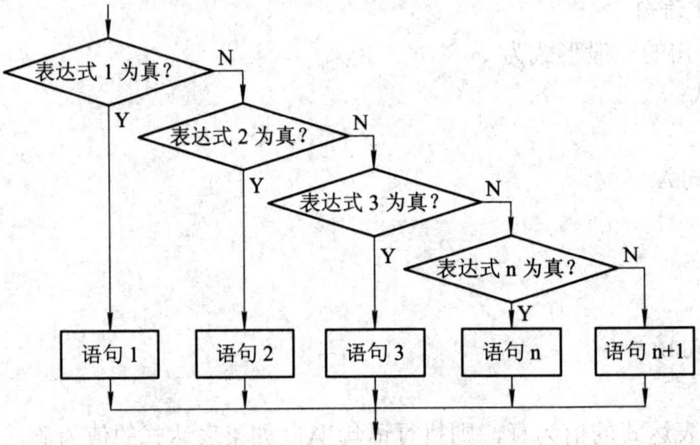

图 3-3 多分支 if-else-if 流程图

例 2 编程实现三分支函数 $y=\begin{cases}1\ (x>0)\\0\ (x=0)\\-1(x<0)\end{cases}$。

解：源程序

```
main( )
{
        signed char y,x=-12;
        if(x>0)
                y=1;
        else if(x==0)
                y=0;
        else
                y=-1;
}
```

2. 使用 if 语句的注意事项

(1) 在 3 种形式的 if 语句中，关键字“if”之后括号中的表达式，可以是逻辑表达式或关系表达式，也可以是其他表达式，如赋值表达式等，甚至也可以是一个变量。例如：if(a==5)、if(b)，都是允许的。只要表达式的值为非 0，即为“真”。如当 a=5 时，if(a==5)中表达式的值永远为非 0，所以其后的语句总是要执行的，当然这种情况在程序中不一定会出现，但在语法上是合法的。

(2) 在 if 语句中，表达式必须用括号括起来，分支语句之后必须加分号。

(3) 在 if 语句的 3 种形式中，所有的语句为单条语句时，可省略大括号；如果表达式的值为真时，执行的是一组(多个)语句，则必须把这一组语句用“{}”括起来组成一个复合语句。但要注意的是在“}”之后不能再加分号。例如：

```
if(a>b)
{
    a++;
    b++;
}
else
{
    a=0;
    b=10;
}
```

(4) if 语句的嵌套。当 if 语句中的执行语句又是 if 语句时，则构成了 if 语句的嵌套。其一般形式为

```
if( )
    if( )  语句 1;
    else   语句 2;
else
    if( ) 语句 3;
    else 语句 4;
```

嵌套内的 if 语句也可能是 if-else 型的，这将会出现多个 if 和多个 else 的情况，这时要特别注意 if 和 else 的配对问题。例如：

```
if(表达式 1)
if(表达式 2)
语句 1；
else
语句 2；
```

其中的 else 究竟是与哪一个 if 配对呢?为了避免这种二义性，C51 规定，else 总是与它前面最近的且未配对的 if 配对，且 if、else 后面强制加“{}”。为了便于阅读程序，尽可能少用 if 语句的嵌套结构。

3.2.2　数码管结构

常用七段半导体数码管的外形如图 3-4 所示。不管将几位数码管集成在一起，数码管的显示原理都是一样的，都是依靠点亮内部的发光二极管，且用亮的发光二极管组合成数字或字母。下面以一个数码管为例介绍数码管的显示原理。

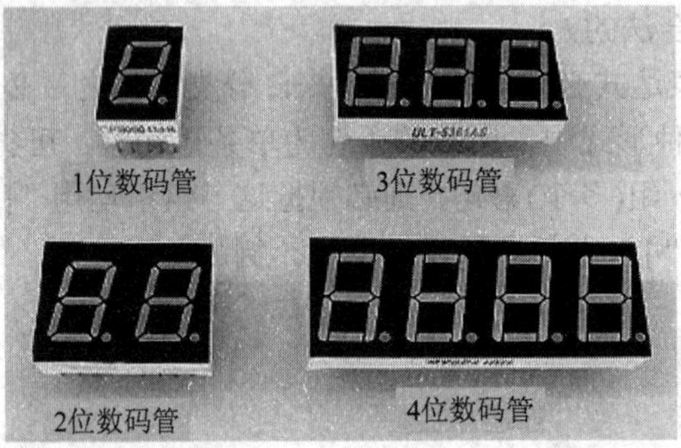

图 3-4　常用七段半导体数码管外形图

数码管内部结构如图 3-5 所示，从图 3-5(a)所示数码管的引脚图可看出，一位数码管共有 10 个引脚，7 个笔段 a～g，加上一个小数 dp，所以一个数码管实际上是由排列成“8”字的 8 个小发光二极管组成，剩余的两个引脚连在一起称为公共端 com，生产商为了统一封装，单个数码管都封装为 10 个引脚。根据公共端所接电极的不同将数码管分为共阴型和共阳型两类，它们的内部连接方式如图 3-5(b)、(c)所示。看到这里，大家是否觉得项目二也是控制 8 个发光二极管，还要学吗？请大家注意，本项目讲的数码管中 8 个发光二极管的位置是排列好且固定不变的，因此由单片机驱动时也带来了一些新的问题，一起学习吧！

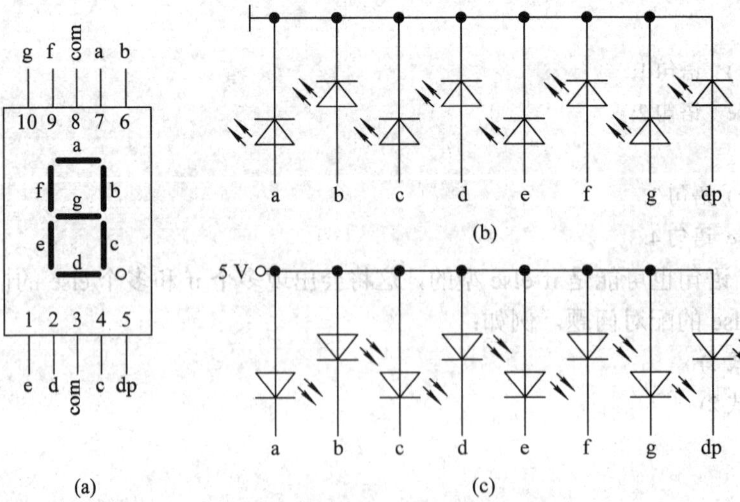

图 3-5　数码管结构图

共阴型数码管是将内部 8 个发光二极管的阴极连接在一起作为公共端 com，这也是“共阴”名字的由来，8 个阳极是独立的，即引脚 a～dp；共阳型数码管则是将 8 个阳极连接在一起作为公共端 com，8 个阴极是独立的，即引脚 a～dp。

根据数码管内部的连接方式，可以理解为，无论是共阴型还是共阳型数码管在显示时，只要com所接的电平不能使内部的LED正偏，不管a～dp是何种状态，一定不能点亮LED，数码管就不能显示，在多位显示时可用com端控制哪位数码管显示，哪位不显示，因此将公共端com称为字位口；当com加上所需的电平，数码管可以显示时，才能由a～dp端的状态决定显示什么样的数字，因此将引脚a～dp称为字段口。数码管显示的条件：字位口com与字段口a～dp所加电平使发光二极管正偏点亮。因此点亮共阴型数码管的a笔段时，需com=0、a=1；显示“0”时，需点亮abcdef，g熄灭，因此需字位口com=0、字段口dpgfedcba=00111111。共阳型与共阴型数码管显示相同数字时所需电平恰好相反。

在单片机控制系统中，数码管的字位口与字段口所需的信号一般由单片机发送，将发送至字位口用以控制数码管能否显示的代码称之为位码，位码的位数与数码管的位数相同，位码与硬件电路有着直接的关系，将字位口接固定电平时，就不需要位码了。发送至字段口控制数码管显示什么数字的代码称之为段码，也称为七段码，段码的位数是固定的8位，段码虽然也与硬件电路有关，但与位码不同的是，只要用到数码管，就一定要发送段码，且段码只有共阴型与共阳型两种。常用十六进制数码0～F的段码如表3-1所示。

表3-1　数码管段码表

显示字符	共阴极	共阳极	显示字符	共阴极	共阳极
0	3FH	C0H	8	7FH	80H
1	06H	F9H	9	6FH	90H
2	5BH	A4H	A	77H	88H
3	4FH	B0H	B	7CH	83H
4	66H	99H	C	39H	C6H
5	6DH	92H	D	5EH	A1H
6	7DH	82H	E	79H	86H
7	07H	F8H	F	71H	8EH

表3-1中所示段码是根据dpgfedcba的约定次序列出的，也就是表示在将段码转换为8位二进制数时，最高位控制小数点dp、最低位控制a；假如用单片机的P2口作字段口时，只有将dp～a与P2.7～P2.0对应连接，发送至P2口的段码才能使数码管显示相应的数字。例如，显示“0”时，如果是共阴型数码管，就发送段码“3F”至P2口，由于3FH=00111111B，而P2口与dp～a相连，所以dp～a=00111111B，除dp、g外，其余笔段都亮，显示“0”；如果电路连接时不小心将a～dp与P2.7～P2.0对应连接，那么发送“3F”后，dp～a=11111100，显示的是“b”，而不是“0”，只有根据“a～dp”的次序写出所需的段码后，才能显示出“0”。

单片机编程时，一般也要建立如表3-1所示的段码表，需要哪个段码，通过查段码表即可获得。用C51编程时，段码表定义方式为

```
unsigned char code seg7[ ]={ 0xc0,0xf9,0xa4,0xb0,0x99,0x92,0x82,0xf8,
                             0x80,0x90,0x88,0x83,0xc6,0xa1,0x86,0x8e };
```

段码表实际就是定义了一个无符号字符型数组，共有16个元素，即0～F的共阳型段码；seg7数组名，可以任意取，但要见名知义且不能与关键字重名。段码表的特别之处在于：一是关键字“code”定义了数组的存储器类型，编译时code类型的数组存放于程序存

储器，使用时只能读出不能写入；二是在定义的同时必须对数组初始化；三是初始化时各段码必须按升序排列，且从 0 开始，便于查表。如上述段码表 seg7 的定义中，“0”的段码 0xc0 是第一个元素，序号为 0；“1”的段码 0xf9 是第二个元素，序号是 1；……。定义段码表之后，通过引用数组元素来发送段码，如 P2=seg7[0]就是发送“0”的段码至 P2 口，显示“0”。

3.2.3　数码管显示方式

数码管显示主要有静态显示与动态显示两种方式。

1. 数码管静态显示

1) 静态显示原理

静态显示是将 n 位数码管的字位口连接在一起，接数码管显示所需的固定电平，共阴型接地、共阳型接 5 V；n 个数码管的字段口与 n 个 8 位的并行口相连。这种工作方式是数码管只受各自字段口的控制，发送段码后，数码管内部的二极管就恒定导通。图 3-6 所示为静态显示的原理图，图(a)为共阳型，(b)为共阴型。考虑到单片机的带拉电流负载能力较小，共阴型数码管的字段口与单片机的 I/O 口之间必须加入驱动电路。

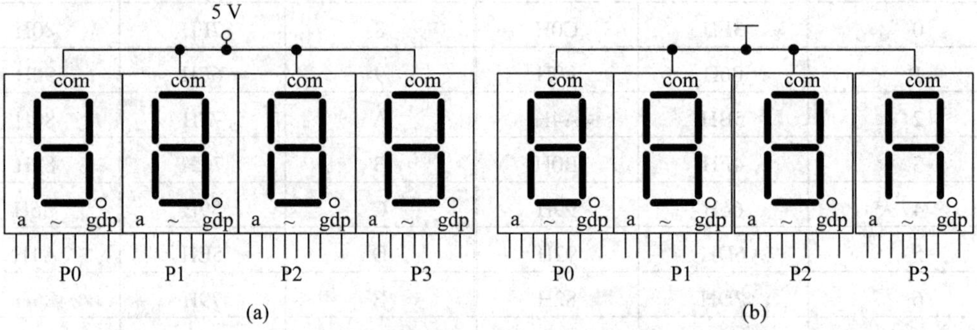

图 3-6　静态显示原理图

在图 3-6 所示静态显示方式中，只要由相应的并行口为每一位数码管发送段码，那么所有数码管就可以同时显示，数码管之间互不影响。静态显示亮度较高，显示稳定，编程方便，但占用的资源过多。如在图 3-6(a)中，4 个并行口可接 4 个数码管，若要显示出“1234”，则只需 4 条语句“P0=seg7[1]; P1=seg7[2]; P2=seg7[3]; P3=seg7[4];”就可以实现。编程虽然简单得多，但是 4 个 8 位并行口全分配给数码管，其他设备如按键、发光二极管等再无端口可用，因此静态显示方式一般只适用于数码管较少，或控制要求简单的场合。

2) 静态显示应用举例

例 3　编程使数码管显示一位十进制数，每过 1 s 数值增加 1，变化范围为 0～9。

解：(1) 硬件设计。设计显示电路时，首先要确定数码管的位数，题意要求显示一位十进制数，只需要 1 个数码管；其次要确定显示方式，一个数码管当然要采用易编程的静态显示；最后要确定数码管的类型，因为共阳型数码管与单片机相连时为灌电流负载，适当限制发光二极管的工作电流，可省略驱动器件，因此采用共阳型数码管。

用单片机的 P2 口作为共阳型数码管字段口时，必须将 a～dp 与 P2.0～P2.7 相连，才能够使用表 3-1 中的共阳型段码；字位口接 5 V。数码管与单片机的最小系统相连后如图 3-7 所示，图 3-7 中的电阻为发光二极管的限流电阻，与项目一中计算方法相同。

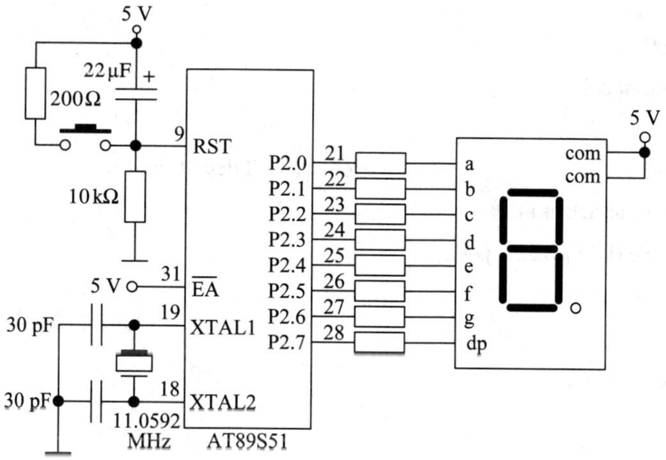

图 3-7　静态显示应用电路

(2) 软件设计。静态显示时，数码管只受到字段口的控制，只要每隔 1 s 更新 P2 口的段码，就可以实现题目要求。定义变量 i、初值为 0，由 i++修改 i 的值，再通过语句“P2=seg7[i];”发送变量 i 的段码至 P2 口，调用延时函数 delay(uint del)实现 1 s 延时，循环 10 次后，数码管上就会递增显示 0～9，由 for 语句实现；当 0～9 显示一遍后，从 0 重新开始，实现无数遍显示，由 while 语句构成。图 3-8 为静态显示应用主函数流程图。

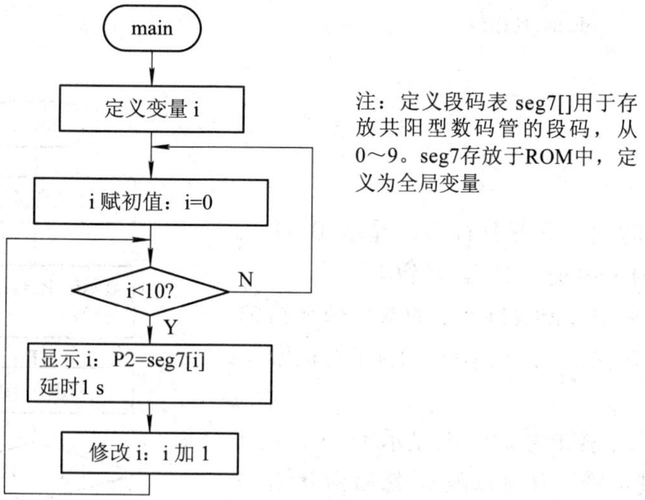

图 3-8　静态显示应用流程图(while+for)

(3) 源程序(while+for)。

```
#include <reg51.h>
#define uchar unsigned char
#define uint unsigned int

/*定义必要的全局变量*/
```

```
uchar code seg7[ ]={   0xc0,0xf9,0xa4,0xb0,0x99,
                    0x92,0x82,0xf8,0x80,0x90};      //定义共阳型段码表，从 0~9

/*延时函数*/
void delay(uint del)
{
    uint i,j;                           //延时时间约 del×10 ms
    for(i=0; i< del; i++)
        for(j=0; j<1827; j++);
}

/* 主函数*/
main( )
{
    uchar i;
    while (1)                           //无数遍显示 0~9
    {
        for(i=0;i<10;i++)               //循环 10 次，变量 i 从 0 递增至 9，0~9 显示一遍
        {
            P2=seg7[i];                 //发送变量 i 的段码至 P2 口，数码管上显示 i
            delay(100);                 //i 显示 1s
        }
    }
}
```

(4) 拓展练习。

① 改变显示时间、改变并行口、显示 0～F、显示 9～0、显示 0～99 时，试编写源程序。

② 主函数中采用 while(1)+for 的双重循环结构实现 0～9 的无数遍显示，试用 while(1)+if 结构编写源程序。

定义变量 i 用于控制数码管上显示 0～9，当 i 的值显示后，通过自增运算符修改 i，然后由 if 语句判断 i 是否超过 9，超过时，将初值 0 重赋于 i，重新从 0 开始。判断 i 是否超过 9 有两种方法：一是用表达式 i==10；二是用表达式 i>9。静态显示应用流程图如图 3-9 所示。

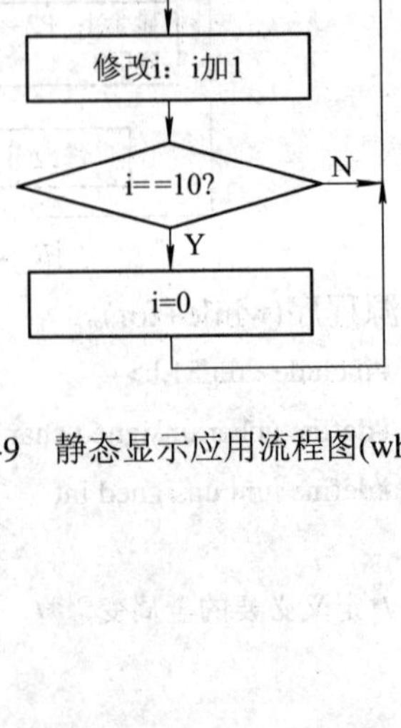

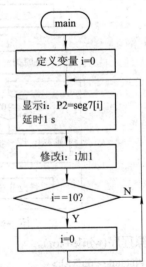

图 3-9　静态显示应用流程图(while+if)

源程序(while+if)

```
#include <reg51.h>
#define uchar unsigned char
```

```
#define uint unsigned int

/*定义必要的全局变量*/
uchar code seg7[ ]={   0xc0,0xf9,0xa4,0xb0,0x99,
                       0x92,0x82,0xf8,0x80,0x90};        //定义共阳型段码表，从 0～9

/*延时函数*/
void delay(uint del)
{
    uint i,j;                          //延时时间约 del×10 ms
    for(i=0; i< del; i++)
        for(j=0; j<1827; j++);
}

/* 主函数*/
main()
{
    uchar i=0;
    while (1)                          //无数遍显示 0～9
    {
        P2=seg7[i];                    //发送变量 i 的段码至 P2 口，显示 i
        delay(100);                    //i 显示 1s
        i++;                           //i 自增 1，准备显示下一个数字
        if(i==10)                      //当 i 超过 9 时，i 重赋初值 0，从 0 重新开始显示
            i=0;
    }
}
```

2. 数码管动态显示

所谓动态显示，就是通过扫描使显示电路包含的 n 个数码管轮流逐个显示。动态显示的本质是数码管一位一位地显示，但是由于每个数码管只能显示 1 ms～5 ms，轮流的速度过快，人眼无法分辨，所以人们眼睛看到的效果是电路中 n 个数码管“同时”显示，这就是动态显示的特点，我们看到的是假象。在项目二中，为了使眼睛清晰地观察到 LED 的闪烁效果，要求每个 LED 最少点亮 100 ms，而动态显示则要求每个数码管显示的时间尽可能短，利用发光二极管的余辉和人眼视觉暂留作用，让人感觉不到闪烁，这之间的区别就是点亮时间的不同。

动态显示电路中所有数码管的字段口是并联在一起的，发送至字段口的段码同时被所有数码管接收，但不是都能显示出来，还要取决于各数码管字位口的状态，当共阴型数码管字位口为低电平、共阳型数码管为高电平时，该位数码管才可以显示，而且一定要保证

任何时刻只能点亮一个数码管，即只有一个数码管的字位口处于有效状态。

8 位动态显示原理图如图 3-10 所示，图中数码管为共阳型，每个数码管的字位口通过三极管构成的电子开关与 5 V 相连。当 I/O 口=0 时，电子开关闭合，数码管可以显示；当 I/O 口=1 时，开关断开，数码管不能显示。8 个电子开关由单片机的一个 8 位并行口进行控制，由该并行口发送的位码任何时刻只能点亮一个数码管，选定待显示的数码管后，由另一个 8 位并行口向字段口发送共阳型段码后，选定的数码管上才能显示出相应的数字，每个数码管只能显示 1 ms～5 ms。利用图 3-10 所示电路显示“12345678”时，扫描过程如下：

(1) DS7 显示 1。发送第 1 个位码 01111111B 至 P1 口(图 3-10 所示电路中，0 使电子开关闭合，1 使电子开关断开)，数码管 DS7 的电子开关闭合可以显示，DS6～DS0 的电子开关断开不能被显示；然后再发送“1”的共阳型段码 F9H 至 P0 口，DS7 上显示“1”；显示 1 ms。

(2) DS6 显示 2。发送第 2 个位码 10111111B， DS6 的电子开关闭合，其他断开，只有 DS6 显示；然后发送“2”的共阳型段码 A4H，DS6 上显示“2”；显示 1 ms。

(3) DS5 显示 3。发送第 3 个位码 11011111B，只点亮 DS5；然后发送“3”的共阳型段码 B0H，DS5 上显示“3”；显示 1 ms。

…………

(8) DS0 显示 8。发送第 8 个位码 11111110B，只点亮 DS0；然后发送“8”的共阳型段码 80H，DS0 上显示“8”；显示 1 ms。

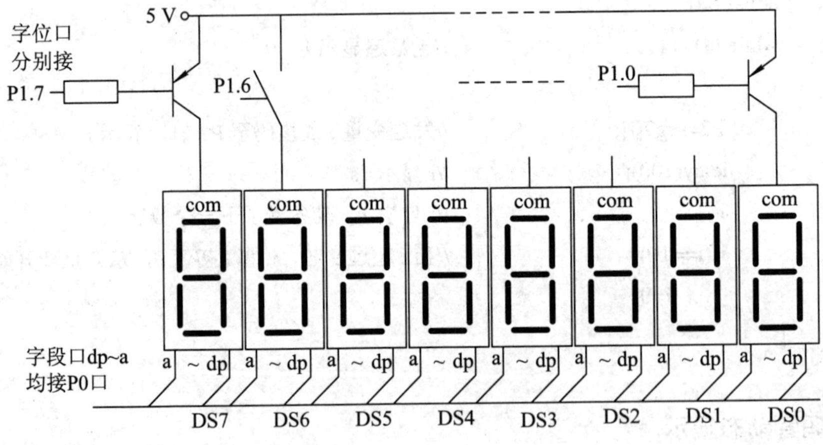

图 3-10　动态显示原理图

一遍扫描完后，从(1)开始重复执行。顺序结构动态显示流程图如图 3-11 所示。由于 51 单片机的并行 I/O 口为 8 位，因此动态显示电路中数码管的位数最多为 8 位。如果电路中数码管的位数减少为 4 时，动态扫描一遍就只需要 4 次。

上述过程虽然较静态显示麻烦很多，但是点亮每个数码管的操作是相同的，即发送位码、发送段码、显示 1 ms。

动态显示占用资源少，特别适用于多位数码显示，在实际中应用广泛。但是在采用动态显示时 CPU 要一遍一遍地对 n 个数码管进行扫描，只有这样眼睛看到的假象才能持续下去，导致 CPU 的利用率低，当控制要求复杂时，编程的难度也会有所提高。

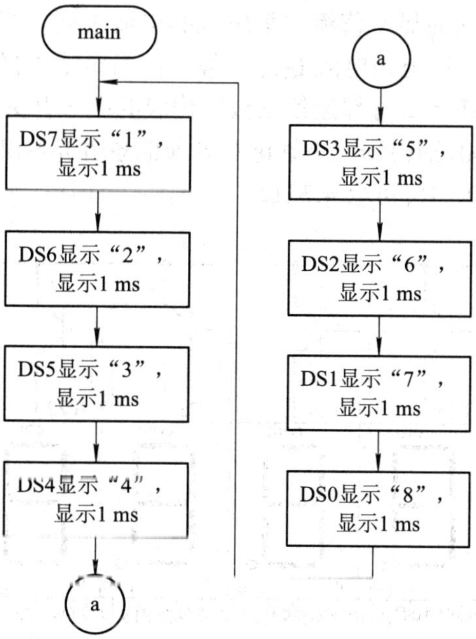

图 3-11　顺序结构动态显示流程图

3.3　项目实施

3.3.1　硬件设计方案

本项目要求在 8 个数码管上显示 8 位数，因此需 8 个共阳型数码管。图 3-12 所示为原理图，由单片机最小系统和显示电路两部分组成，对于单片机的初学者来说，这个电路有点太复杂了。当电路较复杂时，采用标号(图中器件引脚末端的字母组合)可使原理图看上去简洁整齐。图中标号相同的节点，在实际电路中是相连的，因此看似半成品的电路图实际上是完整的。

显示电路采用动态显示方式，P2 口用做字位口，P2.7～P2.0 分别控制数码管 DS7～DS0 所对应的电子开关，电子开关由 PNP 型三极管开关电路构成。当 I/O=0 时，三极管饱和导通，相当于开关闭合，字位口 com 与 5 V 接通，数码管可以显示；当 I/O=1 时，三极管截止，相当于开关断开，字位口 com 与 5 V 断开，数码管不能显示。P0 口用做字段口，用以发送共阳型段码，由于在显示“8. ”时，数码管内 8 个发光二极管全点亮，灌入 P0 口的总电流超过了 P0 口的驱动能力，因此在 P0 口上接入 74HC573，74HC573 每个输出管脚的电流负载能力可达到+/−35 mA，但输入引脚需要的输入电流却很小，可极大地提高 P0 口的驱动能力，满足数码管的任何显示要求。

图 3-12 中还有两个重要电阻的选取。一是限流电阻的选取，主要考虑笔段亮度的要求，若要求亮度较高，则电流较大。在这里每个笔段的电流取 10 mA，当电子开关闭合时，其上压降为 0.3 V，每个笔段(发光二极管)的管压降为 2.0 V，74HC573 输出的低电平为 0 V，故限流电阻 R=(5−0.3−2.0)V/10 mA=270 Ω。二是基极电阻的选取，与三极管的集电极电流

有关系。在该电路中，不同的显示值流过集电极的电流不同，当显示“8.”时，数码管中的 8 个发光二极管都点亮，集电极电流 I_C 达到最大；当显示“1”时，只点亮 b、c 两个笔段，I_C 最小。为了在显示任一值时都能使三极管构成的电子开关可靠地闭合，I_C 应按最大值来取。设三极管的β为100，则根据三极管饱和导通的条件 $I_C \leqslant \beta I_B$，而 $I_B=(5-0.7-0.3)\text{V}/R_B$，故有 $R_B \leqslant 4\ \text{V}/0.8\ \text{mA}=5\ \text{k}\Omega$，$R_B$ 可取 4.7 kΩ。

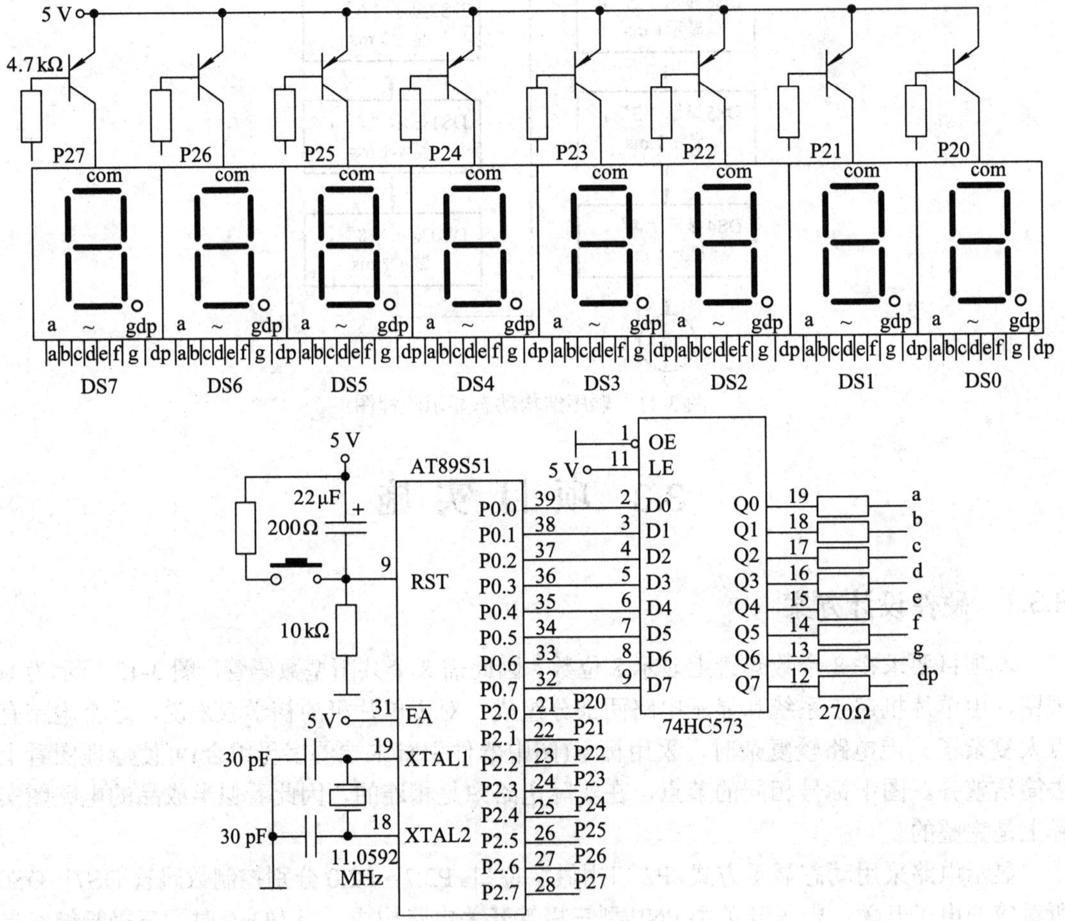

图 3-12　8 位数码管动态显示应用电路

3.3.2　软件设计方案

动态显示时点亮一个数码管需要 3 步操作：发送位码、发送段码、显示 1 ms。

1. 位码及其发送

首先要根据硬件电路分析出每个数码管的位码。图 3-12 中 8 位数码管的位码恰好组成一个字节，易采用字节寻址发送位码，发送一组 8 位二进制数至 P2 口，可以同时控制 8 个数码管，但只有一个数码管处于选中状态。根据电子开关的工作原理，可知每位数码管的位码如表 3-2 所示。

表 3-2　8 位数码管动态显示位码表

点亮的数码管	P2.7	P2.6	P2.5	P2.4	P2.3	P2.2	P2.1	P2.0	位码
DS7	0	1	1	1	1	1	1	1	7FH
DS6	1	0	1	1	1	1	1	1	BFH
DS5	1	1	0	1	1	1	1	1	DFH
DS4	1	1	1	0	1	1	1	1	EFH
DS3	1	1	1	1	0	1	1	1	F7H
DS2	1	1	1	1	1	0	1	1	FBH
DS1	1	1	1	1	1	1	0	1	FDH
DS0	1	1	1	1	1	1	1	0	FEH

位码的发送较灵活，顺序结构编程时，可以根据动态扫描的方向，依次将 8 个位码送至 P2 口。

循环结构编程时，适用范围较广的一种方法是定义位码表，位码表中位码的排列次序一般与扫描次序一致，如果从 DS7～DS0 扫描，位码就按 7F～FE 的次序存放，定义位码表时也需要加入关键字“code”，使位码表存于程序存储器 ROM 中；如果各位码之间存在特殊规律时，可以不定义位码表，依据存在的规律修改位码。由表 3-2 可知，将前一个位码右移一位就得到下一个新的位码，利用头文件 intrins.h 中的循环移位函数，就可以实现位码的更新，扫描时先发送位码控制字的初值 01111111B，点亮 DS7；利用_cror_( )对位码控制字循环右移 1 位，控制字修改为 10111111B，点亮 DS6；……；也实现了对 8 个数码管字位口的控制。相比来说定义位码表的方式更直观。

2. 段码的发送

在数码管上显示数码“1”时，可以直接用语句“P0=seg[1]”发送“1”的段码至 P0 口；显示“2”时，语句为“P0=seg[2]”，……。这种方法虽然直观，但不利于功能扩展，一般只适用于顺序结构。

循环结构中通过语句“P0=seg[i]”发送 i 的段码，显示 i。通过自增、自减运算修改 i 后，可以使数码管上显示出按递增或递减规律变化的数值，但是要显示“96450352”这种没有任何规律的数据时，就无能为力了。

循环结构中通用的一种方法是定义显示数组，该数组用于存放将要显示在数码管上的数码，且显示数组的长度与数码管的位数相同。例如显示 1～8 时，显示数组的各元素应为{1，2，3，4，5，6，7，8}；反之如显示数组中的元素为{9，6，4，5，0，3，5，2}时，8 个数码管上一定显示“96450352”。由此可见，显示数组中的元素与数码管上的显示值是一一对应的。与段码表、位码表不同的是，显示数组一般存于数据存储器中，以便写入新的数据，更新数码管显示的信息。

定义显示数组 disp[]={9,6,4,5,0,3,5,2}后，可通过语句“P0=seg[disp[i]];”循环发送序号为 i 的元素的段码至 P0 口，从而在数码管上显示元素 disp[i]。改变显示数组的元素，就可以更新数码管上的显示值。

3. 顺序结构

采用顺序结构编写动态扫描程序时，可以直接将位码送至 I/O 口，因此只需定义段码表。

1) 显示“12345678”

主函数中顺序执行 8 次“发送位码、发送段码、显示 1 ms”，从 DS7～DS0 对 8 个数码管扫描一遍；然后再重新开始，扫描第二遍；……；直至无数遍。主函数流程图如图 3-11 所示。

源程序

```
#include <reg51.h>
#define uchar unsigned char
#define uint unsigned int

/*必要的全局变量定义*/
uchar code seg7[ ]={  0xc0,0xf9,0xa4,0xb0,0x99,
                      0x92,0x82,0xf8,0x80,0x90};      //定义共阳型段码表，0～9

/*延时函数*/
void delay( )
{
    uchar i;
    for(i=0;i<130;i++) ;                         //延时时间约为 1 ms
}

/*主函数*/
main( )
{
    while(1)
    {
    P2=0x7f;                         //发送位码控制字，选中 DS7
    P0=seg7[1];                      //发送“1”的段码，数码管 DS7 上显示“1”
    delay( );                        //显示 1 ms
    P2=0xbf;                         //发送位码控制字，选中 DS6
    P0=seg7[2];                      //发送“2”的段码，数码管 DS6 上显示“2”
    delay( );                        //显示 1 ms
    P2=0xdf;                         //发送位码控制字，选中 DS5
    P0=seg7[3];                      //发送“3”的段码，数码管 DS5 上显示“3”
    delay( );                        //显示 1 ms
    P2=0xef;                         //发送位码控制字，选中 DS4
    P0=seg7[4];                      //发送“4”的段码，数码管 DS4 上显示“4”
    delay( );                        //显示 1 ms
    P2=0xf7;                         //发送位码控制字，选中 DS3
    P0=seg7[5];                      //发送“5”的段码，数码管 DS3 上显示“5”
    delay( );                        //显示 1 ms
```

```
        P2=0xfb;                    //发送位码控制字，选中 DS2
        P0=seg7[6];                 //发送“6”的段码，数码管 DS2 上显示“6”
        delay( );                   //显示 1 ms
        P2=0xfd;                    //发送位码控制字，选中 DS1
        P0=seg7[7];                 //发送“7”的段码，数码管 DS1 上显示“7”
        delay( );                   //显示 1 ms
        P2=0xfe;                    //发送位码控制字，选中 DS0
        P0=seg7[8];                 //发送“8”的段码，数码管 DS0 上显示“8”
        delay( );                   //显示 1 ms
        }
}
```

顺序结构的优点是简单、直观，缺点是源程序较长。

2) 显示“12-00-00”

显示“12-00-00”的关键是如何显示“-”，表 3-1 所示段码表中没有“-”的段码，只好自己写了。如果将“-”显示在数码管的中间，需要点亮笔段 g，对于共阳型数码管，段码应为 dpgfedcba=10111111B=BFH；类似地，全灭的段码就是 FFH。然后再将这些特殊的段码存放在段码表的最后位置，如果前面存放的是 0～9 的段码，那么“-”的段码在段码表中的序号就是 10，语句“P0=seg7[10];”就可使数码管显示“-”。添加这些特殊段码后的段码表为

```
uchar code seg7[ ]={  0xc0,0xf9,0xa4,0xb0,0x99, 0x92,
                      0x82,0xf8,0x80,0x90,0xbf,0xff};
```

4. 循环结构

1) 显示“12345678”

(1) 利用循环移位函数修改位码。利用循环结构编写动态扫描程序时，内层用 for 语句对 8 个数码管扫描一遍，大约需 8 ms；外层用 while(1)实现无数遍扫描，使数码管能够稳定显示。

定义位码控制字 weictrl 并赋初值 7FH，通过循环右移_cror_(weictrl,1)修改位码控制字，选中新的数码管。

显示结果“12345678”具有递增的特点，而 for 语句扫描一遍数码管也需 8 次，循环控制变量 i 为 0～7，如果将 i 加 1 后，即可得到 1～8，因此只需发送 i+1 的段码就可以在选中数码管上显示出 i+1。流程图如图 3-13 所示。

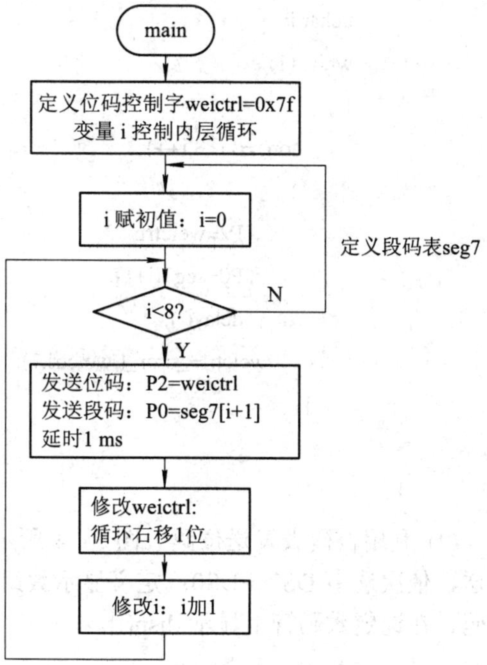

图 3-13　循环结构动态显示流程图(_cror_)

源程序(循环移位)

```
#include <reg51.h>
#include <intrins.h>
#define uchar unsigned char
#define uint unsigned int

/*必要的全局变量定义*/
uchar code seg7[ ]={0xc0,0xf9,0xa4,0xb0,0x99,
                    0x92,0x82,0xf8,0x80,0x90};        //定义共阳型段码表，0～9

/*延时函数*/
void delay( )
{
    uchar i;
    for(i=0;i<130;i++) ;                             //延时时间约为 1 ms
}
/*主函数*/
main( )
{
    uchar   weictrl=0x7f;                            //定义位码控制字，并赋初值 0x7f
    uchar i;
    while (1)                                        //一遍一遍地扫描
    {
        for(i=0;i<8;i++)                             //8 个数码管，一遍扫描 8 次
        {
            P2=weictrl;                              //发送位码控制字选中一个数码管
            P0=seg7[i+1];                            //发送 i+1 的段码，选中数码管上显示 i+1
            delay( );                                //显示 1 ms
            weictrl=_cror_( weictrl,1);              //修改位码控制字
        }
    }
}
```

(2) 利用位码表发送位码。图 3-14 所示流程图，在动态扫描时通过位码表控制位码的发送，依次选中 DS7～DS0；定义显示数组存放 1～8，发送显示数组中序号为 i 的元素的段码，在选定数码管上显示 disp[i]。

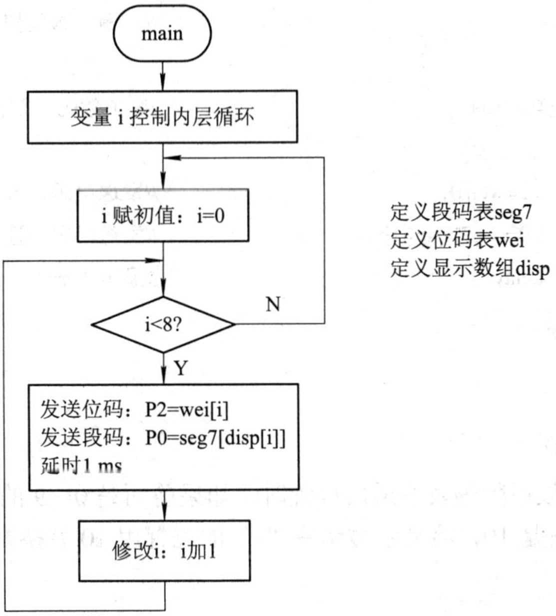

图 3-14　循环结构动态显示流程图(位码表)

源程序(位码表)

```
#include <reg51.h>
#define uchar unsigned char
#define uint unsigned int

/*必要的全局变量定义*/
uchar code seg7[ ]={  0xc0,0xf9,0xa4,0xb0,0x99,
                      0x92,0x82,0xf8,0x80,0x90};    //定义共阳型段码表，0～9
uchar code wei[ ]={   0x7f,0xbf,0xdf,0xef,
                      0xf7,0xfb,0xfd,0xfe};         //定义位码表，从 DS7～DS0 扫描
uchar disp[ ]={1,2,3,4,5,6,7,8};                    //定义显示数组，存入待显示数据
/*延时函数*/
void delay( )
{
    uchar j;
    for(j=0;j<130;j++) ;                             //延时时间约为 1 ms
}
/*主函数*/

main( )
{
    uchar i;
```

```
        while (1)                                   //一遍一遍地扫描 8 个数码管
        {
            for(i=0;i<8;i++)                        //8 个数码管扫描一遍
            {
                P2=wei[i];                          //发送位码，选中一个数码管
                P0=seg7[disp[i]];                   //发送段码，选中数码管上显示 disp[i]
                delay( );                           //显示 1 ms
            }
        }
    }
```

2) 显示“12-00-00”

将“-”的段码存放在段码表的最后位置时，如果前面是 0～9 的段码，那么“-”的段码在段码表中的序号就是 10，将显示数组中“-”的位置用 10 替换即可。

源程序

```
#include <reg51.h>
#define uchar unsigned char
#define uint unsigned int
/*必要的全局变量定义*/
uchar code seg7[ ]={  0xc0,0xf9,0xa4,0xb0,0x99, 0x92,
                      0x82,0xf8,0x80,0x90,0xbf};       //定义共阳型段码表，0～9、-
uchar code wei[ ]={   0x7f,0xbf,0xdf,0xef,
                      0xf7,0xfb,0xfd,0xfe};            //定义位码表，从 DS7～DS0 扫描
uchar xian[ ]={1,2,10,0,0,10,0,0};                     //定义显示数组，注意 10 的作用
```

延时函数、主函数同前一源程序，略。

3.3.3 程序调试

1. 实验板电路分析

HOT-51 实验板有 8 位数码管动态显示电路，如图 3-15 所示。

图 3-15 中采用共阴型数码管构成动态显示电路，其中 P0 口为字段口；字位口由 3 线-8 线译码器 74LS138 的 8 个输出端控制，74LS138 的地址线与 P2 口中的低三位 P2.2～P2.0 相连，因此采用字节寻址时，如 P2=0，经 138 译码后使 Y0=0、Y1～Y7=1，发送至 P0 口的段码将显示在最左侧数码管上(其字位口与 Y0 相连，图 3-15 中第二行第 1 个)；P2=1，经 138 译码后使 Y1=0、Y0、Y2～Y7=1，发送至 P0 口的段码将显示在从左数第二个数码管上(其字位口与 Y1 相连，图 3-15 中第二行第 2 个)，……，可得出实验板上从左至右数码管的位码是{0,1,2,3,4,5,6,7}。

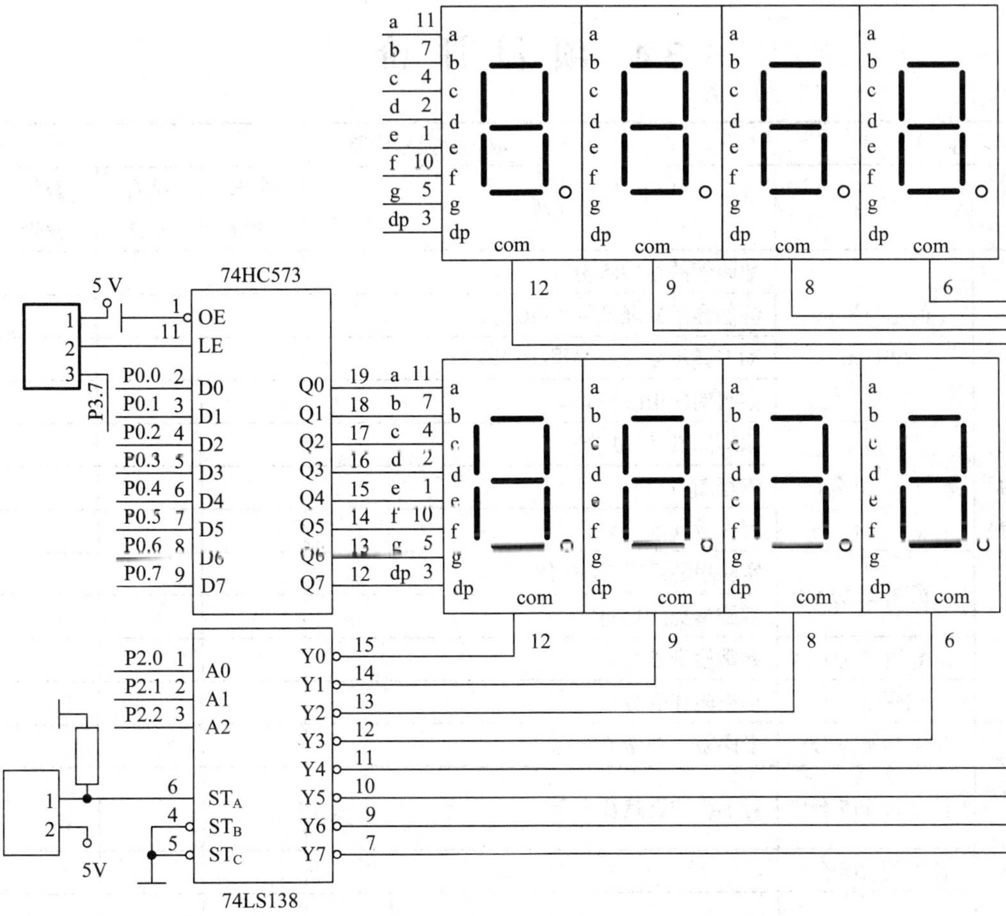

图 3-15　HOT-51 实验板数码管动态显示电路

2. 程序设计

动态显示扫描过程虽不是很复杂，但由于位码、段码与硬件电路关系密切，如果电子知识欠缺太多的话，就会影响本项目的学习，因为现在的单片机控制板技术成熟、价格也不贵，所以在学习时，可弱化硬件，重点练习软件编程，尽可能熟悉介绍的各种方法。

3. 结果分析

程序编译后下载到实验板，观察显示结果。试依据显示结果分析问题所在，当数码管上显示乱码时，与段码的发送有关；当数字显示的位置混乱时，与位码的发送有关。

4. 拓展练习

(1) 显示正确后，将每个数码管的点亮时间延长至 10 ms、200 ms，然后重新编译并下载至实验板，与之前的显示结果作比较，这样会有助于理解动态显示的扫描原理。

(2) 至少用两种方法实现 “87654321” 的显示。

(3) 至少用两种方法编程显示“122020”，左侧两个数码管不显示。

3.4 项 目 评 价

<table>
<tr><td>项目名称</td><td colspan="5">数码管显示电路</td></tr>
<tr><td>评价类别</td><td>项目</td><td>子项目</td><td>个人评价</td><td>组内互评</td><td>教师评价</td></tr>
<tr><td rowspan="11">专业能力(80分)</td><td rowspan="4">信息与资讯(30 分)</td><td>数码管的结构(5 分)</td><td></td><td></td><td></td></tr>
<tr><td>静态显示原理及编程(10 分)</td><td></td><td></td><td></td></tr>
<tr><td>动态显示原理及编程(10 分)</td><td></td><td></td><td></td></tr>
<tr><td>数组的应用(5 分)</td><td></td><td></td><td></td></tr>
<tr><td rowspan="3">计划(20 分)</td><td>原理图设计(10 分)</td><td></td><td></td><td></td></tr>
<tr><td>流程图(5 分)</td><td></td><td></td><td></td></tr>
<tr><td>程序设计(5 分)</td><td></td><td></td><td></td></tr>
<tr><td rowspan="2">实施(20 分)</td><td>实验板的适应性(10 分)</td><td></td><td></td><td></td></tr>
<tr><td>实施情况(10 分)</td><td></td><td></td><td></td></tr>
<tr><td>检查(5 分)</td><td>异常检查(5 分)</td><td></td><td></td><td></td></tr>
<tr><td>结果(5 分)</td><td>结果验证(5 分)</td><td></td><td></td><td></td></tr>
<tr><td rowspan="2">社会能力(10分)</td><td>敬业精神(5 分)</td><td>爱岗敬业与学习纪律</td><td></td><td></td><td></td></tr>
<tr><td>团结协作(5 分)</td><td>对小组的贡献及配合</td><td></td><td></td><td></td></tr>
<tr><td rowspan="2">方法能力(10分)</td><td>计划能力(5 分)</td><td></td><td></td><td></td><td></td></tr>
<tr><td>决策能力(5 分)</td><td></td><td></td><td></td><td></td></tr>
<tr><td rowspan="2">评价</td><td>班级</td><td></td><td>姓名</td><td>学号</td><td></td></tr>
<tr><td colspan="5">总评　　　　教师　　　　日期</td></tr>
</table>

3.5 拓展与提高

在单片机控制系统中，数码管主要用于显示各种数据，下面结合 HOT-51 实验板分析无符号整型量的显示原理。

显示任何数据时，首先要根据处理的对象确定出数据的范围。假设处理的数据为十六位二进制数，变化范围为 $0\sim2^{16}-1$，将其转换为十进制数后，变化范围在 0～65 535 之间。

显示最大值 65 535 最多只需 5 个数码管，可将 HOT-51 实验板中最高 3 位空余不显示，显示小于 5 位数的数值如 12 时，将其显示在最低两位数码管上，高 6 位不显示。

显示时最重要的环节是拆分数据。由于每个数码管只能显示一位十进制数，所以显示结果的每一位数码要单独取出，才能显示在数码管上。例如，结果为 2376 时，要先把 2376 拆分为 2、3、7、6 四个一位十进制数，方法为：由 2376%10=6 拆分出个位数码 6，显示在最右侧的数码管上；再通过 2376/10=237 将十位数移至个位准备拆分；重复前两个运算，237%10=7，拆分出新的个位数码实际是十位数码 7 显示在十位数码管上，237/10=23 将百位数移至个位准备拆分；依次类推，直至商为零，便可依次拆分出 2376 的各位数码。拆分出的各位数码要根据扫描的次序存入显示数组，扫描后就可显示在各位数码管上。

如何实现高位不显示呢？HOT-51 实验板上的数码管为共阴型，只要向 P0 口发送 0，就不会点亮数码管上任何笔段，因此定义段码表时在末尾添加段码 0x00，同时将 0x00 在段码表中的序号赋给显示数组中不需要显示的元素，即可实现屏蔽。无符号整型量的流程图如图 3-16 和图 3-17 所示。

源程序

```
#include<reg51.h>
#define uchar unsigned char
#define uint unsigned int

/*必要的全局变量定义*/
uchar code seg7[ ]={   0x3f,0x06,0x5b,0x4f,0x66,0x6d,
                       0x7d,0x07,0x7f,0x6f,0x00};      //注意数组中多了 0x00
uchar disp[8];                                         //定义显示数组

/*无符号整型量显示函数*/
void unintdisp(uint m)                      //m 为待显示的数据
{
     uint j;                                //用于延时
     signed char i;                         //作用是使 0–1<0，拆分时结束 for 循环
     uint shang=m;                          //定义变量 shang 用于拆分
     disp[7]=shang%10;                      //shang 个位数送入 disp[7]，shang=0 时显示 0
```

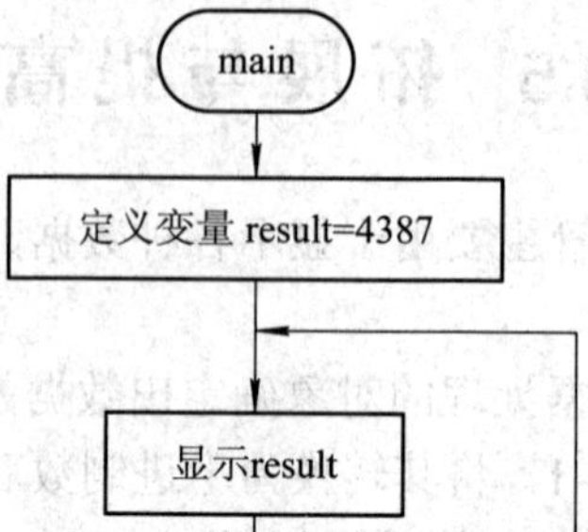

图 3-16　无符号整型量显示主函数流程图

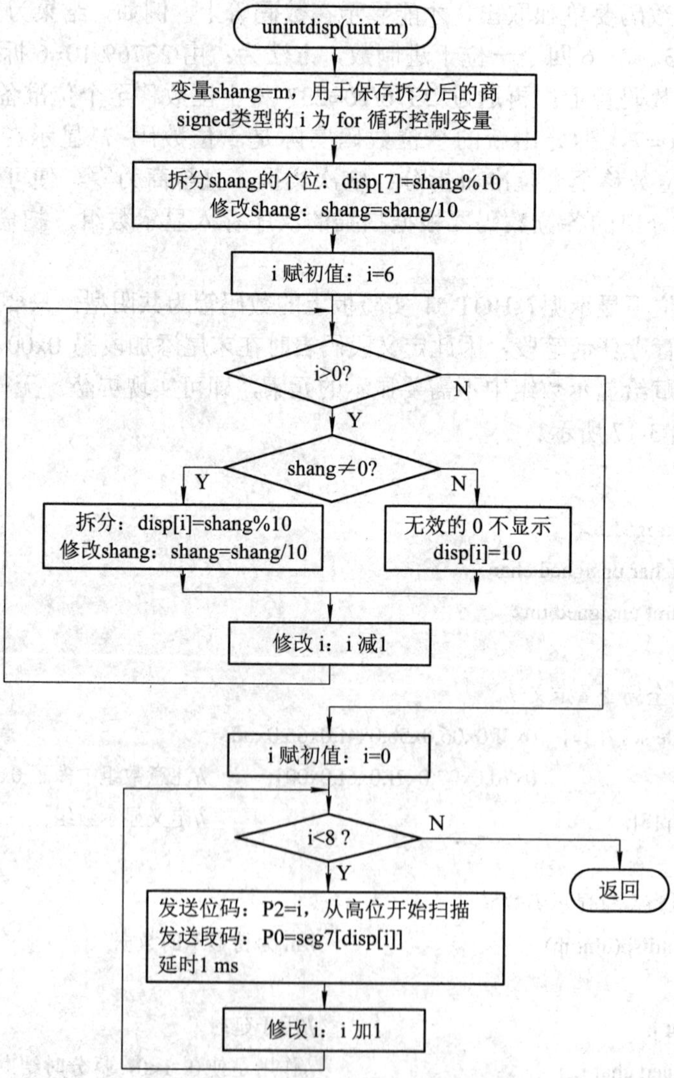

图 3-17　无符号整型量显示函数流程图

```
        shang=shang/10;                     //修改 shang

        for(i=6;i>0;i--)                    //连续拆分 7 次，拆分除个位外的其他位数码
        {
            if(shang!=0)                    //shang≠0 时，继续拆分
            {
                disp[i]=shang%10;           //拆分 shang(修改后)的个位数码送入 disp[i]
                shang=shang/10;             //修改 shang
            }
            else
                disp[i]=10;                 //修改后 shang=0 时，为无效 0 不显示，10 送 disp[i]
        }
        for(i=0;i<8;i++)                    //扫描 8 个数码管，显示 m
        {
            P2=i;                           //发送位码 0～7
            P0=seg7[disp[i]];               //发送段码，显示 disp[i]
            for(j=0;j<130;j++) ;            //显示 1 ms
        }
}

/*主函数*/
main( )
{
    uint result;                            //变量 result 为待显示的十六位无符号整型量
    result=4387;
    while (1)
        unintdisp(result);                  //调用无符号整型显示函数显示 result
}
```

显示带符号的整型数与此有点相似，只不过要先对负数求绝对值，然后再将负号“–”的七段码也添加至段码表，将其在段码表中的序号赋给显示数组中的某个元素；浮点数根据精度的要求乘以相应的数，如精度要求为 0.01，则乘以 100 后转化为整数。经过处理后的整型量仍用上述思路显示。

习　　题

一、填空题

1. 数码管________个发光二极管构成，分为_________型和________型。
2. 共阴型数码管显示 3 时，字位口应为_________，字段口应为___________。

3. 静态显示时，数码管只受_______口控制，对于共阳型数码管，字位口应为______。

4. 动态显示时，每个数码管一般只能显示_______ms，若显示时间过长，可以感觉到闪烁。

5. 数据不需要改的段码表、位码表需存放在__________，定义时要用关键字______。

二、选择题

1. 当采用静态显示方式时，51 单片机最多可驱动(　　)位数码管。

A. 4　　B. 3　　C. 2　　D. 8

2. 不管是静态显示还是动态显示，都需要发送(　　)。

A. 位码　　B. 段码

3. 动态显示电路中包含 5 个数码管，扫描一遍需循环(　　)次。

A. 8　　B. 4　　C. 5

4. 动态显示方式中，发送的一个位码只能点亮(　　)个数码管。

A. 全部　　B. 1　　C. 任意

5. 共阴型数码管全暗时，应给字段口发送(　　)。

A. FFH　　B. 00H　　C. 1FH

三、判断题

1. 共阳型数码管的字位口必须与地相连时才能显示。(　　)

2. 数码管的字段口决定了哪个数码管可以显示，字位口状态决定了由字段口选中的数码管显示什么数码。(　　)

3. 当静态显示方式驱动两个数码管时，可用两个不同的 I/O 口与它们的字段口相连，而它们的字位口均接 V_{CC}。(　　)

4. 动态显示方式时，每个数码管工作的时间没有限制。(　　)

5. 显示字母“H”时，共阴型数码管的段码为 76H。(　　)

四、简答题

1. 简述采用相同类型的数码管段码也可能不同的原因。

2. 写出 H、L 两个英文字母的段码。

3. 从硬件、软件两方面简述静态显示方式的特点。

4. 从硬件、软件两方面简述动态显示方式的特点。

5. 简述动态显示中位码与段码的作用。

五、设计与编程题

1. 编程在数码管上显示 9～0，每隔 1 s 减 1。

2. 编程实现 99 s 倒计时。

3. 编写 8 字循环程序。所有数码管轮流显示 8，每个数码管的显示时间为 100 ms～1 s。

4. 至少用两种方法编程显示“103030　　”。

5. 编程在 HOT-51 实验板上显示“HELLO”。

项目四　键盘原理及应用

4.1　项 目 说 明

❖ 项目任务

为某单片机控制系统设计 4×4 矩阵键盘，键号为 0～F(如图 4-8(b)所示)。要求将按键均设置为数字键，即闭合任一按键后，在数码管上显示相应的键号，并能去除按键抖动。

❖ 知识培养目标

(1) 掌握按键抖动的形成及去抖方法。

(2) 掌握查询方式识别闭合按键的流程。

(3) 掌握独立式键盘按键的识别及其应用。

(4) 掌握矩阵式键盘按键的识别及其应用。

❖ 能力培养目标

(1) 能正确地理解闭合按键的识别。

(2) 能编写出合适的按键识别程序。

(3) 能根据需要解决实际工程问题。

4.2　基 础 知 识

4.2.1　break 语句和 continue 语句

1. break 语句

break 语句的一般形式：

```
break;
```

1) break 语句的功能

(1) 在 switch 语句中，break 语句会终止其后语句的执行，退出 switch 语句。

(2) 在循环中使一个循环立即结束，也就是说在循环中遇到 break 语句时，循环立即终止，程序转到循环体后的第一条语句去继续执行。

2) break 语句使用注意事项

(1) break 语句在循环中使用时，总是与 if 一起使用，当条件满足(或不满足)时，负责退出循环。

(2) 如果循环体中使用 switch 语句，而 break 出现在 switch 语句中时，只用于结束 switch，而不影响循环。

(3) break 语句只能结束包含它的最内层循环，而不能跳出多重循环。

2．continue 语句

continue 语句的一般形式：

```
continue;
```

continue 语句只能出现在循环体中，立即结束本次循环，即遇到 continue 语句时，不执行循环体中 continue 后的语句，立即转去判断循环条件是否成立。

continue 与 break 语句的区别：continue 只是结束本次循环，而不是终止整个循环语句的执行；break 则是终止整个循环语句的执行，转到循环体后的下一条语句去执行。

4.2.2 switch 语句

if 语句通过嵌套可以实现多分支结构，但结构复杂。switch 是 C51 中提供的多分支选择语句。一般形式为

```
switch(表达式)
{
        case 常量表达式 1:语句 l; break;
        case 常量表达式 2:语句 2;break;
        ……
        case 常量表达式 n:语句 n;break;
        default:语句 n+1;
}
```

说明如下：

(1) switch 后面括号内的表达式，可以是整型或字符型表达式。

(2) 当该表达式的值与某一 case 后面的常量表达式的值相等时，就执行该 case 后的语句，遇到 break 语句时退出 switch 语句。若表达式的值与所有 case 后的常量表达的值都不同，则执行 default 后面的语句，然后退出 switch 语句。

(3) 每一个 case 常量表达式的值必须不同，否则会出现自相矛盾的现象。

(4) case 语句和 default 语句出现的次序对执行过程没有影响。

(5) 每个 case 语句后面可以有 break 语句，也可以没有。若有 break 语句，则执行 break 后退出 switch 结构；若没有 break 语句，则会按顺序执行后面的语句，直到结束。

(6) 每一个 case 语句后面可以带一个语句，也可以带多个语句，还可以不带。语句可以用花括号括起来，也可以不括。

(7) 多个 case 可以共用一组执行语句。

例 1 编程实现多分支函数 z，z 为：

$$z=\begin{cases} x+y\ (m=0) \\ x-y\ (m=1) \\ x*y\ (m=2) \\ x/y\ (m=3) \\ |xy|\ 其他 \end{cases}$$

解：源程序

```
#include <math.h>
main()
{
    unsigned char m=3;
    signed char x=56,y=-23;
    signed int z;
    switch(m)
    {
        case 0:z=x+y;break;
        case 1:z=x-y;break;
        case 2:z=x*y;break;
        case 3:z=x/y;break;
        default:abs(z=x*y);
    }
    while(1);
}
```

4.2.3 按键和键盘

1. 按键和键盘的分类

按键、开关、键盘是最常见的单片机输入设备，可以通过它们向单片机输入各种指令、数据，从而指挥单片机的工作，达到控制单片机的功能和数据输入的目的。

按键根据其结构原理可分为两类：一类是触点式开关按键，如生活中常见的机械开关、按键等；另一类是无触点开关按键，如电气按键、磁感应按键等。

计算机中常用的键盘有全编码键盘和非编码键盘两种。全编码键盘能够由硬件逻辑电路自动提供与被按键对应的编码。此外，还具有去抖动和多键、窜键保护电路。这种键盘使用方便，但需要专门的硬件电器，价格较高，一般的单片机应用系统较少使用。

非编码键盘在硬件电路上只能提供断开、闭合两种状态，其他工作都依靠软件完成。由于其经济实用，因此适宜在单片机控制系统中使用。

非编码键盘分为独立式键盘和矩阵式键盘两种。独立式键盘适用于所需按键的数目比较少，控制功能比较简单的控制系统，这种情况下用几个互相独立的按键或开关就可以满足控制要求。例如，设置开始按钮、停机按钮、调速开关等。矩阵式键盘中的各按键虽然相互影响，但是它弥补了独立式键盘的不足，常用于按键数量较多的场合。

2. 按键的抖动及去抖

在单片机应用系统中，为了降低成本，不论是独立式键盘还是矩阵式键盘，通常都采用触点式开关按键，由于机械触点的弹性作用，在按键闭合和释放的瞬间均有一个抖动过程，如图 4-1 所示。按键抖动时间的长短与开关的机械特性有关，一般为 5 ms～10 ms。为了保证 CPU 对按键所处状态作出正确识别，必须要在去除抖动的影响后，在按键的稳定闭合和断开期间来读取按键的状态。常用的去抖方法有硬件去抖和软件去抖两种。

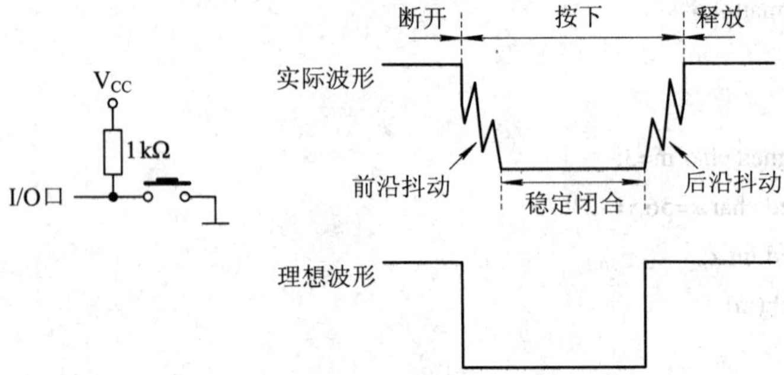

图 4-1　按键的抖动

(1) 硬件去除抖动。硬件去抖是在按键与 I/O 端口之间接入硬件电路(RS 触发器或施密特触发器)对按键产生的波形进行整形，去除抖动后的稳定波形再供单片机检测。

(2) 软件去除抖动。软件去抖是当 CPU 第一次检测到有键按下时，先软件延时 5 ms～10 ms 去除按键的前沿抖动，等抖动过去电压稳定之后，第二次检测按键的状态，若按键仍保持闭合状态，则确认按键处于稳定的闭合期，否则认为是抖动或干扰引起了按键的闭合。(软件去抖流程如图 4-3 所示。)

硬件去除抖动使硬件电路复杂化，加大了电路制作的难度；软件去抖与硬件无关，但是耗费时间，适用于对实时要求不是很高的系统。单片机控制系统中多采用软件去抖。

3. 键盘的工作方式

在单片机应用系统中，检测键盘只是 CPU 的工作之一。在应用时，既要及时响应键盘的操作，又不能过多地占用 CPU 的工作时间，就需要根据应用系统中 CPU 的忙闲情况选择适当的键盘工作方式，键盘的工作方式一般有查询方式和中断方式两种。

(1) 查询方式。查询方式是上电后，单片机只有不间断地扫描键盘，才能及时对闭合按键作出响应，其他任务的实现只能安排在键盘扫描的间隙。查询方式时，即便按键永远不闭合，CPU 也会执行扫描任务。单片机控制系统在工作时，并不经常需要按键输入，因此 CPU 常处于空扫描状态，而且在执行键操作时，CPU 不再响应其他按键的输入请求。这种方式一般只适用于任务较为单一的控制系统。

(2) 中断方式。中断方式可以提高 CPU 的工作效率，即在有键按下时，向 CPU 发出中断请求，CPU 响应中断请求后，执行中断服务函数，扫描键盘，识别闭合键并执行键操作。

本项目只介绍键盘的查询工作方式。

4.2.4　独立式键盘的按键识别与应用

1. 独立式键盘的结构

独立式键盘是指将所需的若干个按键直接与单片机的 I/O 口线相连，每个按键占用一个 I/O 口线，如图 4-2 所示。按键输入时一般为低电平有效，即按键一端与地相连，当按键按下时，I/O 口线输入为低电平；按键未按下时，P1 口、P2 口、P3 口内部的上拉电阻保证了 I/O 口线输入高电平，当按键与内部无上拉电阻的 P0 口相连时，必须外接上拉电阻，以保证在按键断开时 I/O 口线上有确定的高电平。

独立式键盘的每个按键单独占用一个 I/O 口线，各 I/O 口线之间不会互相影响，因此电路连接和软件设计都较为简单。51 单片机虽然有 32 个 I/O 口线，但是当单片机控制系统比较复杂时，不能有较多的 I/O 口线用于键盘的控制，因此独立式键盘只适用于系统中按键较少的情况。

2. 独立式键盘的按键识别

独立式键盘的软件结构包括闭合键识别和键操作。对于图 4-2 所示的独立式键盘，单片机通过查询与按键相连的 I/O 口线的状态判断有无按键闭合。当 I/O=1 时，表示按键未闭合；当 I/O=0 时，表示按键闭合，单片机执行相应的键操作。例如，按下加 1 键，就执行加 1 操作；按下减 1 键，就执行减 1 操作。

采用查询方式时独立式键盘的按键识别流程如图 4-3 所示。图 4-3 中先通过软件去抖正确地识别闭合按键，当确定有键闭合时，执行键操作，等待闭合键释放后，再重新扫描键盘。检测闭合键是否释放是为了保证 CPU 对键的一次闭合只执行一次键操作，不受按键闭合时间长短的影响，在要求不高的控制系统中，可以省略。

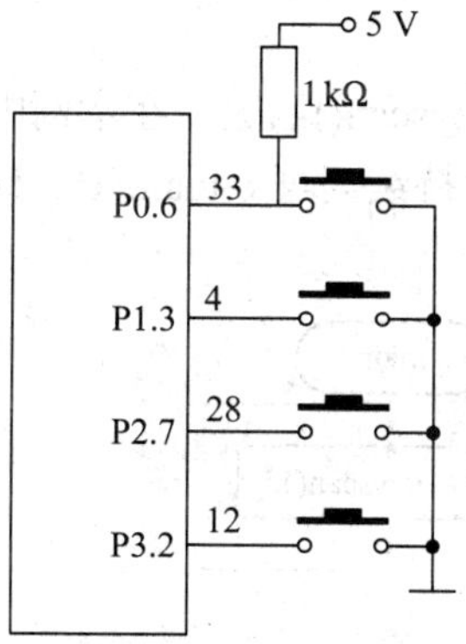

图 4-2　独立式键盘电路

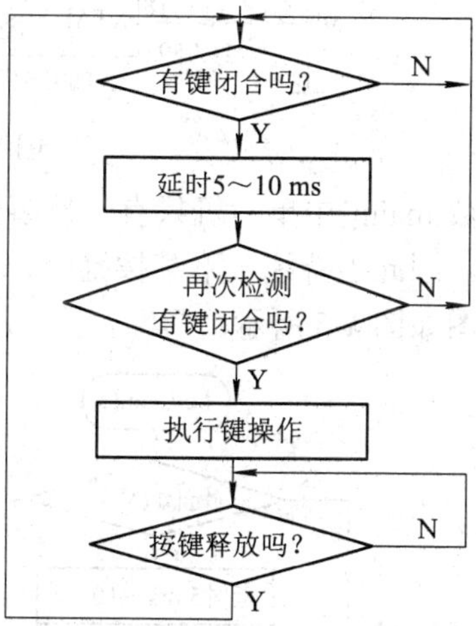

图 4-3　独立式键盘的按键识别流程图

3. 应用举例

例 2　请设置 4 个按键分别控制 4 个发光二极管，要求它们之间的工作互不干扰，当任意一个按键闭合后，对应的发光二极管闪烁 2 s。发光二极管参数为 2 V/10 mA。

解：(1) 硬件设计。分析题目要求可知，硬件电路包含单片机最小系统、4 个按键、4 个发光二极管。选用 P0.3～P0.6 作为按键输入端，P2.0～P2.3 驱动发光二极管，电路如图 4-4 所示。由于 I/O 口线的输入电流很小，可忽略不计，因此 P0 口外接的上拉电阻不需精确计算，选 1 kΩ，发光二极管串联的限流电阻的选取方法同项目一。

(2) 软件设计。独立式键盘的按键识别的依据：当 I/O 口=0 时，按键闭合；当 I/O 口=1 时，按键断开。发光二极管亮 200 ms、灭 200 ms，亮灭交替 5 次恰好闪烁 2s。

有参函数 shanshuo(uchar LED)的作用是使 LED 闪烁 2 s，调用时，用 LED1～LED4 作为实参即可控制相应的二极管闪烁。

keyscan()函数用以检测 4 个按键的工作状态，当有键闭合时，可以使相应的发光二极

管闪烁。分两步检测按键的工作状态，首先通过语句 if(KEY1==0 || KEY2==0 || KEY3==0 || KEY4==0)判断有无按键闭合，去抖后，如果确认有按键闭合，再由语句 if(KEYi==0)检测是哪一个按键闭合，检测到闭合按键后，调用 shanshuo(uchar LED)函数使相应的发光二极管闪烁 2 s 后结束。

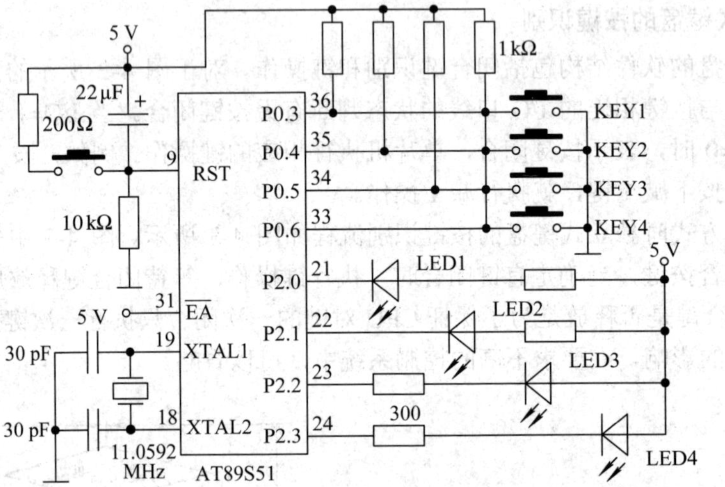

图 4-4　例 2 电路图

主函数 main()中单片机只有一件事情要做，就是调用 keyscan()函数。在本例中未等待按键释放，因此当持续按下某按键时，对应的发光二极管将持续闪烁。main()与 keyscan()函数流程图如图 4-5 所示。

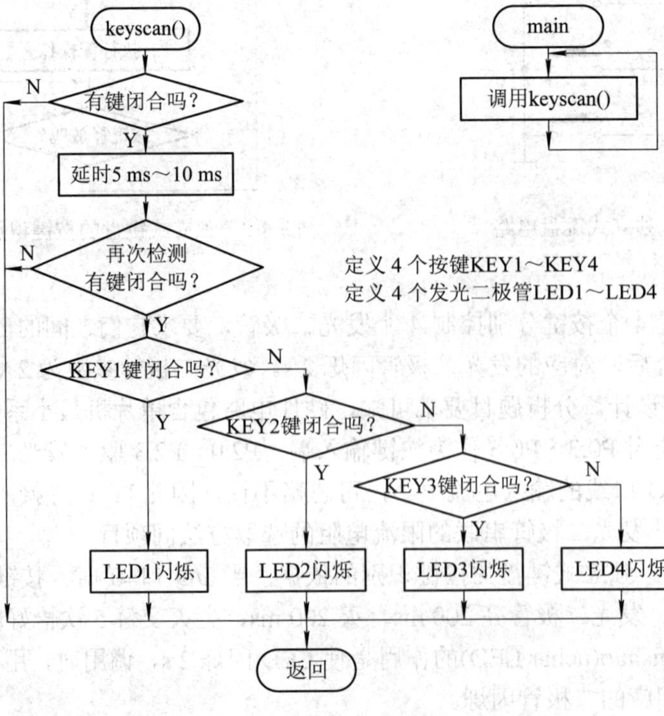

图 4-5　例 2 流程图

(3) 源程序。

```
#include<reg51.h>
#define uchar unsigned char
#define uint unsigned int

/*必要的变量定义*/
sbit KEY1 = P0^3;    //按键与发光二极管均为位寻址，需用 sbit 定义按键与发光二极管
sbit KEY2 = P0^4;
sbit KEY3 = P0^5;
sbit KEY4 = P0^6;

sbit LED1 = P2^0;
sbit LED2 = P2^1;
sbit LED3 = P2^2;
sbit LED4 = P2^3;

/*延时函数*/
void delay(uint del)
{
    uint i,j;                          //延时时间为 del×10 ms
    for(i=0; i<del; i++)
        for(j=0;j<1827;j++);
}

/* 闪烁函数*/
void shanshuo(uchar LED)
{
    uchar a;
    for(a=0;a<5;a++)                   //亮灭交替 5 次，即 2 s
    {
        LED=0;                         //点亮 200 ms
        delay(20);
        LED=1;                         //熄灭 200 ms
        delay(20);
    }
}

/* 键盘扫描函数*/
void keyscan()
{
```

```
        if(KEY1==0 || KEY2==0 || KEY3==0 || KEY4==0)        //查询有无按键闭合
        {
            delay(1);                                       //软件去除前沿抖动
            if(KEY1==0 || KEY2==0 || KEY3==0 || KEY4==0)    //再次检测
            {
                if(KEY1 == 0)                   //有键闭合时，先判断是否 KEY1 闭合
                    shanshuo(LED1);             //KEY1 闭合时，LED1 闪烁
                else if(KEY2 == 0)              // KEY1 未闭合时，判断是否 KEY2 闭合
                    shanshuo(LED2);             //KEY2 闭合时，LED2 闪烁
                else if(KEY3 == 0)              // KEY2 未闭合时，判断是否 KEY3 闭合
                    shanshuo(LED3);             //KEY3 闭合时，LED3 闪烁
                else                            // KEY1～ KEY3 未闭合，肯定是 KEY4 闭合
                    shanshuo(LED4);             //KEY4 闭合时，LED4 闪烁
            }
        }
    }

    /*主函数*/
    void main(void)
    {
        while(1)
        {
            keyscan();
        }
    }
```

(4) 思考：是否能直接检测是哪个按键闭合？

例 3　设置加 1 功能键。要求按键每按下一次，共阳型数码管上的数值增加 1，数值变化范围为 0～9。

解：(1) 硬件设计。用单片机的 P2 口作为共阳型数码管的字段口，本题目中只需一个数码管，因此采用静态显示方式，将数码管的公共端 com 接 V_{CC}；加 1 键与 P3.2 相连，由于 P3.2 无需外接上拉电阻，故可简化电路。电路如图 4-6 所示。

(2) 软件设计。定义变量 count 控制数码管数值的变化。由语句 if(jia1==0)检测加 1 键是否闭合，去抖后再次确认加 1 键闭合时，执行 count+1；当 count 加至 9 时，如果加 1 键又闭合，count 要由 9 变为 0，但是加法运算并不能实现 9+1=0，只能是 9+1=10，因此当 count 加至 10 时，则要通过编程将 count 由 10 变为 0。判断 count 是否加至 10 有两种方法：if(count>9)或 if(count==10)，当条件 count>9 或 count==10 为真时，给 count 赋 0，即可将 9+1=10 改变为 9+1=0；当条件 count>9 或 count==10 为假时，表示 count 还未超过允许范围保持原值。最后发送 count 的段码至 P2 口，显示 count。所有任务均安排在主函数中，主函数流程图如图 4-7(a)所示。

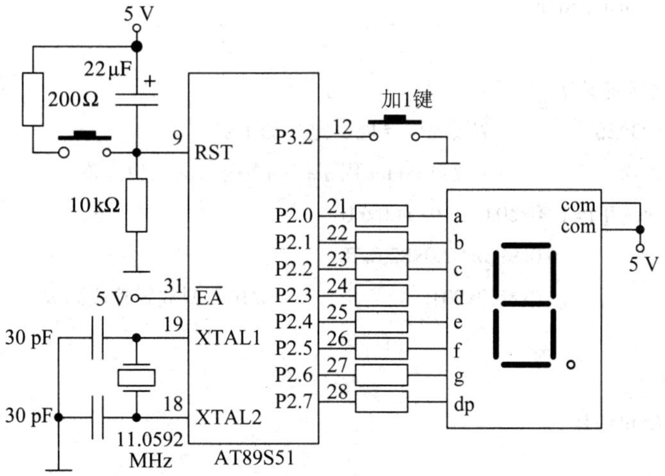

图 4-6　例 3 电路图

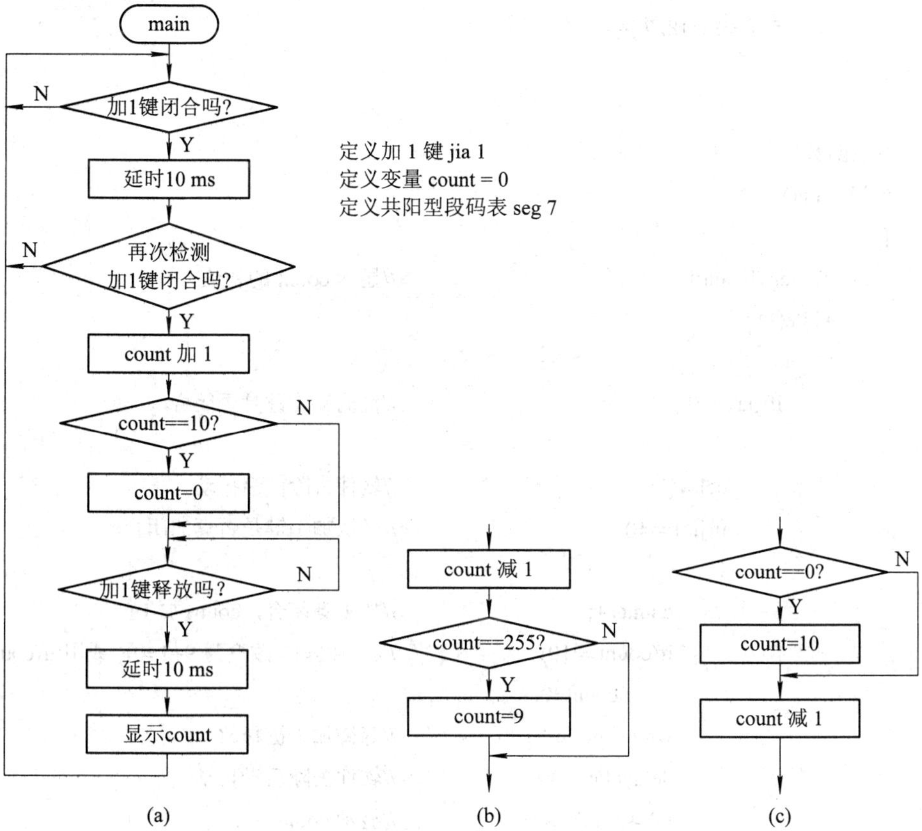

图 4-7　例 3 流程图

(3) 源程序。

```
#include<reg51.h>
#define uchar unsigned char
```

```
#define uint unsigned int

/*必要的变量定义*/
sbit   jia1=P3^2;              //按键位寻址，定义加 1 键
uchar count=0;                 //变量 count 用于控制数码管的数值递增
uchar code seg7[ ]= {  0xc0,0xf9,0xa4,0xb0,
                       0x99,0x92,0x82,0xf8,
                       0x80,0x90};                //共阳型数码管段码表

/*延时函数*/
void delay(uint del)
{
    uint i,j;                                     //延时时间为 del×10 ms
    for(i=0; i<del; i++)
        for(j=0;j<1827;j++);
}

/*主函数*/
void main()
{
    P2=seg7[count];                               //显示 count 的初值
    while(1)
    {
        if(jia1==0)                               //检测加 1 键是否闭合
        {
            delay(1);                             //软件去除前沿抖动
            if(jia1==0)                           //确认加 1 键是否真的闭合
            {
                count++;                          //加 1 键闭合，count 加 1
                if(count==10)                     //将 9+1=10 改变为 9+1=0，或用 if(count>9)
                    count=0;
                while(!jia1);                     //等待加 1 键释放
                delay(1);                         //软件去除后沿抖动
                P2=seg7[count];                   //显示 count
            }
        }
    }
}
```

语句“while(!jia1);”的作用是等待加 1 键释放，如果加 1 键仍闭合，那么 jia1=0，表

达式!jia1=1 为真，执行空语句“;”等待；当加 1 键释放时，jia1=1，表达式!jia1=0 为假，执行下一条语句；等待按键释放，可实现按键每按下一次，变量 count 加 1 一次。

(4) 思考：

① 设置减 1 键，变化范围仍为 0～9。提示：根据数值变化范围的要求，当 count 减至 0，再按下减 1 键时，count 须变为 9 即 0−1=9，但是减法运算只能实现 10−1=9，也需要编程实现两者之间的转换。图 4-7(b)、(c)所示为常用的两种方法，(b)图是对变量 count 先减后修改，关键是在 C51 中，如果定义 count 为 unsigned char 类型时，则 0−1=255，将 255 变为 9；(c)图是对变量 count 先修改后减，减法只能实现 10−1=9，因此当 count 减至 0 时，将 count 由 0 变为 10，以符合减法运算。(c)图所示方法更为灵活，而在(b)图中当 count 的类型变化时，0 减 1 的结果也随之而变。

② 在控制系统中同时设置加 1 键与减 1 键，使用起来会更加方便，你能否实现呢？提示：先检测加 1 键，后检测减 1 键。

4.2.5　矩阵式键盘的按键识别与应用

1. 矩阵式键盘的构成

矩阵式键盘又称为行列式键盘，键盘中同一行或同一列的按键互相影响，用于按键数量较多的场合。矩阵式键盘的按键设置在行与列的交点上，行、列线分别与按键的两端相连。图 4-8(a)所示为 4×4 矩阵键盘，包含 16 个按键，引出 4 条行线、4 条列线共 8 根控制线，可通过单片机的 1 个 I/O 端口对其进行控制，图(a)中用 P2 口对其进行控制，行线接 P2 口低 4 位，列线接 P2 口高 4 位。而当 8 根 I/O 口线接成独立式键盘时，最多只能连接 8 个按键，可见用相同数目的 I/O 口线，矩阵式键盘可以控制更多的按键，而且 I/O 口线数目越多，效果越显著，例如再多加 1 条列线，就可以构成 4×5 共 20 键的矩阵式键盘，而独立式键盘多 1 个 I/O 口线，只能多接 1 个按键。

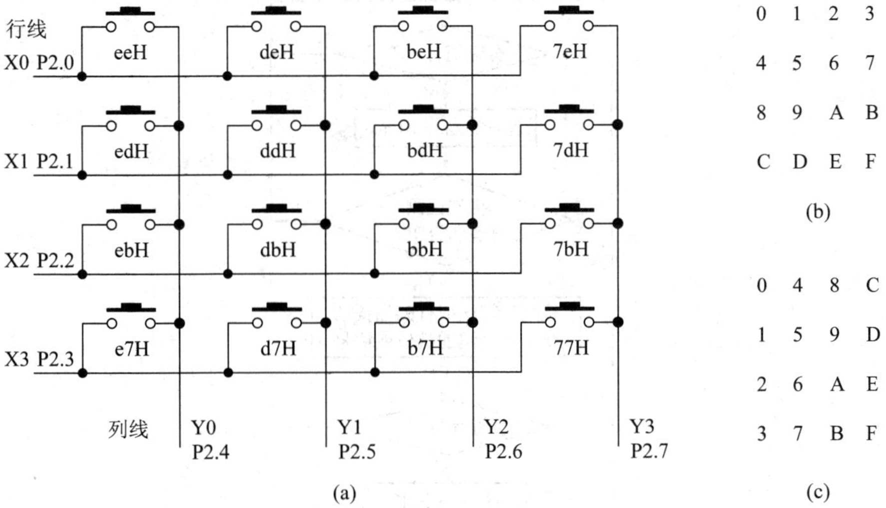

图 4-8　矩阵式键盘结构图

当矩阵式键盘中按键未闭合时，所有的行线和列线之间是断开的，均相互独立；当键盘中某一按键闭合时，该键所在的行线和列线被短路，这是识别矩阵式键盘中闭合键位置的依据。

与矩阵式键盘相关的专业术语有键号、键名和键值，略述如下。

键号是矩阵式键盘中的每个按键的排列序号，一般从 0～(2^n-1)。例如，4×4 矩阵键盘共有 16 个按键，它们的键号可以是 0～15 或者是 0～FH；4×5 矩阵键盘 20 个按键的键号是 0～19 或者是 0～13H。键号与矩阵式键盘中按键的对应关系由用户根据需要而定，图 4-8(b)、(c)所示为两种不同的键号。矩阵式键盘中的按键根据控制要求可设置为数字键和功能键。数字键是指当按键闭合时，执行的键操作是显示该键的键号，一般将键号为 0~9 的按键设置为数字键。除数字键外的所有按键都可定义为功能键，每个功能键的键操作均不相同，如加 1、减 1 等。

键名是用户根据按键实现的功能为它起的一个名字，要做到见名知义。数字键的键名一般与键号相同，如 0 号键、1 号键等；功能键的键名要反映其实现的功能，例如开始键、加 1 键等。当控制要求不同时，可以为矩阵键盘中的每个按键定义不同的键名。

键值是由矩阵键盘的连接形式确定的，反映闭合键所在行、列特征的一个二值数据，键值的位数是键盘的行、列控制线之和。矩阵式键盘中每个按键有唯一的一个键值，因此键值是矩阵式键盘中按键识别的依据。

如果矩阵键盘的电路形式被确定之后，每个按键的键值就被唯一确定了，而按键的键号、键名却可以由用户灵活定义。

2. 矩阵式键盘的按键识别

矩阵式键盘与独立式键盘相比，不仅结构复杂，按键的识别也更为复杂。矩阵式键盘的按键识别就是要获得闭合按键的键号或键值，常用的方法有行列反转法或行列扫描法。矩阵式键盘的按键识别流程如图 4-9 所示。

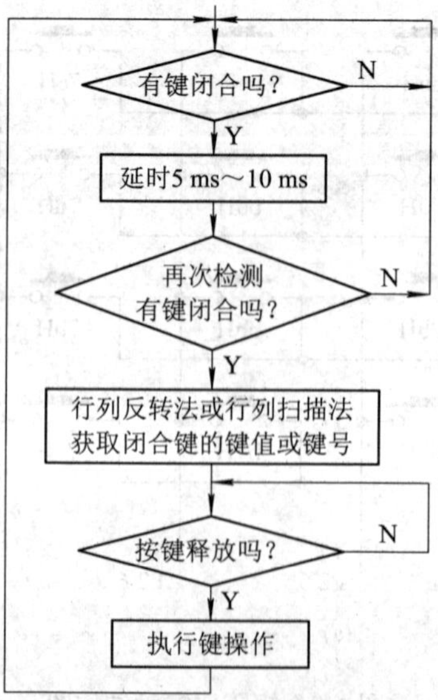

图 4-9　矩阵式键盘按键识别流程图

不论采用哪一种按键识别方法，都分以下三步进行：

第一步，判断有无按键闭合。置行线为输出口，输出低电平即 X3～X0=0000，列线为高电平、输入口即 Y3～Y0=1111，读入列线 Y3～Y0 的状态进行检测，如果 Y3～Y0=1111，则表示键盘中无键闭合；如果 Y3～Y0≠1111，则表示键盘中有按键闭合。有按键闭合时，延时 5 ms～10 ms，去除按键的前沿抖动。

再次判断有无按键闭合。再次读入列线的状态进行判断，如果仍满足 Y3～Y0≠1111，则确认有一个按键处于稳定的闭合期；否则就认为是按键的抖动或者是干扰。

第二步，确定闭合按键的位置，获得闭合键的键号或键值。在确认有按键稳定闭合时，采用行列反转法或行列扫描法获得闭合按键的键号或键值。

第三步，执行键操作。等待闭合按键释放。闭合按键释放后，再执行相应的键操作。

行列反转法或行列扫描法的区别在于键号或键值的获取方法不一样。下面以图 4-8(a)所示 4×4 矩阵键盘为例，分别介绍这两种方法。

1) 行列反转法

行列反转法直接得到的是闭合按键的键值，然后通过查键值表的方式将键值转换为键号，因此要先创建键值表。将矩阵式键盘中每个按键的键值按键号递增的次序排列在一起就构成了键值表。例如，0 号键的键值排列在键值表中的第 1 位，依次是 1 号键的键值，2 号键的键值，……。当键号与按键的对应关系不同时，键值表中键值的排列次序也不相同。但无论如何都需要先确定矩阵式键盘中每个按键的键值。

行列反转法获取键值的方法：先将全部行线所接 I/O 口设置为输出口，输出低电平；全部列线所接 I/O 口置高电平，为输入口。然后读入列线的状态并保存，当按下键盘上某个按键使其闭合时，闭合键所在的行线和列线被该按键短路，行线输出的低电平可传递至列线，因此读入的列状态中只有闭合键所在列为低电平，其余均为高电平，也就是说读入列状态中低电平的位置反映出了闭合键位于矩阵的第几列。再作相反的设置，即行线置高电平、输入口，列线置输出口并输出 0，从读入行线的状态可知闭合键位于第几行。将两次读取的数据“位或”以获取闭合键的键值。

假设图 4-8(a)所示 4×4 矩阵键盘中第 0 行、第 1 列交点处的按键被闭合，则该键的键值为：

① 第一次置行线为输出口并输出 0，列线为 1、输入口，即 X3～X0=0000，Y3～Y0=1111。

② 读入列线状态：Y3～Y0 X3～X0=11010000(由图 4-8(a)可知列线接 P2 口高 4 位、行线接 P2 口低 4 位)。其中，Y3～Y0 =1101 中的“0”表示闭合按键位于第 1 列，“1”表示第 0 列、第 2 列、第 3 列上无键闭合。

③ 第二次置行线为 1、输入口，列线为输出口并输出 0，即 X3～X0=1111，Y3～Y0=0000。

④ 读入行线状态：Y3～Y0 X3～X0=00001110。其中，X3～X0=1110 中的“0”表示闭合按键位于第 0 行，“1”表示第 1 行～第 3 行上无按键闭合。

⑤ 将②、④读入的两个数据进行“位或”运算，可得第 0 行、第 1 列按键的键值为 1101 1110，即 deH。

按照上述方法，可计算出每个按键的键值，如图 4-8(a)所示。根据图 4-8(b)所示键号将 16 个键值有序地排列在一起就得到与之对应的键值表。

```
jianzhibiao[ ]={ 0xee,0xde,0xbe,0x7e,
                 0xed,0xdd,0xbd,0x7d,
                 0xeb,0xdb,0xbb,0x7b,
                 0xe7,0xd7,0xb7,0x77};
```

至此，大家能根据图 4-8(c)所示键号列出键值表吗？

键值表定义好后，将闭合键的键值与键值表中的元素一一作比较，就可以将键值转换为与之对应的键号，闭合按键的键号就是它的键值在键值表中的序号。当键值表不同时，同一键值所对应的键号也是不相同的。由此可得行列反转法第二步获得闭合键的键号或键值的具体步骤为：

① 暂存第一步时读入的列值。

② 置行线为高电平、输入口，列线为低电平、输出口，读入行值。

③ 将列值与行值“位或”，得到闭合按键的键值。

④ 查找键值表，将键值转换为键号。

行列反转法并不是一定要得到闭合键的键号，也可直接依闭合键的键值进行后续操作。

2) *行列扫描法*

行列扫描法不需要键值表，它可以在扫描键盘的过程中直接计算闭合键的键号。行列扫描法分为行扫描法和列扫描法。以图 4-8(b)所示键号为例，列扫描法是将列线设定为扫描线、输出口，行线设定为输入口；逐列输出低电平，读入行线状态并逐行检测。如果某一列线上有按键闭合，读入的行值中与该按键相连的行就是低电平，其他行为高电平；如果当该列线上无按键闭合，读入的各行线均是高电平。计算闭合键键号的方法是为每行的行首按键给以固定的键号 0、4、8、12，从左至右列线的列号为 0～3，这样在键盘扫描时可根据闭合键所在的行首键号和列号直接计算出闭合键的键号。

连接形式相同的矩阵键盘，当采用不同的识别方法时，每个按键的键值都是相同的。例如，图 4-8(a)中第 0 行、第 0 列处按键的键值为 eeH，表示当列值为 1110B，行值为 1110B 时，选中该键。

当采用列扫描时，第二步扫描键盘计算闭合键的键号的具体步骤为：先扫描第 0 列，发送第 0 列扫描字 Y3～Y0=1110B，使第 0 列 Y0 输出 0，其他列输出 1，后读入行状态并逐行检测是否有低电平，如果所有行线均为高电平，则第 0 列无键闭合；接着发送第 1 列扫描字 1101B，使第 1 列输出 0，其他列输出 1，读入行状态进行检测，如果在第 1 列中仍无键按下，则继续扫描其他列。直至扫描某一列，读入行值中某一位为低电平时，即找到闭合键，根据此时低电平所在的行首键号和列扫描的列号可计算出闭合键的键号，即闭合按键的键号=行首键号+列号。

例如，发送的列扫描字为 1011B，即第 2 列输出 0；读入的行值为 1110B，第 0 行输入为 0，说明是第 0 行第 2 列交点处按键闭合，第 0 行的行首键号为 0，则闭合键的键号为 0+2=2。

行扫描与列扫描的区别在于设定行线为扫描线输出口、列线为输入口，其余与列扫描类似。

4.3 项目实施

4.3.1 硬件设计方案

硬件电路如图 4-10 所示，用单片机的 P1 口驱动共阳型数码管，P2 口用作 4×4 矩阵式键盘的检测线。其中，P2.0～P2.3 与矩阵键盘的行线 X0～X3 相连，P2.4～P2.7 与矩阵键盘的列线 X4～X7 相连。

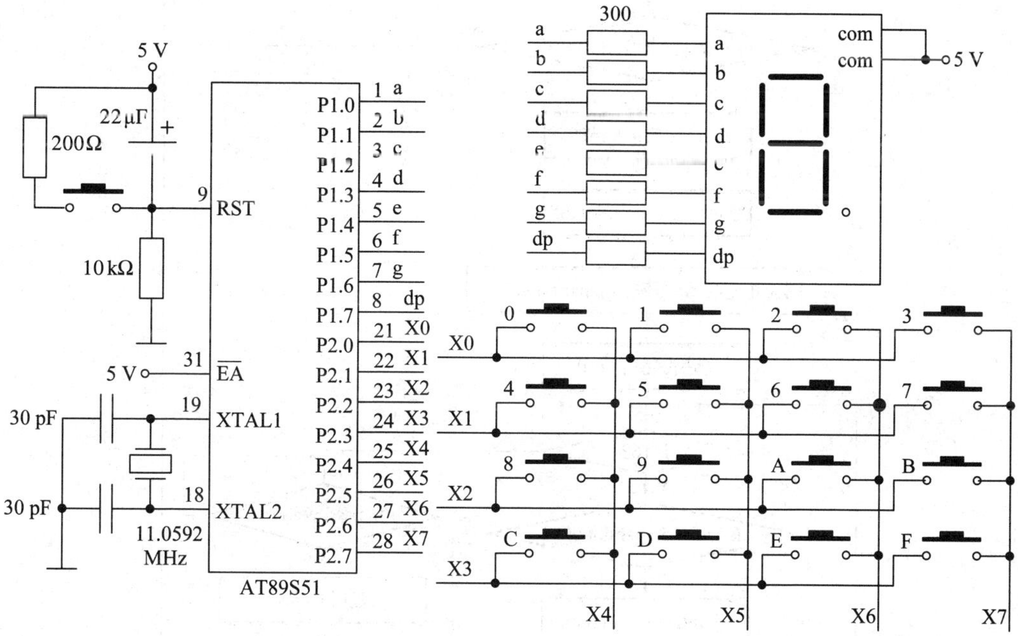

图 4-10　项目四硬件电路图

4.3.2 软件设计方案

1. 行列反转法

行列反转法的基本原理是将行线、列线轮流设置为输入口，根据读入的行列信息获得键值，查找键值表将键值转换为键号。在主函数中实现闭合键的识别获取键号并执行键操作。编程的关键：第一，由硬件电路计算出每个按键的键值，根据键号建立键值表 jianzhibiao[ ]；第二，由行列反转法获得闭合键键值赋给变量 jianzhi，在计算键值时，用变量 lie 暂存读入的列值，然后与行值做“位或”运算，获取闭合键的键值；第三，查找键值表得到键号 jianhao；第四，用数码管显示键号 jianhao，静态显示时只需发送 jianhao 的段码至 P1 口即可。主函数流程图如图 4-11 所示。

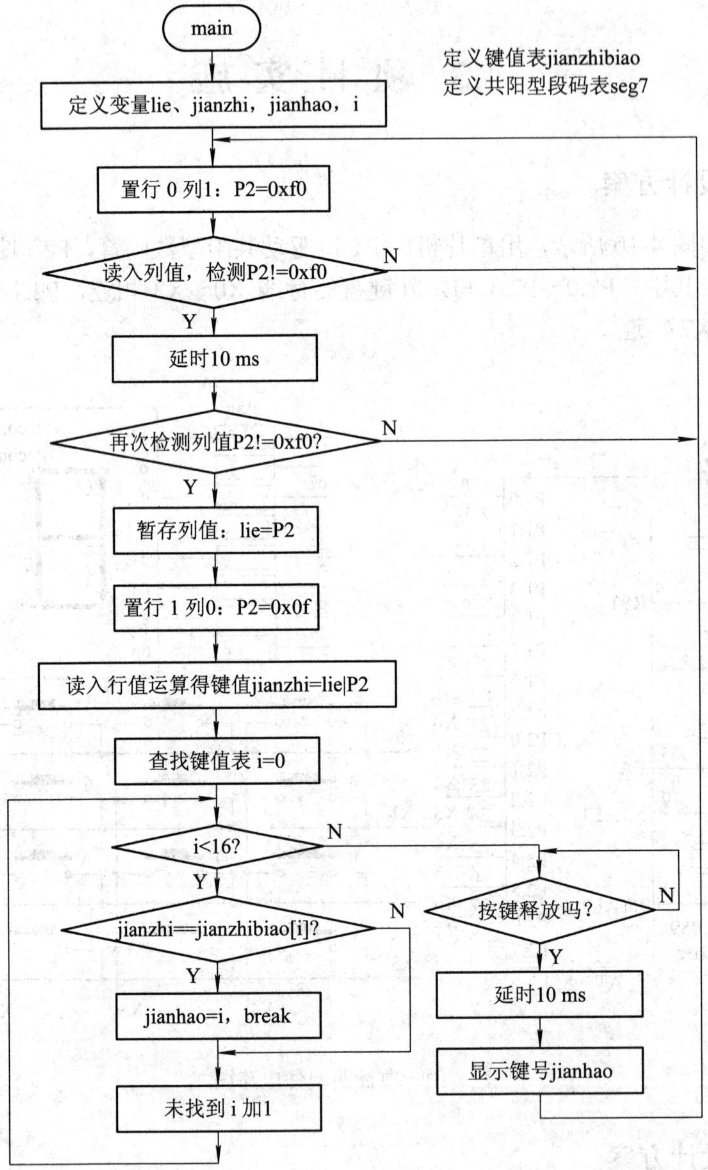

图 4-11　行列反转法主函数流程图

源程序

```
#include <reg51.h>
#define uchar unsigned char
#define uint  unsigned int

/*必要的变量定义*/
uchar code jianzhibiao[ ]={          0xee,0xde,0xbe,0x7e,
                                      0xed,0xdd,0xbd,0x7d,
```

```
                    0xeb,0xdb,0xbb,0x7b,
                    0xe7,0xd7,0xb7,0x77};          //定义键值表
uchar code seg7[ ]={   0xc0,0xf9,0xa4,0xb0,
                    0x99,0x92,0x82,0xf8,
                    0x80,0x90,0x88,0x83,
                    0xc6,0xa1,0x86,0x8e };          //定义共阳型数码管段码表

/*延时函数*/
void delay (uint i)                         //延时时间约为 i×1 ms
{
    uchar j, x;
    for(j=0;j<i;j++)
        for(x=0;x<130;x++);
}

/*主函数*/
void main()
{
    uchar lie,jianzhi,jianhao,i;            //定义按键识别所需局部变量
    P1=seg7[jianhao];                       //显示 0
    while(1)
    {
        P2=0xf0;                            //置行 0、列 1
        if(P2!=0xf0)                        //读入列值，检测有无按键闭合
        {
            delay(10);                      //延时 10 ms，去除按键的前沿抖动
            if(P2!=0xf0)                    //再次检测，如果仍为真，则确定有键闭合
            {
                lie=P2;                     //有键闭合时，暂存列值
                P2=0x0f;                    //置行 1、列 0
                jianzhi=lie|P2;             //读入行值，与列值“位或”得键值并赋给 jianzhi
                for(i=0;i<16;i++)           //查找键值表，最多需要比较 16 次
                {                           /*将闭合键键值与键值表的元素一一作比较*/
                    if(jianzhi==jianzhibiao[i])
                    {
                        jianhao=i; /*如果 if 为真，找到键值，键号就是该键值在
                                    键值表中的元素序号 i，将其赋给变量 jianhao*/
                        break;      //找到键号后，结束查找
                    }
```

```
                    }
                    while(P2!=0x0f);          //等待按键释放
                    delay(10);                //去除按键的后沿抖动
                    P1=seg7[jianhao];         //发送键号的段码，显示键号
                }
            }
        }
    }
```

获得闭合按键的键值后，通过语句 if(jianzhi==jianzhibiao[i])将键值 jianzhi 与键值表中存放的 16 个键值 jianzhibiao[i]进行比较，当它们相等时，键值在键值表中的序号就是闭合按键的键号，最多时要比较 16 次，最少时只需比较 1 次，剩余的 15 次就无需再比较了，由 break 语句结束 for 循环。

2. 列扫描

列扫描可以在扫描键盘的过程中，直接计算出闭合键的键号。主函数在判断出有按键闭合时，调用 keyscan()获得闭合键键号，执行键操作；键盘扫描函数 keyscan()对矩阵键盘逐列扫描并返回闭合键的键号。图 4-12 所示为 main()函数流程图，图 4-13 所示为 keyscan()函数的流程图。

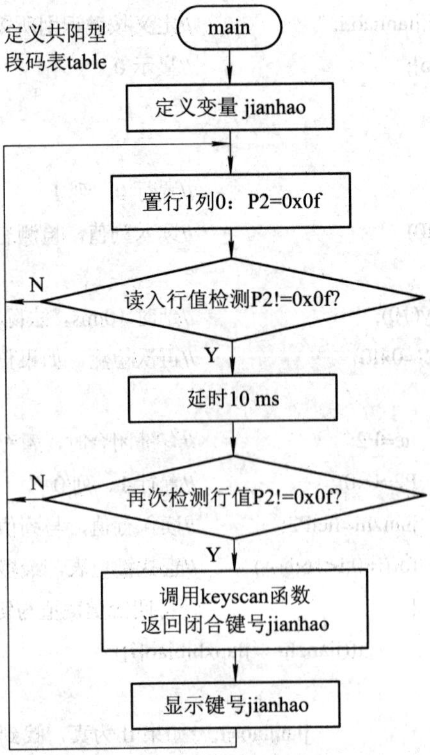

图 4-12　列扫描主函数流程图

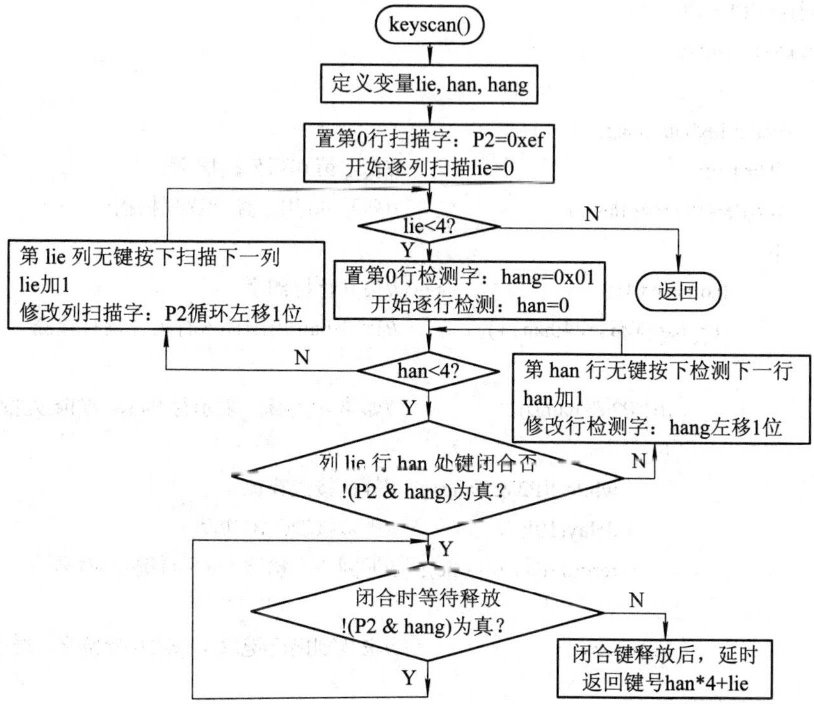

图 4-13　列扫描法 keyscan 函数流程图

源程序

```
#include <reg51.h>
#include <intrins.h>                    //修改列扫描字时，需要用到该头文件中的循环移位函数
#define uint unsigned int
#define uchar unsigned char

/*必要的变量定义*/
uchar code table[ ] = {          0xc0,0xf9,0xa4,0xb0,
                                 0x99,0x92,0x82,0xf8,
                                 0x80,0x90,0x88,0x83,
                                 0xc6,0xa1,0x86,0x8e };        //定义共阳型数码管段码表

/*延时函数*/
void delay (uint i)                                           //延时时间约为 i×1 ms
{
        uchar x,j;
        for(j=0;j<i;j++)
                for(x=0;x<=130;x++);
}
```

```
/*键盘扫描函数*/
uchar keyscan()
{
    uchar lie,han, hang;
    P2=0xef;                        //发送第 0 列列扫描字
    for(lie=0; lie<4; lie++)        //列号 lie 用于控制逐列扫描
    {
        hang=0x01;                  //第 0 行检测字
        for (han=0;han<4;han++)     //行号 han 用于读入行值并逐行检测
        {
            if(!(P2 & hang))        //如果 if 为真，表示行 han、列 lie 处按键闭合
            {
                while(!(P2 & hang) ); //等待按键释放
                delay(10);          //去除按键后沿抖动
                return (han *4 + lie); //返回闭合键键号=行首键号+列号
            }
            hang <<= 1;             //未找到闭合键时，修改行检测字，准备检测下一行
        }
        P2=_crol_(P2,1);            //未找到闭合键时，修改列扫描字，准备扫描下一列
    }
}
/*主函数*/
void main()
{
    uchar jianhao;                  //用于存放闭合键的键号
    P1= table[jianhao];             //显示 0
    while(1)
    {
        P2 = 0x0f;                  //置列 0 行 1，检测有无按键闭合
        if(P2 != 0x0f)              //读入行值，检测有无按键闭合
        {
            delay (10);             //有键闭合时，去抖按键前沿抖动
            if(P2 != 0x0f)          //去抖后，再次读入行值进行检测
            {
                jianhao = keyscan(); //确定有键闭合时，调 keyscan() 获取键号
                P1= table[jianhao]; //执行键操作，显示键号
            }
        }
    }
}
```

4.3.3　程序调试

1. 实验板电路分析

在 HOT-51 实验板中，4×4 键盘与单片机的 P1 口相连，P1 口的低四位接行控制线，P1 口的高四位接列控制线，如图 4-14 所示。显示器件则从实验板上的 8 个数码管中选中一个，至于是哪一个，由发送至 P2 口的位码决定。

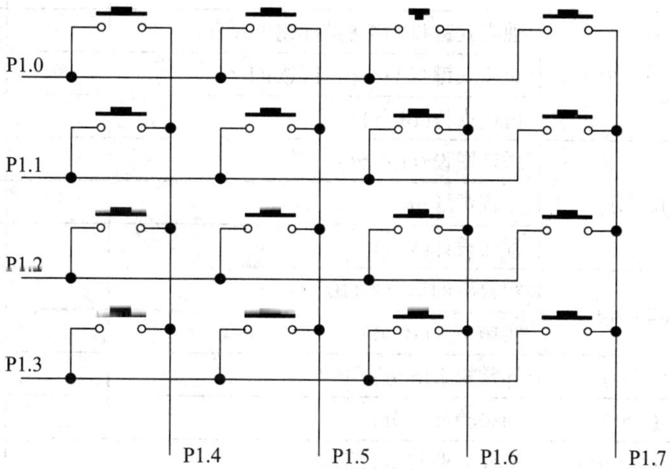

图 4-14　HOT-51 实验板 4×4 键盘原理图

HOT-51 实验板中还有 3 个独立式按键，分别与 P3.2、P3.3、P3.4 引脚相连，这 3 个按键既可以工作在查询方式，也可以工作于中断方式。

2. 程序设计

在本项目中，4×4 矩阵键盘的 16 个按键均定义为数字键，因此每个按键的键号即为键名。结合实验板上电路所用 I/O 端口对上述源程序作相应的改动，即可编译下载。

行列反转法和行列扫描法都能有效地检测按键的工作状态，获取闭合按键的键号，行列反转法易理解，可灵活定义键号，适合初学者，但是当矩阵式键盘的行线与列线之和大于 8 时，一个按键的键值要占用 2 个字节，编译后键值表要占用较多的字节，而行列扫描法由于不需要建立键值表，因此当行、列线增加时，只需要适当增加扫描的次数即可，所以行列扫描法使用起来更为灵活，但也不易掌握。

3. 结果测试

下载完成后，对矩阵键盘进行测试，看能否实现项目要求。因为按键操作非常简单，所以该项目侧重于按键识别流程，而按键的识别流程是固定的，别无他法，只有死记硬背。

4. 拓展练习

针对下述问题练习编程。

(1) 根据图 4-8(c)所示键号编程，均定义为数字键。

(2) 将键号为 0～9 的键设置为数字键，其余键操作等待需要时添加。

(3) 采用行列反转法时，如何直接依据闭合键的键值执行键操作。

4.4 项目评价

项目名称	键盘原理及其应用				
评价类别	项目	子项目	个人评价	组内互评	教师评价
专业能力(80分)	信息与资讯(30分)	独立式键盘的结构与识别(10分)			
		矩阵式键盘的结构与识别(10分)			
		键盘去抖(10分)			
	计划(20分)	原理图设计(10分)			
		流程图(5分)			
		程序设计(5分)			
	实施(20分)	实验板的适应性(10分)			
		实施情况(10分)			
	检查(5分)	异常检查(5分)			
	结果(5分)	结果验证(5分)			
社会能力(10分)	敬业精神(5分)	爱岗敬业与学习纪律			
	团结协作(5分)	对小组的贡献及配合			
方法能力(10分)	计划能力(5分)				
	决策能力(5分)				
评价	班级		姓名		学号
	总评		教师		日期

4.5 拓展与提高

矩阵键盘是单片机控制系统中必不可少的输入设备，I/O 口外接 4×4 的矩阵键盘，几乎成了 51 单片机系统的标准配置。一般来说，16 个按键就可以满足大部分的应用需求。在实际应用时，除了数字键，需要将键号为 A～F 的按键设置为功能键。

例 4 将 4×4 的矩阵键盘中键号为 0～9 的按键设置为数字键，键号为 A 的按键设置为选择键，键号为 B 的按键设置为加 1 键，键号为 C 的按键设置为减 1 键。当按下数字键时，键号依次显示在数码管上；当需要修改时，先由选择键选定待修改的数码管，然后通过加 1 键或减 1 键进行调整。

解：(1) 硬件设计。为了方便验证，依据 HOT-51 实验板上 4×4 的矩阵键盘、数码管动态显示电路进行软件设计。

(2) 软件设计。软件设计时需要定义段码表、键值表、显示数组及变量 select。显示数组用于存放显示在数码管上的数值，长度为 8，存放在数据存储区，因此定义时不能用关键字 code；变量 select 用于选择修改哪个数码管，在选择函数、加 1 函数及减 1 函数中都需用到，因此将其定义为全局变量较为方便。

采用行列反转法识别矩阵键盘中的闭合按键，在主函数中判断有无按键闭合，确定有键按下时，调用键盘扫描函数 uchar keyscan()获得闭合按键的键号。获得键号后由 if(jianhao<10)区分数字键与功能键，当 jianhao<10 为真时，闭合键的键号在 0～9 之间，是数字键，调用数字键处理函数 void shuzi(uchar jianhao)，将闭合键键号显示在最右侧数码管上，数码管上的原值依次左移，模拟计算器上的输入效果。当 jianhao<10 为假时，闭合键的键号在 A～F 之间，是功能键，由 switch-case 语句实现多分支操作；当键号为 A 时，按下的是选择键，调用 void xuanze()函数；当键号为 B 时，按下的是加 1 键，调用 void jia1()函数；当键号为 C 时，调用 void jian1()函数；键号为 D～F 的三个按键功能待定，因此当按下 D～F 键时，不执行任何操作，需要时再添加。主函数流程图如图 4-15 所示。

数字键处理函数 void shuzi(uchar jianhao)是有参函数，在调用主函数时，需要将闭合键的键号作为实参传递给该函数，通过语句“xianshi[i]=xianshi[i+1];”将右侧 7 个数码管上数值依次左移，由语句“xianshi[7]=jianhao;”将闭合键的键号显示在最右侧数码管上。

选择函数 void xuanze()通过修改变量 select 来选定不同的数码管，每按下一次选择键，变量 select 减 1，变化范围是 0～7。当 select 为 7 时选中最右侧数码管，这时就可以由加 1 键、减 1 键对最左侧数码管进行修改；select 为 6 时选中从右数第二个数码管，按下加 1 键或减 1 键时可对其进行修改；……；select 为 0 时选中最左侧数码管。

加 1 函数 void jia1()用于对由选择键选中的数码管实现加 1 操作，由多分支语句 switch-case 语句根据变量 select 的数值进行分支，8 个数码管共需 8 个分支；在每个 case 分支中，对显示数组 xianshi 中相对应的元素执行加 1 操作。

减 1 函数 void jian1()用于对由选择键选中的数码管实现减 1 操作，方法与加 1 函数类似。

显示函数 void display()用于将显示数组 xianshi 中的 8 个元素显示在从左至右的 8 个数码管上。

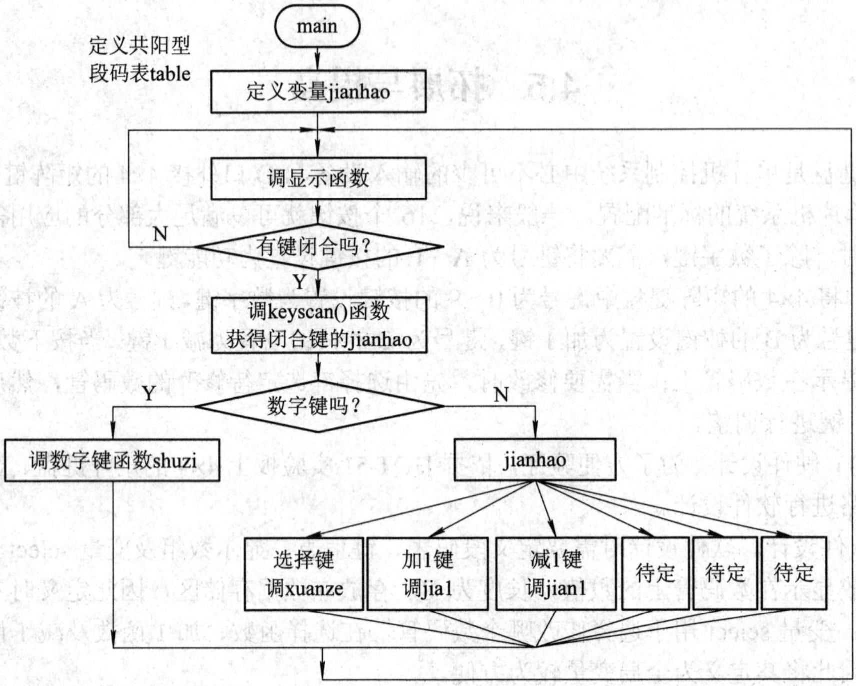

图 4-15　例 4 主函数流程图

(3) 源程序。

```
# include <reg51.h>
#define uchar unsigned char
#define uint unsigned int


/*必要的变量定义*/
uchar code jianzhibiao[ ]={          0xee,0xde,0xbe,0x7e,
                                     0xed,0xdd,0xbd,0x7d,
                                     0xeb,0xdb,0xbb,0x7b,
                                     0xe7,0xd7,0xb7,0x77};          //定义键值表
uchar code seg7[ ]={           0x3f,0x06,0x5b,0x4f,
                               0x66,0x6d,0x7d,0x07,
                               0x7f,0x6f,0x77,0x7c,
                               0x39,0x5e,0x79,0x71,0x00 };          //定义共阴型数码管段码表
uchar xianshi[ ]={16,16,16,16,16,16,16,16};                        //定义显示数组
uchar select=8;                                                     //变量 select 用于选取数码管


/*延时函数*/
void delay (uint i)                                                 //延时时间约为 i×1 ms
{
```

```
    uchar j, x;
    for(j=0;j<i;j++)
        for(x=0;x<130;x++);
}

/*键盘扫描函数*/
uchar keyscan()
{
    uchar lie,jianzhi,jianhao,i;            //定义按键识别所需局部变量
    lie=P1;                                 //有键闭合时，暂存列值
    P1=0x0f;                                //置行 1、列 0
    jianzhi=lie|P1;                         //读入行值，与列值“位或”得键值并赋给 jianzhi
    for(i=0;i<16;i++)                       //查找键值表，最多需要比较 16 次
    {
        if(jianzhi==jianzhibiao[i])         //将闭合键键值与键值表的元素一一作比较
        {
            jianhao=i;                      /*如果 if 为真，则找到键值，键号就是该键值在键值表
                                            中的序号 i，将其赋给变量 jianhao*/
            break;                          //找到键号后，结束查找
        }
    }
    while(P1!=0x0f);                        //等待按键释放
    delay(10);                              //去除按键的后沿抖动
    return(jianhao);                        //返回闭合键的键号
    }
}
/*显示函数*/
void display()
{
    uchar i;
    for(i=0;i<8;i++)
    {
        P2=i;
        P0=seg7[xianshi[i]];
        delay(2);
    }
}

/*选择函数*/
```

```
void xuanze()
{
    if(select==0)
        select=8;
    select--;
}

/*加 1 函数*/
void jia1()
{
    switch(select)
    {
        case 0:
            xianshi[0]++;
            if(xianshi[0]>9)
                xianshi[0]=0;
            break;
        case 1:
            xianshi[1]++;
            if(xianshi[1]>9)
                xianshi[1]=0;
            break;
        case 2:
            xianshi[2]++;
            if(xianshi[2]>9)
                xianshi[2]=0;
            break;
        case 3:
            xianshi[3]++;
            if(xianshi[3]>9)
                xianshi[3]=0;
            break;
        case 4:
            xianshi[4]++;
            if(xianshi[4]>9)
                xianshi[4]=0;
            break;
        case 5:
            xianshi[5]++;
```

```
                if(xianshi[5]>9)
                    xianshi[5]=0;
                break;
            case 6:
                xianshi[6]++;
                if(xianshi[6]>9)
                    xianshi[6]=0;
                break;
            case 7:
                xianshi[7]++;
                if(xianshi[7]>9)
                    xianshi[7]=0;
                break;
        }
}

/*减 1 函数*/
void jian1()
{
        switch(select)
        {
            case 0:
                if(xianshi[0]==0)
                    xianshi[0]=10;
                xianshi[0]--;
                break;
            case 1:
                if(xianshi[1]==0)
                    xianshi[1]=10;
                xianshi[1]--;
                break;
            case 2:
                if(xianshi[2]==0)
                    xianshi[2]=10;
                xianshi[2]--;
                break;
            case 3:
                if(xianshi[3]==0)
                    xianshi[3]=10;
```

```
                xianshi[3]--;
                break;
            case 4:
                if(xianshi[4]==0)
                    xianshi[4]=10;
                xianshi[4]--;
                break;
            case 5:
                if(xianshi[5]==0)
                    xianshi[5]=10;
                xianshi[5]--;
                break;
            case 6:
                if(xianshi[6]==0)
                    xianshi[6]=10;
                xianshi[6]--;
                break;
            case 7:
                if(xianshi[7]==0)
                    xianshi[7]=10;
                xianshi[7]--;
                break;
        }
}

/*数字键函数*/
void shuzi(uchar jianhao)
{
    xianshi[0]=xianshi[1];
    xianshi[1]=xianshi[2];
    xianshi[2]=xianshi[3];
    xianshi[3]=xianshi[4];
    xianshi[4]=xianshi[5];
    xianshi[5]=xianshi[6];
    xianshi[6]=xianshi[7];
    xianshi[7]=jianhao;
}

/*主函数*/
```

```
void main()
{
    uchar jianhao;
    while(1)
    {
        display();
        P1=0xf0;                    //置行 0、列 1
        if(P1!=0xf0)                //读入列值，检测有无按键闭合
        {
            delay(10);              //延时 10 ms，去除按键的前沿抖动
            if(P1!=0xf0)            //再次检测，如果 if 语句仍为真，则确定有键闭合
            {
                jianhao=keyscan();
                if(jianhao<10)
                    shuzi(jianhao);
                else
                {
                    switch(jianhao)
                    {
                        case 10:xuanze();break;
                        case 11:jia1();break;
                        case 12:jian1();break;
                        case 13:break;
                        case 14: break;
                        case 15: break;
                    }
                }
            }
        }
    }
}
```

习　题

一、填空题

1. 单片机控制系统中最常用的输入设备是____________________。
2. 单片机控制系统中使用的非编码键盘可以分为______________和 ____________。
3. 独立式键盘中一个并行 I/O 口线可以连接________个按键。

4. 3×4 矩阵式键盘可以连接_____个按键，需要______个并行 I/O 口。

5. 单片机的并行 I/O 口在读入数据前，一定要先向该并行口写入__________。

二、选择题

1. 单片机的 4 个并行 I/O 口 P0～P3 中，(　　)口内部无上拉电阻。

A. P0　　B. P1　　C. P2　　D. P3

2. 查询方式时用于检测按键工作状态的语句是(　　)。

A. for 语句　　B. if 语句　　C. while 语句　　D. switch 语句

3. 单片机的 P1.0 接一按键，低电平有效，(　　)可用于检测按键的工作状态。

A. if(P1.0==0)　　B. sbit key=P1^0;if(key==0)　　C. sbit key=P1^0;if(key=0)

4. 单片机上电后，CPU 只有不断地对键盘进行扫描，才能及时响应按键的输入请求，这属于(　　)工作方式。

A. 查询　　B. 中断　　C. 定时控制

5. 需要建立键值表的矩阵式键盘按键识别方法是(　　)。

A. 列扫描法　　B. 行扫描法　　C. 行列反转法

三、判断题

1. 按键的抖动时间约为 50 ms。　(　　)

2. 单片机控制系统中按键常用的接法是高电平有效。当按键按下时，I/O 口输入高电平；当按键释放时，I/O 口输入低电平。　(　　)

3. 独立式按键与 P2 口的各位相连时必须外接上拉电阻。　(　　)

4. 矩阵式键盘中每个按键的键值、键号与键名都可由用户依需要设定。　(　　)

5. 图 4-8 所示矩阵键盘中，如果将行、列线互换，则每个按键的键值不变。　(　　)

四、简答题

1. 简述按键抖动的影响及去除抖动的方法。

2. 简述独立式键盘的按键识别方法。

3. 简述矩阵式键盘的按键识别方法。

4. 简述行列反转法获取闭合键键值的方法。

5. 简述行列扫描法的工作原理。

五、设计与编程题

1. 用 51 单片机 P3.3 引脚所接的按键控制 P2.3 引脚所接的发光二极管。要求当按键闭合时，发光二极管点亮，试画出硬件电路图，并采用查询方式编写控制程序。

2. 用 2 个按键控制 2 个发光二极管，它们之间的工作互不干扰。当按键闭合时，点亮发光二极管；当按键断开时，发光二极管熄灭。

3. 设计减 1 键，每按下一次，数码管上显示的数值减 1，变化范围为 F～0。

4. 4×4 矩阵键盘如图 4-16 所示，将键号为 0～9 的按键设置为数字键，要求采用行列反转法编程。

5. 要求同第 4 题，但是要用行列扫描法实现。

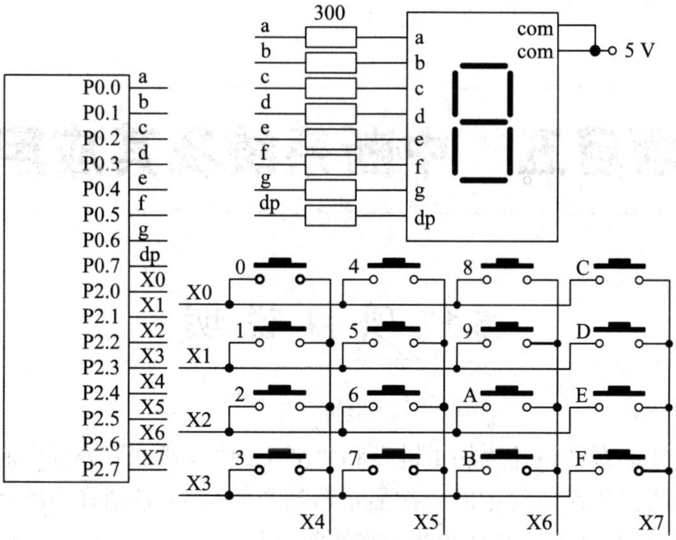

图 4-16　4×4 矩阵键盘电路图

项目五　中断系统及其应用

5.1 项 目 说 明

❖ **项目任务**

为 51 单片机控制系统设计“加 1 键”和“减 1 键”。要求：外部中断 0 每中断一次显示器的数值加 1，外部中断 1 每中断一次显示器的数值减 1；数值在“0～5000”之间变化；中断触发方式为下降沿触发；并且能够消除按键抖动。

❖ **知识培养目标**

(1) 掌握中断的概念，正确解释中断过程。

(2) 掌握 51 单片机的 5 个中断源、中断入口地址、中断初始化。

(3) 掌握中断服务函数的定义。

(4) 掌握该项目的控制实例，并能灵活应用。

(5) 了解单片机中断源的扩展方法。

❖ **能力培养目标**

(1) 能利用所学知识正确地理解中断概念。

(2) 能利用所学知识编写中断应用程序。

(3) 能利用所学知识解决实际工程问题。

5.2 基 础 知 识

5.2.1 中断概述

在项目四中，由于按键的闭合是随机的，为了实时获得键盘的信息，CPU 需要主动不断地检测键盘，因此没有充足的时间去完成其他任务，从而降低了 CPU 的利用率，无法实现复杂的控制要求，不过采用中断技术可解决这个问题。

中断技术使单片机具有了实时处理外部或内部随机事件的能力，它通过硬件来改变程序的运行方向，既和硬件有关，也与软件有关，处理中断的硬、软件共同构成中断控制系统。

1. 中断的概念

什么是中断呢？中断的过程与生活实例非常相似。你正在家里洗衣服，突然听到电话铃响了，这时，你停止洗衣服，去接电话，与来电话的人交谈，接完电话后，回去继续洗衣服，这个过程就相当于发生了一次中断，如图 5-1(a)所示。

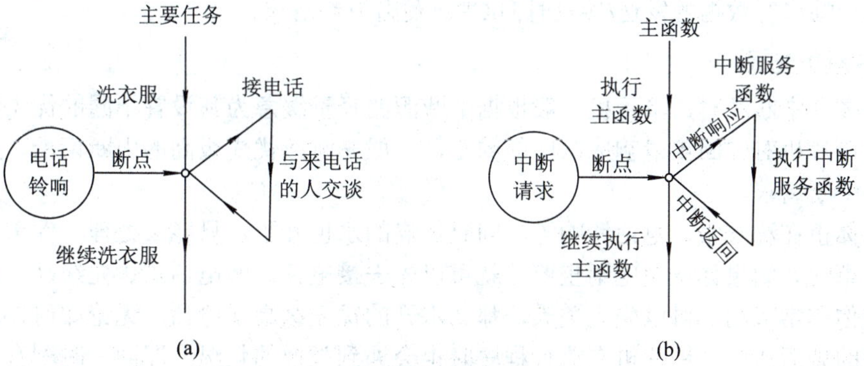

图 5-1　中断过程

中断是指 CPU 在处理某一事件 A 时，发生了另一事件 B，请求 CPU 迅速去处理(中断请求)；CPU 暂时停止当前的工作(中断响应)，转去处理事件 B(中断服务)；待 CPU 将事件 B 处理完毕后，再回到原来事件 A 被中断的地方继续处理事件 A(中断返回)，这一过程称为中断，即 CPU 正在执行的程序被打断，如图 5-1(b)所示。

由图 5-1(b)可知，中断包含中断请求、中断响应、中断服务、中断返回 4 个过程。4 个过程中，中断服务需要由用户编写相应的程序完成，该程序称为中断服务函数(与来电话的人交谈)。CPU 被打断之前运行的程序称为主函数(洗衣服)，而中断请求、中断响应及中断返回三个过程则由硬件来自动完成。

中断的过程与函数的调用类似，但又有其特殊之处。函数的调用是在主调函数中事先由用户安排好的，主调函数与其他函数通过调用语句相联系，如调用延时函数的语句“delay();”；但是中断的发生是随机的，何时执行中断服务函数事先无从知晓，主函数中不能事先安排调用中断服务函数的语句，也就是说，只有中断源申请中断且被 CPU 响应时，中断服务函数才能被执行，而且中断服务函数的执行是由硬件自动完成的，表面上主函数与中断服务函数没有任何联系。

2. 中断源

引起中断的事件称为中断源，如电话、敲门等。中断源要求 CPU 为之服务的请求称为中断请求，如电话铃响、敲门声等。

51 单片机共有 5 个中断源，52 单片机有 6 个中断源，分别是外部中断、定时/计数器中断、串行口中断。它们的名称、标识及中断触发方式分述如下：

外部中断 0：$\overline{\text{INT0}}$，由 P3.2 端输入中断请求信号。中断请求信号有低电平有效或下降沿有效两种输入方式。当引脚 P3.2 出现有效的低电平或下降沿时，表示外部中断 0 向 CPU 申请中断。

外部中断 1：$\overline{\text{INT1}}$，由 P3.3 端输入中断请求信号。中断触发方式同上。

定时/计数器 0：T0，由 P3.4 端输入计数脉冲。当定时/计数器 T0 溢出回零时，向 CPU 发出中断请求，该中断请求是由单片机内部引起的，与芯片外部引脚无关。

定时/计数器 1：Tl，由 P3.5 端输入计数脉冲。中断触发方式同上。

定时/计数器 2：T2，中断触发方式同上。T2 是 52 单片机独有的。

串行口中断：RXD/TXD，由 P3.0 端接收串行数据，由 P3.1 端发送串行数据。每当串行口完成一帧串行数据的发送/接收时向 CPU 发出中断请求。

3. 中断优先级

存在多个中断源时，单片机一般根据中断源的轻重缓急为其设置不同的优先级，中断优先级是单片机对中断申请响应次序的约定，一般先响应优先级高的中断请求，后响应优先级低的中断请求。

假如你正在洗衣服，电话铃响了，同时你烧的水也开了，只能去处理一件事，那你该处理哪件事呢？如果你认为电话重要，就可以先去接电话，即电话的优先级高于水开；反之，如果你非常节约，可以先去关火，那么水开的优先级高于电话。无论如何，总要确定一个处理的先后次序。单片机在执行程序时也会遇到类似的状况，即同一时刻有多个中断源向 CPU 发出中断请求，那么单片机应如何响应呢？

51 单片机中，采用“二级”优先级控制，5 个中断源可分别设置为高优先级或低优先级，由特殊功能寄存器 IP 进行管理。当用户不设置优先级时，可采用由硬件电路确定的自然优先级，自然优先级如表 5-1 所示。

表 5-1　51 单片机自然优先级与入口地址

中断源	自然优先级	中断号(C 语言)	入口地址(汇编语言)
外部中断 0：$\overline{\text{INT0}}$	最高	0	0003H
定时/计数器 T0	第 2	1	000BH
外部中断 1：$\overline{\text{INT1}}$	第 3	2	0013H
定时/计数器 T1	第 4	3	001BH
串行口中断	第 5	4	0023H
定时/计数器 T2	最低	5	002BH(52 单片机)

4. 中断嵌套

CPU 在中断服务还未结束时，可以响应优先级更高的中断请求，这种情况称为中断嵌套。只有高优先级中断源可以中断正在执行的低优先级中断服务函数，引起中断嵌套；同级或低优先级的中断源不能中断正在执行的中断服务函数。

例如，当你正在接电话时，烧的水开了，如果放下电话，去关火，然后接着去讲电话，就发生了一次中断嵌套。中断嵌套过程如图 5-2 所示。

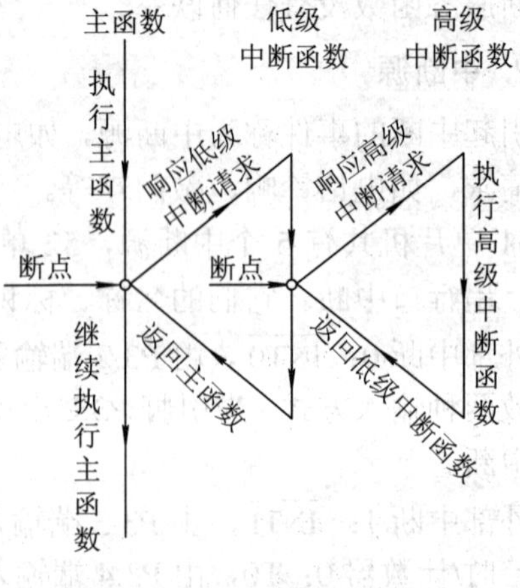

图 5-2　中断嵌套示意图

5. 入口地址

当单片机响应中断源的请求时，要执行相应的中断服务函数，存放中断服务函数的起始单元的地址就是该中断源的入口地址，每个中断源的入口地址是固定的，各中断源的入口地址是不同的，这也就是主函数和中断服务函数表面上虽无任何联系，但在中断服务时却可以被正确执行的原因。

例如，接电话时要到放电话的地方去，关火要去厨房，响应不同中断源发出的请求时，要到不同的地点去处理，这个地点通常是固定的，它就相当于中断服务函数的入口地址。

51 单片机中 5 个中断源的入口地址如表 5-1 所示，中断服务函数定义时应体现出中断源的入口地址。

5.2.2　51 单片机中断系统

用户在应用单片机的中断技术时，可弱化中断的硬件电路和发生过程，重点学习如何通过软件管理和应用中断技术。因此，应先掌握与中断管理和控制有关的三类特殊功能寄存器：中断请求标志寄存器 TCON 和 SCON、中断允许寄存器 IE、中断优先级寄存器 IP。它们之间的关系如图 5-3 所示。

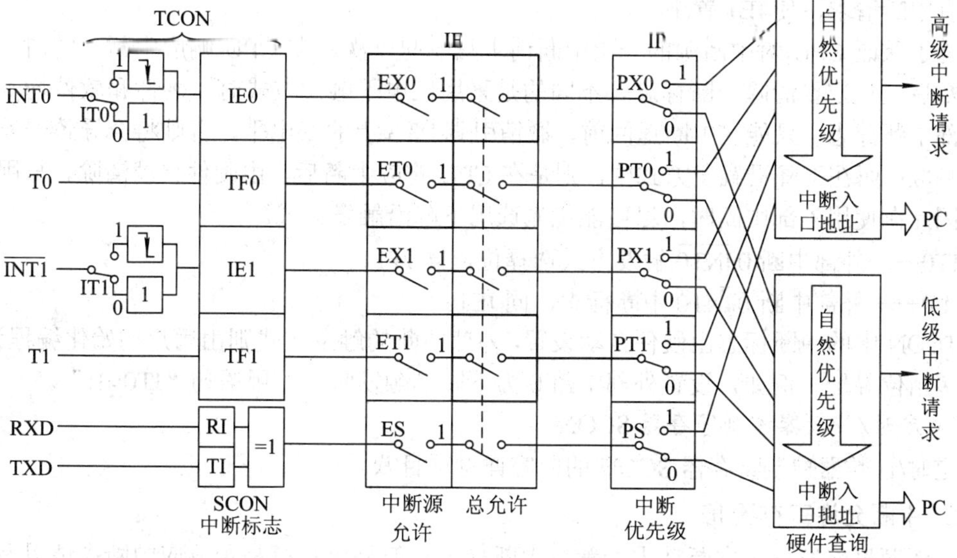

图 5-3　51 单片机中断系统结构

1. 中断请求标志寄存器

中断请求标志寄存器中的各位用于存放中断源的中断请求，当 CPU 检测到有中断源发出中断请求时，由硬件将相应的中断标志置 1。在中断请求未被 CPU 响应之前，中断标志一直保持高电平；只有在响应之后，才能够由硬件或用户清除中断标志。与中断标志相关的寄存器是 TCON、SCON。

1) 定时/计数器控制寄存器 TCON

定时/计数器控制寄存器 TCON 在特殊功能寄存器中，字节地址为 88H，位地址(由低位到高位)分别是 88H～8FH，该寄存器可以位寻址。它主要用于控制定时/计数器的运行、停止，存放外部中断、定时器的中断标志及设置外部中断的触发方式。单片机复位后，TCON=0。TCON 中与中断有关的各位如表 5-2 所示。

表 5-2　定时/计数器控制寄存器 TCON(88H)

位序号	D7	D6	D5	D4	D3	D2	D1	D0
位名称	TF1	—	TF0	—	IE1	IT1	IE0	IT0
位地址	8FH	8EH	8DH	8CH	8BH	8AH	89H	88H

TF1——定时/计数器 T1 溢出中断标志，详述见项目六。

TF0——定时/计数器 T0 溢出中断标志，详述见项目六。

IE1——外部中断 1 $\overline{\text{INT1}}$ 中断标志，由硬件自动设置。当 IE1=1 时，表示外部中断 1 向 CPU 申请中断；当 IE1=0 时，表示外部中断 1 未向 CPU 申请中断。

IT1——外部中断 1 $\overline{\text{INT1}}$ 触发方式选择位，由用户初始化编程设置。

当 IT1=0 时，为低电平触发。CPU 定时采样引脚 P3.3，若采样为低电平，则认为有中断请求，随即使 IE1 置 1；若采样为高电平，则认为无中断请求或中断申请已撤销。

当 IT1=1 时，为下降沿触发。CPU 先在引脚 P3.3 采样到高电平，后采样到低电平时，认为有中断请求，使 IE1 置 1。

为了保证 CPU 对中断源的一次中断请求只响应一次，在 CPU 响应中断，转向中断服务函数后，一定要清除中断标志。不同的是采用低电平触发方式时，硬件和软件均不能清除外部中断标志，只能在中断返回前，撤销引脚 P3.3 上的低电平，否则将会导致一次请求多次响应；而在下降沿触发方式中，则是在 CPU 响应中断后，由硬件自动清除，与用户无关。因此在使用外部中断时，尽可能优先选用下降沿触发方式。

IT0——外部中断 0 $\overline{\text{INT0}}$ 触发方式选择位，同 IT1。

IE0——外部中断 0 $\overline{\text{INT0}}$ 中断标志，同 IE1。

TCON 中的中断标志由硬件自动设置，外部中断的触发方式则由用户初始化编程设置，因此多用位寻址。例如，设置外部中断 0 为下降沿触发时，可用语句“IT0=1;”。

2) 定时/计数器控制寄存器 SCON

定时/计数器控制寄存器 SCON 的内容详见项目八。

2. 中断允许寄存器 IE

中断源虽然发出了中断请求，置位中断标志，但是单片机是否响应中断申请以及响应哪一个中断源的申请，还要由中断允许寄存器 IE 来控制。IE 采用二级控制，即 CPU 总允许与源允许。IE 在特殊功能寄存器中，字节地址为 A8H，位地址(由低位到高位)分别是 A8H～AFH，该寄存器可以位寻址。单片机复位后，IE=0，禁止中断。IE 中与中断有关的各位如表 5-3 所示。

表 5-3　中断允许寄存器 IE(A8H)

位序号	D7	D6	D5	D4	D3	D2	D1	D0
位名称	EA	—	ET2	ES	ET1	EX1	ET0	EX0
位地址	AFH	—	ADH	ACH	ABH	AAH	A9H	A8H

EA——中断允许总控制位。当 EA=1 时，CPU 开中断，即 CPU 允许中断源申请中断。各中断源是否开中断还要由各中断源允许位决定。注意：此处的“开”是允许的意思。

当 EA=0 时，CPU 关中断，即 CPU 禁止中断源申请中断。注意：此处的“关”是禁止的意思。

ET2——定时/计数器 T2 中断允许位(仅 52 单片机)。当 ET2=1 时，T2 开中断；当 ET2=0 时，T2 关中断。

ES——串行口中断允许位。当 ES=1 时，串行口开中断；当 ES=0 时，串行口关中断。

ET1——定时/计数器 T1 中断允许位。当 ET1=1 时，T1 开中断；当 ET1=0 时，T1 关中断。

EX1——外部中断 1 中断允许位。当 EX1=1 时，外部中断 1 开中断；当 EX1=0 时，外部中断 1 关中断。

ET0——定时/计数器 T0 中断允许位。当 ET0=1 时，T0 开中断；当 ET0=0 时，T0 关中断。

EX0——外部中断 0 中断允许位。当 EX0=1 时，外部中断 0 开中断；当 EX0=0 时，外部中断 0 关中断。

IE 由用户初始化编程设置，寻址方式灵活。例如，要求串行口与定时/计数器 T0 同时开中断时，方法如下：

字节寻址：IE=0x92;　　　　位寻址：ES=1;　ET0=1;　EA=1;

3. 中断优先级寄存器 IP

中断优先级寄存器 IP 用于管理各中断源的中断优先级，采用 2 级优先级：高优先级和低优先级。在特殊功能寄存器中，IP 的字节地址为 B8H，位地址(由低位到高位)分别是 B8H～BFH，该寄存器可以位寻址。单片机复位后，IP=0，各中断源均为低优先级。IP 中与中断有关的各位如表 5-4 所示。

表 5-4　中断优先级寄存器 IP(B8H)

位序号	D7	D6	D5	D4	D3	D2	D1	D0
位名称	—	—	PT2	PS	PT1	PX1	PT0	PX0
位地址	—	—	BDH	BCH	BBH	BAH	B9H	B8H

PT2——定时/计数器 T2 中断优先级控制位(仅 52 单片机)。当 PT2=1 时，T2 定义为高优先级中断；当 PT2 =0 时，T2 定义为低优先级中断。

PS——串行口中断优先级控制位。当 PS=1 时，串行口定义为高优先级中断；当 PS=0 时，串行口定义为低优先级中断。

PT1——定时/计数器 T1 中断优先级控制位。当 PT1=1 时，T1 定义为高优先级中断；当 PTl=0 时，T1 定义为低优先级中断。

PX1——外部中断 1 中断优先级控制位。当 PX1=1 时，外部中断 1 定义为高优先级中断；当 PX1=0 时，外部中断 1 定义为低优先级中断。

PT0——定时/计数器 T0 中断优先级控制位。当 PT0=1 时，T0 定义为高优先级中断；当 PT0=0 时，T0 定义为低优先级中断。

PX0——外部中断 0 中断优先级控制位。当 PX0=1 时，外部中断 0 定义为高优先级中断；当 PX0=0 时，外部中断 0 定义为低优先级中断。

IP 由用户初始化编程设置，寻址方式灵活。例如，同时设置外部中断 0 与串行口为高优先级可采用如下方法：

字节寻址：IP=0x11;　　　　位寻址：PX0=1;　PS=1;

这样设置后，如果串行口与外部中断 0 同时向 CPU 申请中断，则根据自然优先级先响应外部中断 0，后响应串行口。

5.2.3 中断初始化

单片机复位后，中断允许寄存器 IE 为 0，处于关中断状态。采用中断方式时，必须先进行中断初始化设置，然后 CPU 就会按照要求对中断源进行管理和控制。

中断的初始化设置主要包含两部分，首先是根据控制要求将所需数据写入与中断有关的寄存器 TCON、SCON、IE、IP，从而控制单片机的中断类型、中断开/关及中断源的优先级；其次是对相关中断源进行初始化，初始化一般安排在主函数中。在 51 单片机中，外部中断初始化步骤为：

(1) 设置外部中断源的触发方式，由 TCON 寄存器中的 IT0 或 IT1 进行设置。

(2) 设置中断源优先级，数据写入 IP；不设置时按照自然优先级进行响应。

(3) 开中断，设置 IE。

例 1 将外部中断 1 初始化为高优先级，下降沿触发。

解：(1) 字节寻址。

```
IT1=1;
IP=0x04;
IE=0x84;
```

(2) 位寻址。

```
IT1=1;
PX1=1;
EX1=1;
EA=1;
```

5.2.4 中断服务函数的定义

中断服务函数是 C51 特有的，定义的一般形式为

```
void 函数名()  interrupt 中断号 [using 工作组]
{
        中断服务函数内容
}
```

关键字“interrupt”是定义中断服务函数特有的，interrupt 后面的中断号是编译器识别不同中断源的唯一依据，在 C51 中，当函数定义时出现关键字 interrupt，系统编译时就把对应的函数转化为中断函数，自动加上程序头段和尾段，并按 51 系统中断的处理方式自动把它安排在程序存储器中的相应位置。中断号与中断源的对应关系如表 5-1 所示。

关键字“using”用于选择该中断服务函数使用哪一组工作寄存器，它是一个可选项，没有时 C51 编译器在编译时会自动分配工作组，通常省略不写。

定义中断服务函数时应注意：

(1) 中断服务函数没有返回值，如果试图定义一个返回值，将得不到正确的结果，在定义中断服务函数时将其定义为 void 类型，以明确说明没有返回值。

(2) 中断服务函数不能进行参数传递，如果中断服务函数中包含任何形参声明，都将会导致编译出错，解决的方法是定义全局变量在中断服务函数与其他函数之间传递信息。

(3) 在任何情况下都不能直接调用中断服务函数，否则会产生编译错误。中断服务函数的执行只能由中断源的中断请求引起。

(4) 如果在中断服务函数中调用了其他函数，则被调用函数所使用的寄存器必须与中断服务函数相同，否则不能输出正确的结果。

(5) 中断服务函数最好写在源程序文件的尾部，并且禁止使用关键字 extern 进行说明，以防止被其他程序调用。

5.2.5　应用举例

1. 中断技术的软件编程

应用中断技术解决问题时，软件最少要包含主函数和中断服务函数。因此在软件设计时最重要的问题就是先分析设计要求，确定该设计中哪些环节安排在主函数中，哪些环节安排在中断服务函数中，然后画出流程图，主函数和中断服务函数的流程图要分别编写。

2. 中断技术应用举例

例 2　采用中断方式设置加 1 功能键。要求按键每按下一次，共阳型数码管上的数值增加 1，数值变化范围为 0～9，并且要具有消除按键抖动的功能。

解：(1) 硬件设计。分析题目要求后可知，硬件主要由单片机的最小系统、一个按键、一个共阳型数码管构成。与项目四中不同的是要求按键采用中断方式，因此按键只能与 P3.2(外部中断 0)或 P3.3(外部中断 1)相连，数码管的字段口与 P2 相连，电路如图 5-4 所示。

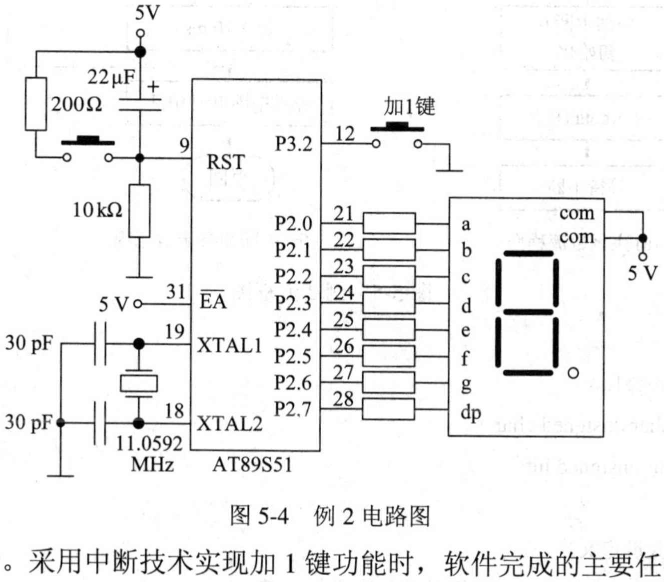

图 5-4　例 2 电路图

(2) 软件设计。采用中断技术实现加 1 键功能时，软件完成的主要任务有中断初始化、按键去抖、变量加 1、范围判断、显示等。中断初始化一般安排在主函数中完成，其他任务都可以安排在中断服务函数中。

不管是采用查询方式还是中断方式识别按键，抖动都是存在的，不作去抖处理时，按键每按下一次都会导致数次中断，连加数次的错误结果。本题目中去抖的方法是进入中断服务函数后，先将该中断源关中断，延时 10 ms 后再检测按键，确定闭合时，执行加 1 键功能，最后还要等加 1 键释放后，开中断，退出中断服务函数。图 5-5 所示为主函数和中断服务函数的流程图。

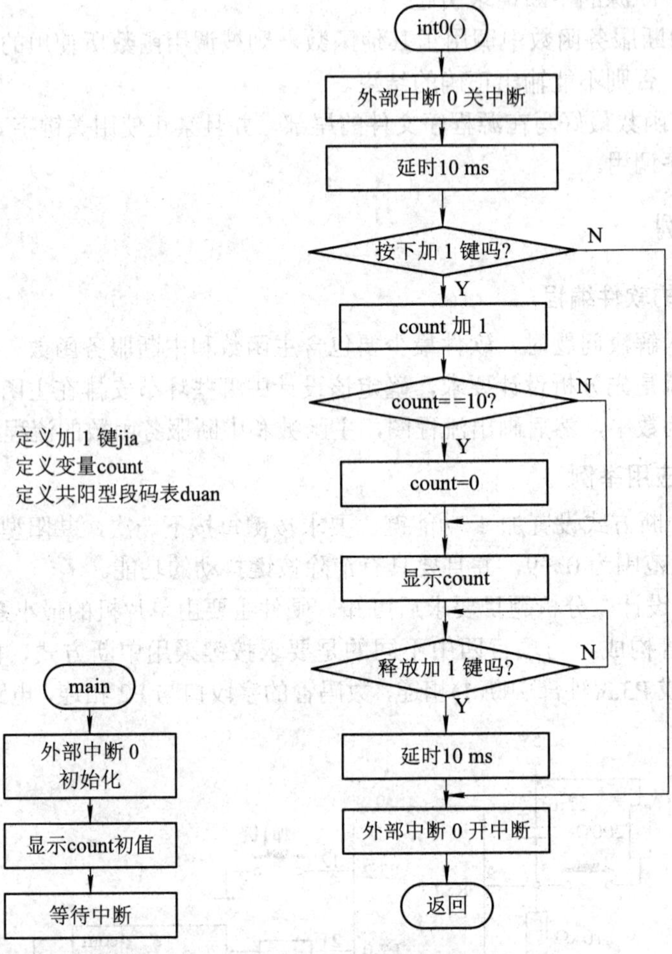

(a) 主函数流程图　　(b) 中断服务函数流程图

图 5-5　例 2 流程图

(3) 源程序。

```
#include<reg51.h>
#define uchar unsigned char
#define uint unsigned int

/*必要的变量定义*/
sbit jia=P3^2;                  //位寻址，定义加 1 键
uchar count=0;                  //变量 count 用于控制数码管数值递增
uchar code duan[ ]= {  0xc0,0xf9,0xa4,0xb0,0x99,
                       0x92,0x82,0xf8,0x80,0x90};        //共阳型数码管段码表
/*延时函数*/
void delay(uchar a)
```

```
{
    uint i,j;                //延时时间约为 a×10 ms
    for(i=0; i<a; i++)
        for(j=0; j<1827; j++);
}

/*主函数*/
void main()
{
    IT0=1;                   //外部中断 0 采用下降沿触发
    EX0=1;                   //外部中断 0 开中断
    EA=1;                    //CPU 开中断
    P2=duan[count];          //显示 count 的初值
    while(1);                //等待外部中断 0 申请中断
}

/*外部中断 0 中断服务函数*/
void   int0()   interrupt   0
{
    EX0=0;                   //外部中断 0 关中断，防止抖动引起再次中断
    delay(1);                //软件去除前沿抖动
    if(jia==0)               //再次检测加 1 键是否真的闭合
    {
        count++;                     //加 1 键闭合一次，变量 count 加 1
        if(count==10)                //实现“9+1=0”
            count=0;
        P2= duan[count];             //显示 count
        while(!jia);                 //等待加 1 键释放
        delay(1);                    //软件去除后沿抖动
    }
        EX0=1;                       //外部中断 0 开中断，遗漏此句，INT0 只能中断一次
}
```

在 main()函数中，前 3 条语句对外部中断 0 进行初始化，由于按键闭合时 I/O 端口为低电平，断开时 I/O 端口为高电平，当按键由断开转换为闭合时，在 I/O 端口上产生了下降沿，因此设置外部中断 0 为下降沿触发方式，中断初始化完成后主函数所执行的语句已无意义。

从表面看来，main()与 int0()函数并无任何联系，int0()永远不会被执行，当然 count 也不会发生变化，只能为初值 0；但事实上在外部中断 0 开中断时，加 1 键每按下一次，P3.2 引脚上就会产生一个下降沿向 CPU 发出中断请求，当 CPU 响应时，在语句“while(1);”结

束后从主函数跳转到外部中断 0 的中断服务函数，这个过程是由硬件自动完成的，但是编程时要保证中断号不能写错，中断服务函数执行完后返回主函数“while(1);”处等待下一次中断。反之如没有开中断或开中断后无中断请求信号(加 1 按键未闭合)，则该中断服务函数一定不会执行。

思考

请采用中断方式编程完成下述要求：

① 加 1 键与外部中断 1(P3.3)相连；

② 设置减 1 键；

③ 同时设置加 1 键与减 1 键。

5.3 项目实施

5.3.1 硬件设计方案

分析项目要求可知，除了要显示 4 位的十进制数值外，还要通过外部中断对显示值进行加、减修改，因此硬件电路应由单片机最小系统、四位数码管显示电路、两个独立式按键 3 部分组成，如图 5-6 所示。

图 5-6 中数码管显示电路采用动态显示方式，字段口接 P0，字位口接 P2 口的高四位，DS3～DS0 的位码依次为 7fH、bfH、dfH、efH。

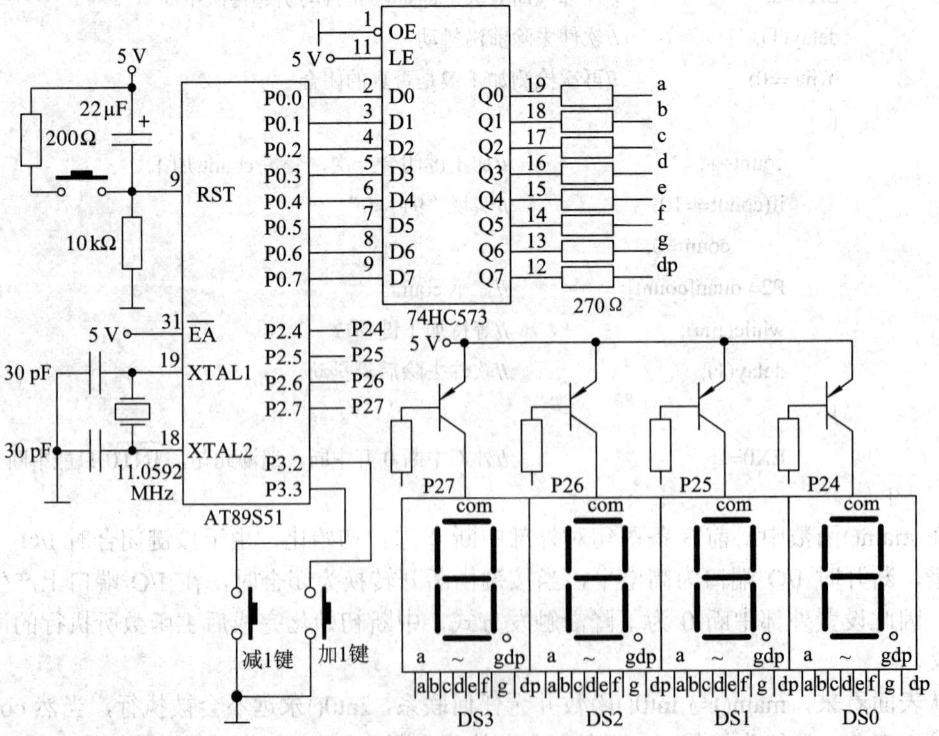

图 5-6　项目五电路图

5.3.2　软件设计方案

软件部分由主函数、两个中断服务函数及显示函数构成。中断服务函数 jia1()主要实现变量 count 加 1；中断服务函数 jian1()主要实现变量 count 减 1；显示函数 display()完成 count 的显示；主函数 main()对两个中断源初始化后，一边调用 display()显示 count，一边等待加 1 键与减 1 键申请中断。相关流程图如图 5-7 所示。

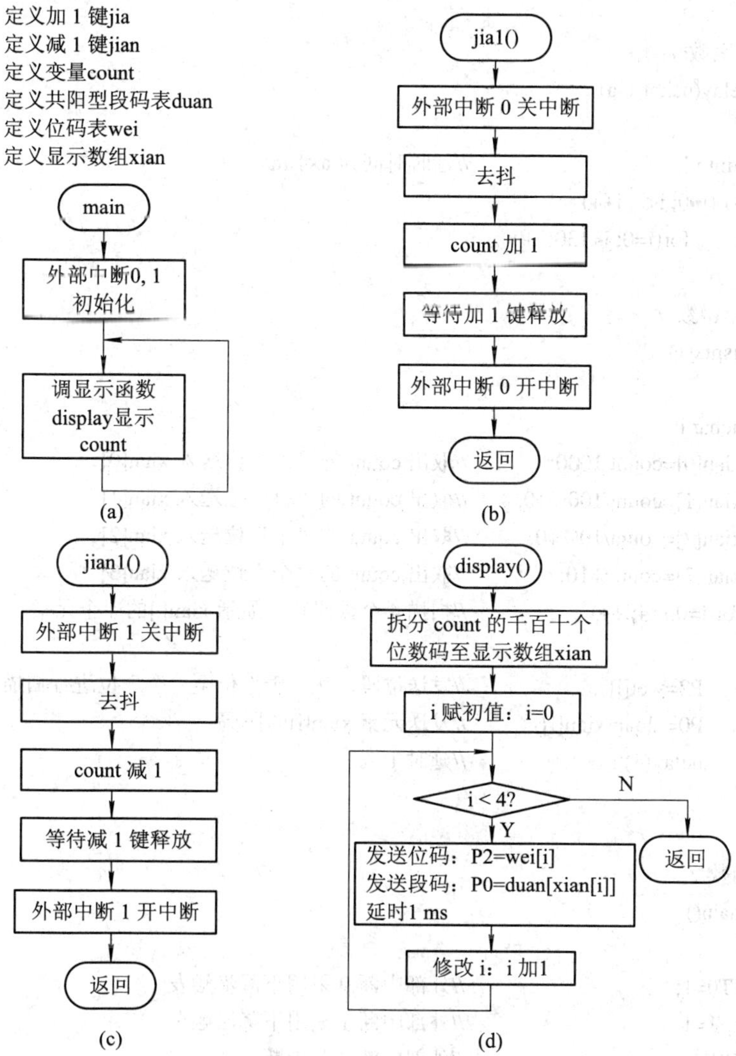

图 5-7　项目五流程图

源程序

```
#include <reg51.h>
#define uchar unsigned char
#define uint unsigned int

/*必要的变量定义*/
```

```
uchar code duan[11]={ 0xc0,0xf9,0xa4,0xb0,0x99,
                    0x92,0x82,0xf8,0x80,0x90,0xff};  //段码表，0xff 可使数码管全暗
uchar code wei[4]={0x7f,0xbf,0xdf,0xef};  //位码表，存放 4 个数码管的位码，DS3～DS0
uchar xian[4]={10,10,10,0};          //显示数组，存放 4 位十进制数千、百、十、个位数码
uint count=0;                        //变量 count，用于递增或递减
sbit jia=P3^2;                       //定义加 1 键 jia、减 1 键 jian，用于按键去抖
sbit jian=P3^3;

/*延时函数*/
void delay(uchar   a)
{
     uint i,j;                       //延时时间为 a×1 ms
     for(i=0; i<a; i++)
          for(j=0; j<130; j++);
}
/*  显示函数*/
void display()
{
     uchar i;
     xian[0]=count/1000;             //取出 count 的“千”位送入 xian[0]
     xian[1]=count/100%10;           //取出 count 的“百”位送入 xian[1]
     xian[2]=count/10%10;            //取出 count 的“十”位送入 xian[2]
     xian[3]=count%10;               //取出 count 的“个”位送入 xian[3]
     for(i=0;i<4;i++)                //扫描 4 个数码管，显示 xian[ ]的 4 个元素
     {
          P2=wei[i];                 //发送位码，从“千”位至“个”位进行扫描
          P0= duan[xian[i]];         //发送元素 xian[i]的段码
          delay(1) ;                 //延时 1 ms
     }
}
/*主函数*/
void main()
{
     IT0=1;                          //外部中断 0 采用下降沿触发
     IT1=1;                          //外部中断 1 采用下降沿触发
     EX0=1;                          //外部中断 0 开中断
     EX1=1;                          //外部中断 1 开中断
     EA=1;                           //CPU 开中断
     while(1)
          display();                 //调显示函数，显示 count 的同时等待中断
}

/*外部中断 0 中断服务函数*/
```

```
void  jia1()  interrupt  0
{
    EX0=0;                  //外部中断 0 关中断，防止抖动引起再次中断
    delay(10);              //软件去除前沿抖动
    if(jia==0)              //检测加 1 键是否真的闭合
    {
        count++;            //加 1 键闭合一次，变量 count 加 1
        if(count>5000)      //超过 5000 时，重新从 0 开始
            count=0;
        while(!jia);            //等待加 1 键释放
        delay(10);              //软件去除后沿抖动
    }
    EX0=1;                  //外部中断 0 开中断，遗漏此句，INT0 只能中断  次
}

/*外部中断 1 中断服务函数*/
void  jian1()  interrupt  2
{
    EX1=0;                  //外部中断 1 关中断，防止抖动引起再次中断
    delay(10);              //软件去除前沿抖动
    if(jian==0)             //检测减 1 键是否真的闭合
    {
        if(count==0)        //实现"0-1=5000"
            count=5001;
        count--;            //减 1 键闭合一次，变量 count 减 1
        while(!jian);       //等待减 1 键释放
        delay(10);          //软件去除后沿抖动
    }
    EX1=1;                  //外部中断 1 开中断，遗漏此句，INT1 只能中断一次
}
```

数码管采用动态显示时，扫描数码管的任务必须安排在主函数中，且是 CPU 的主要任务之一。如果将其安排在中断服务函数中，则在按键断开时，中断服务函数无法被执行，CPU 不能对数码管进行扫描，动态显示电路就无法正常显示。不仅如此，进入中断服务函数后，只有检测到按键释放，才能退出中断服务函数，返回主函数，扫描数码管，所以当按键闭合时间过长时，数码管也无法正常显示。

由显示函数实现显示功能，可使主函数变得简单、清晰，利于模块化编程。显示函数的编写方法多种多样，上述显示函数虽能实现显示功能，但也有不足之外，即不论是有效的 0 还是无效的 0 都要显示，不但耗电，而且也不利于观察。下述显示函数可使有效的 0 显示，无效的 0 不显示。

```
void display()
{
    uchar i;
```

```
        uint shang;                      //定义变量 shang 用于拆分
        shang=count;
        xian[3]=shang%10;                //shang 的“个”位送入 xian[3]，shang=0 时显示 0
        shang=shang/10;                  //修改 shang
        for(i=3;i>=1;i--)                //循环 3 次，取出其他位数码送入 xian[2]、xian[1]、xian[0]
        {
            if(shang!=0)                 //如果 shang≠0，继续拆分
            {
                xian[i-1]=shang%10;      //取出修改后 shang 的“个”位送入 xian [i-1]
                shang=shang/10;          //修改 shang
            }
            else
                xian[i-1]=10;            //修改后 shang=0 时，为无效 0 不显示，10 送入 xian[i-1]
        }
        for(i=0;i<4;i++)
        {
          P2=wei[i];
          P0= duan[xian[i]];
          delay(1) ;
        }
    }
```

主函数 main()在中断初始化时，没有设置中断源的优先级，如果把“加 1”键和“减 1”键同时按下，根据自然优先级进行响应，即先“加 1”后“减 1”；由于在中断服务函数中只是将中断源关中断，而 CPU 仍开中断，因此有可能产生中断嵌套。

5.3.3 程序调试

1. 实验板电路分析

数码管显示电路、独立式按键的连接请参照项目三、项目四的实验板电路分析。

2. 程序设计

结合实验板的显示电路对上述源程序中与数码管类型及位码相关的语句进行修改，编程时要注意对所有用到的中断源进行初始化，特别要注意中断标识的后缀是 0 还是 1，不能乱写；中断服务函数的中断号要与中断源对应。

3. 结果测试

将程序下载到 HOT-51 实验板中，按下“加 1”键或“减 1”键，观察能否实现项目要求；长时间按下“加 1”键或“减 1”键时，观察数码管上的显示结果并解释其原因。

4. 拓展练习

(1) 编程实现 0～999 的显示，并设置加 1 键与减 1 键。

(2) 虽然同时设置“加 1”键、“减 1”键，但是由于数值变化范围太大，在某些时候，操作仍十分不便，例如，现在数码管上显示的是“1000”，需要将其设置为“2000”时，不论是通过“加 1”键还是“减 1”键，按键被按下的次数都太多，如何解决这个问题呢？

5.4 项目评价

<table>
<tr><td colspan="2">项目名称</td><td colspan="4">中断系统及其应用</td></tr>
<tr><td>评价类别</td><td>项目</td><td>子项目</td><td>个人评价</td><td>组内互评</td><td>教师评价</td></tr>
<tr><td rowspan="11">专业能力(80分)</td><td rowspan="4">信息与资讯(40分)</td><td>中断的概念(10分)</td><td></td><td></td><td></td></tr>
<tr><td>51单片机中断系统的构成(10分)</td><td></td><td></td><td></td></tr>
<tr><td>中断初始化(10分)</td><td></td><td></td><td></td></tr>
<tr><td>中断服务函数的编写(10分)</td><td></td><td></td><td></td></tr>
<tr><td rowspan="3">计划(20分)</td><td>原理图设计(5分)</td><td></td><td></td><td></td></tr>
<tr><td>流程图(5分)</td><td></td><td></td><td></td></tr>
<tr><td>程序设计(10分)</td><td></td><td></td><td></td></tr>
<tr><td rowspan="2">实施(10分)</td><td>实验板的适应性(5分)</td><td></td><td></td><td></td></tr>
<tr><td>实施情况(5分)</td><td></td><td></td><td></td></tr>
<tr><td>检查(5分)</td><td>异常检查(5分)</td><td></td><td></td><td></td></tr>
<tr><td>结果(5分)</td><td>结果验证(5分)</td><td></td><td></td><td></td></tr>
<tr><td rowspan="2">社会能力(10分)</td><td>敬业精神(5分)</td><td>爱岗敬业与学习纪律</td><td></td><td></td><td></td></tr>
<tr><td>团结协作(5分)</td><td>对小组的贡献及配合</td><td></td><td></td><td></td></tr>
<tr><td rowspan="2">方法能力(10分)</td><td>计划能力(5分)</td><td></td><td></td><td></td><td></td></tr>
<tr><td>决策能力(5分)</td><td></td><td></td><td></td><td></td></tr>
<tr><td rowspan="2">评价</td><td>班级</td><td></td><td>姓名</td><td>学号</td><td></td></tr>
<tr><td colspan="5">总评　　　　教师　　　　日期</td></tr>
</table>

5.5 拓展与提高

在单片机控制系统中，中断技术使 CPU 具有了处理随机、紧急事件的能力，但是 51 单片机只提供了两个外部中断源，往往满足不了控制系统处理多个中断源的要求，因此有必要了解外部中断源的扩展方法。

1. 中断与查询结合扩展外部中断源

利用外部中断 0(P3.2)或外部中断 1(P3.3)进行扩展，一方面将各中断源的输入与 I/O 口相连，另一方面将各中断源相与之后再与外部中断源引脚相连，向 CPU 申请中断。在中断服务函数中读入 I/O(各个中断源)的状态，利用查询方式确定申请中断的中断源。

例 3　利用外部中断 1 进行中断扩展。用 4 个按键控制 4 个发光二极管，当按键按下时点亮对应的发光二极管。

解：(1) 硬件设计。硬件电路如图 5-8 所示，4 个按键的输入信号分两路，一路与 P1.4～P1.7 相连，另一路相与后和外部中断 1 的引脚 P3.3 相连，4 个二极管与 P2.4～P2.7 相连。由于按键的接法为低电平有效，即按键闭合时 I/O 口输入低电平、按键释放时 I/O 口输入高电平，由于与运算的运算规则是“有 0 出 0、全 1 出 1”，所以当没有按键闭合时，P3.3 输入高电平；当有任一按键闭合时，P3.3 输入低电平。当有任一按键闭合时，在 P3.3 引脚上形成了一个下降沿，编程时应将外部中断 1 初始化为下降沿触发。

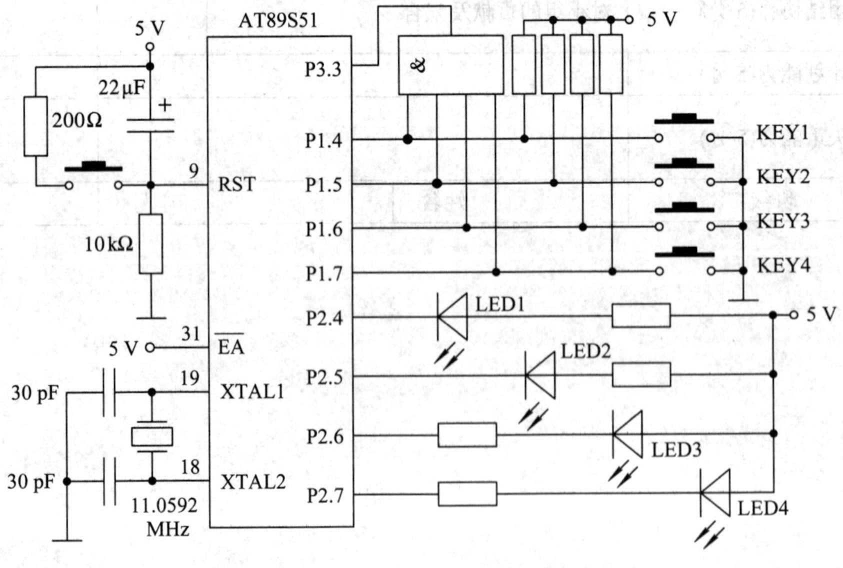

图 5-8　例 3 硬件电路图

(2) 软件设计。当 CPU 检测到外部中断 1 有中断请求信号时，在外部中断 1 的中断服务函数中，读入 P1 口的状态进行查询，判断具体是哪一个按键闭合，并点亮相应的发光二极管。当有任一按键闭合时，P1 口代码如表 5-5 所示。

表 5-5　P1 口代码

闭合键	二进制代码								十六进制代码
	P1.7	P1.6	P1.5	P1.4	P1.3	P1.2	P1.1	P1.0	
KEY1	1	1	1	0	1	1	1	1	EFH
KEY2	1	1	0	1	1	1	1	1	DFH
KEY3	1	0	1	1	1	1	1	1	BFH
KEY4	0	1	1	1	1	1	1	1	7FH

(3) 源程序。

```
#include <reg51.h>

/*主函数*/
main()
{
    IT1=1;                              //外部中断 1 为下降沿触发
    EX1=1;                              //外部中断 1 开中断
    EA=1;                               //CPU 开中断
    while(1);                           //CPU 等待中断
}

/*外部中断 1 中断服务函数*/
void  int1()  interrupt  2
{
    EX1=0;                              //外部中断 1 关中断
    switch(P1)                          //读入 P1 的状态进行查询
    {
        case 0xef:P2=0xef;break;        //P1=0xef 时，表示按键 1 闭合，点亮 LED1
        case 0xdf:P2=0xdf;break;        //P1=0xdf 时，表示按键 2 闭合，点亮 LED2
        case 0xbf:P2=0xbf;break;        //P1=0xbf 时，表示按键 3 闭合，点亮 LED3
        case 0x7f:P2=0x7f;break;        //P1=0x7f 时，表示按键 4 闭合，点亮 LED4
    }
    EX1=1;                              //外部中断 1 开中断
}
```

假设按键 1 闭合时，P1.4 输入低电平，P1.5～P1.7 输入高电平，P3.3 产生下降沿向 CPU 发出中断请求，当 CPU 响应中断后，进行中断服务函数。在中断服务函数中读入 P1 的值为 0xef，在多分支语句 switch-case 语句中，执行第一个 case 语句，将 0xef 送至 P2 口，只有 P2.4 输出低电平，所以点亮 LED1，由 break 语句结束 switch-case 语句的执行。

2. 用定时器扩展外部中断

51 单片机内部有 2 个 16 位的定时/计数器，溢出时，会向 CPU 申请中断。当不使用内部定时/计数器时，可以利用定时/计数器的计数功将其扩展为外部中断源。

例 4　将定时/计数器 T0 扩展为外部中断源。P3.4 引脚所接独立式按键设置为加 1 键，当按键闭合时，P2 口所接数码管上显示的数值加 1，变化范围为 0～9。

解：(1) 硬件设计。根据题目要求，硬件电路如图 5-9 所示。

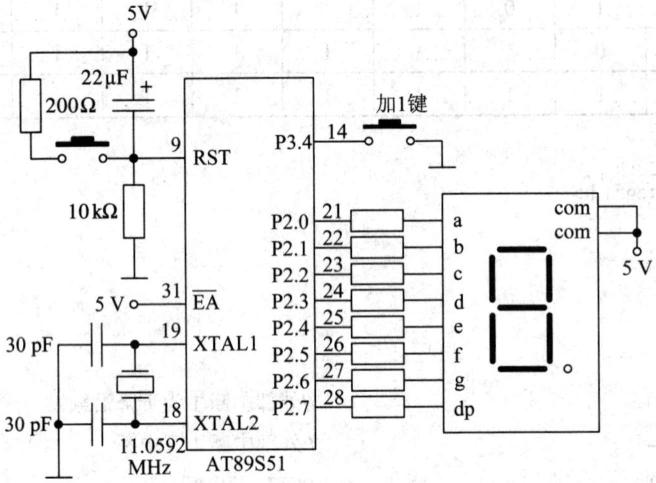

图 5-9　例 4 硬件电路图

(2) 软件设计。初始化时将定时/计数器 T0 设置为计数功能、软启动、方式 2(溢出后由硬件自动重赋初值)，并将初值设置成 255；当按键闭合时，在 P3.4 引脚输入一个负跳变，T0 加 1，并溢出引起中断，在中断服务函数中实现 count 加 1。

(3) 源程序。

```
#include <reg51.h>
#define uchar unsigned char
#define uint unsigned int

/*必要的变量定义*/
sbit jia=P3^4;              //位寻址时，定义位地址
uchar count=0;              //变量 count 用于控制数码管数值递增
uchar code duan[ ]= {       0xc0,0xf9,0xa4,0xb0,0x99,
                            0x92,0x82,0xf8,0x80,0x90};      //共阳型数码管段码表
/*延时函数*/
void delay(uchar a)
{
     uint i,j;              //延时时间约为 a×10 ms
     for(i=0; i<a; i++)
          for(j=0; j<1827; j++);
}
```

```
/*主函数*/
void main()
{
      TMOD=0x06;               //T0 计数、软启动、方式 2
      TH0=255;                 //存放初值 255，用于溢出后自动重赋初值
      TL0=255;                 //赋初值，P3.4 引脚输入一个负脉冲时，TL0 加 1 溢出
      ET0=1;                   //T0 开中断
      EA=1;                    //CPU 开中断
      TR0=1;                   //启动 T0
      P2=duan[count];          //显示 count 的初值
      while(1);                //等待 T0 中断
}

/*定时/计数器 T0 中断服务函数*/
void   time0()   interrupt   1
{
      ET0=0;                   //T0 关中断，防止抖动引起再次中断
      delay(1);                //软件去除前沿抖动
      if(jia==0)               //再次检测加 1 键是否真的闭合
      {
            count++;           //加 1 键闭合一次，变量 count 加 1
            if(count==10)      //实现“9+1=0”
                  count=0;
            P2= duan[count];   //显示 count
      }
      while(!jia);             //等待加 1 键释放
      delay(1);                //软件去除后沿抖动
      ET0=1;                   //T0 开中断，遗漏此句，T0 只能中断一次
}
```

习　题

一、填空题

1. 51 单片机中，外部中断有______种中断触发方式，分别是__________、__________，IT0=1 的作用是______________，IT1=0 的作用是________________。

中断源申请中断时，中断标志是由________置位的，外部中断 0、1 的中断标志是________，位于寄存器_______中，IE0=1 表示______________________。

2. IE 是__________寄存器，IE=0x83 的作用是_____________，各中断源全部关中断

的指令是__________，ET0=1 的作用是_____________，EX1=0 的作用是________________。

3. 51 单片机有__________级优先级，由特殊功能寄存器________设置优先级，IP=0x03 的作用是____________，PX1=1 的作用是________________，PT0=1 的作用是_______________。

4. 中断初始化一般安排在____________函数中完成。

5. 有一个 4 位数 x，通过____________取出千位数，通过____________取出百位数，通过____________取出十位数，通过____________取出个位数。

二、选择题

1. CPU 与外部设备交换信息工作于(　　)方式时，CPU 的利用率最高。

A. 无条件传送　B. 条件传送　C. 中断方式　D. 查询方式

2. 应用中断技术时，(　　)是由用户编程实现的。

A. 中断请求　B. 中断响应　C. 中断服务　D. 中断返回

3. CPU 检测到外部中断 0 发出中断请求信号后，会自动置位(　　)寄存器中的中断标志位。

A. IE　B. IP　C. TCON　D. SCON

4. 外部中断 1 的中断号是(　　)。

A. 0　B. 1　C. 2　D. 3

5. 51 单片机的中断源全部设置为相同的优先级，先响应(　　)的中断请求。

A. 串行口　B. T1　C. $\overline{\text{INT0}}$　D. $\overline{\text{INT1}}$

三、判断题

1. 51 单片机复位后，允许中断。(　　)

2. 外部中断 0 的中断触发方式选择位为 IE0。(　　)

3. 不设置优先级时，当多个中断源同时申请中断时，CPU 无法正确响应。(　　)

4. 如果中断源不申请中断，中断服务函数永远不被 CPU 执行。(　　)

5. TCON 只能字节寻址且与外部中断无关。(　　)

四、简答题

1. 简述中断的概念、作用。

2. 简述中断源的概念，并写出 51 单片机中断源的名称、中断号、入口地址。

3. 简述 51 单片机外部中断源的中断标志是如何置位、复位的。

4. 简述中断优先级及中断优先级处理原则、51 单片机中断系统的优先级原则。

5. 简述 51 单片机中断服务函数与其他函数的区别。

五、设计与编程题

1. 编写中断初始化程序：外部中断 0 与外部中断 1 为高优先级，外部中断 0 下降沿触发、外部中断 1 低电平触发，其他中断源关中断。

2. 用 51 单片机 P3.3 引脚所接的按键控制 P2.3 引脚所接的发光二极管。要求当按键闭合时，发光二极管点亮 10 s 后熄灭，请画出硬件电路图，分别采用查询、中断方式编写源程序。

3. 设计减 1 键，按键每按下一次，数码管上显示的数值减 1，变化范围是 0～F，能消除按键的抖动。

4. 为某控制系统设置加 1 键和减 1 键，变化范围是 0～99，采用中断方式。

5. 设计四路抢答器，当其中有任一个按键闭合时，蜂鸣器发出报警声，并在数码管上显示出该组的组号。除了四路抢答按键外，设置“开始”键、“清除”键，只有按下“开始”键时，才能开始抢答；在下一轮抢答之前，用“清除”键清除数码管上的组号。

项目六　99 s 倒计时

6.1　项 目 说 明

❖ **项目任务**

利用 51 单片机内部的定时/计数器设计 99 s 倒计时控制电路。

❖ **知识培养目标**

(1) 掌握 51 单片机中断系统的组成及应用。

(2) 掌握 51 单片机定时/计数器的结构以及方式 1 和方式 2 的应用。

(3) 掌握 51 单片机定时/计数器初值的计算，并对其初始化。

(4) 掌握 51 单片机中断系统、定时/计数器的综合应用。

❖ **能力培养目标**

(1) 能利用所学知识正确地理解中断、定时/计数器的结构。

(2) 能利用所学知识编写中断、定时/计数器综合应用程序。

(3) 能利用所学知识解决实际工程问题。

6.2　基 础 知 识

6.2.1　定时/计数器概述

51 单片机内部有两个互相独立的 16 位可编程定时/计数器：T0(P3.4)和 T1(P3.5)，52 单片机内部多一个 T2 定时/计数器。每个定时/计数器有定时和计数两种功能。需要注意的是定时/计数器虽集成在 51 单片机内部，但它是 51 单片机内一个独立的硬件部分，CPU 将它启动后，就可以做其他工作，定时/计数器会自动开始计数，计满后，向 CPU 申请中断，由 CPU 安排定时/计数器下一步做什么。定时/计数器与 CPU 的关系就如同闹钟与人的关系一样。

1. 实质

定时/计数器的实质是 16 位加 1 计数器，它可以对脉冲的个数加 1 计数，计数器每接收到一个脉冲就加 1，从 0 加至 65535(二进制数为 16 个 1)共需要 65535 个脉冲，再来一个脉冲，计数器溢出回零表示一轮计数结束，因此 16 位加 1 计数器一轮最大的计数值即模为 2^6=65536 次。

2. 功能与原理

定时/计数器有定时和计数两种功能，它们的区别在于加 1 计数器的计数脉冲不相同。

计数功能是对单片机外部发生的事件进行计数，外部事件产生的计数脉冲由引脚 T0(P3.4)或 T1(P3.5)输入。在引脚 T0(P3.4)或 T1(P3.5)上，CPU 每检测到一个下降沿，计数器加 1 一次。由于检测一个下降沿需要 2 个机器周期(1 个机器周期是时钟周期的 12 倍)，因此最高计数频率为时钟频率 f_{osc} 的 1/24。计数功能在实际控制中应用广泛，例如，制药厂的生产线上每 50 粒药片装 1 瓶，每装入 1 个药片，就由控制电路产生 1 个脉冲，将此脉冲输入计数器后就加 1 一次，计数 50 次后，再装下一瓶，这就是计数功能的典型应用。

定时功能是将单片机时钟频率 f_{osc}12 分频后作为计数脉冲，即 1 个机器周期，计数器加 1 一次，定时功能与外部事件无关。定时时间与计数器的计数值有什么关系呢？如果单片机晶振为 12 MHz 时，时钟周期为 1/12 μs，12 分频后机器周期为 12/12 MHz=1 μs；也就是说加 1 一次需 1 μs，加 65536 次就需 65536 μs = 65.536 ms。一般地，定时时间=计数值(加 1 的次数)×12/ f_{osc}；如果定时 1 ms，计数器的计数值为 1000 μs×12 MHz/12=1000 次。定时/计数器定时时间的长短与时钟频率和计数值有关，当晶振频率确定后，主要由计数值决定定时时间。

定时与计数虽然是对不同脉冲进行计数，但相同的是每来一个脉冲计数器加 1，当加到 65535(二进制数为 16 个 1)时，再输入一个脉冲计数器就溢出回零，定时/计数器通过溢出回零通知 CPU，计数完成或定时时间已到，这和定时的时间一到闹钟就会响的道理是一样的。

定时/计数器不进行设置时，默认从 0 开始加 1，到溢出回零时需加 65536 次。从上面举例可知，药片装瓶需计数 50 次，定时 1 ms 需计数 1000 次，这些计数值不会恰好是模(如 65536)，这些任意的计数值如何实现呢？有两种情况：第一种是计数值小于计数器的模(如 65536)，可以先在计数器中存入一个初值，如果存入的初值为 65535，只要再输入 1 个脉冲就可以使计数器溢出回零，因此计数值是 1；当计数值是 50 时，所需初值为 65486，再来 50 个脉冲时恰好溢出回零。所以定时/计数器从不同的初值开始加 1 至溢出回零时，所需计数值不一样，定时时间也随之改变，可得出计数器的初值=计数器的模−计数值，初值的计算是定时/计数器初始化时必需的一步。第二种是计数值大于计数器的模(如 65536)时，通过统计定时/计数器溢出的次数来计算计数值，例如，设置定时/计数器计数 10^4 次时，第 1 次溢出回零时计数值为 10^4 次，第 2 次溢出回零时计数值为 2×10^4 次……第 n 次溢出回零时计数值为 $n\times10^4$ 次，完全可实现大于计数器模的计数值。两种方法结合，就可以实现任意大小的计数值。

大家可以想一下操场的跑道，一圈是 400 米，径赛时裁判坐在终点位置，100 米、200 米径赛时，由于小于一圈 400 米，径赛时选择不同的起跑位置(相当于计数初值)，可以在同一个终点，实现不同长度的比赛；800 米、3000 米、5000 米径赛时，大于一圈 400 米，确定起点后，由工作人员统计运动员跑的圈数(相当于累计溢出次数)来计算赛跑的总距离。

3. 结构

定时/计数器 T0 由高 8 位寄存器 TH0 和低 8 位寄存器 TL0 组成；T1 由 TH1 和 TL1 组成；TMOD 是定时/计数器的工作方式寄存器；TCON 是定时/计数器控制寄存器。定时/计数器的结构框图如图 6-1 所示。

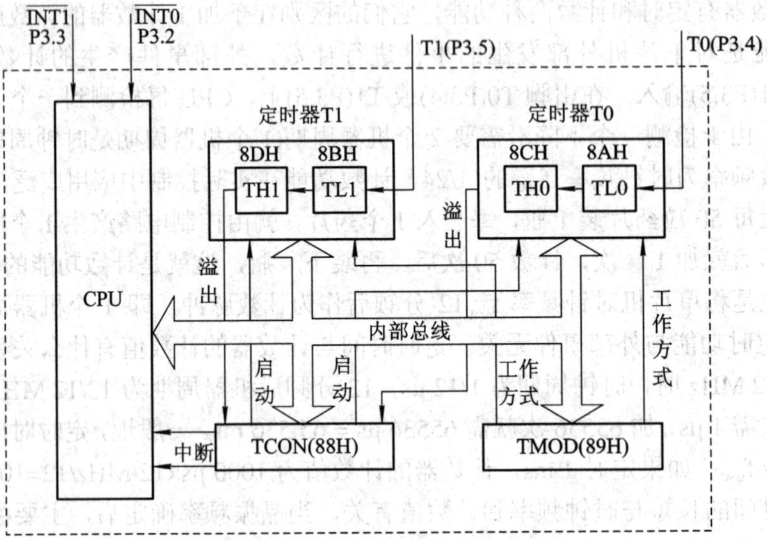

图 6-1　定时/计数器结构框图

6.2.2　定时/计数器的控制

定时/计数器 T0 和 T1 主要由定时/计数器工作方式寄存器 TMOD、定时/计数器控制寄存器 TCON 进行控制。其中，TMOD 用于设置工作方式，TCON 用于控制它们的启动、停止及溢出标志。

1. 定时/计数器控制寄存器 TCON

定时/计数器控制寄存器 TCON 在特殊功能寄存器中，字节地址为 88H，位地址(由低位到高位)分别是 88H～8FH，该寄存器可以位寻址。它主要用来控制定时器的运行、停止，标志定时器的溢出等情况。单片机复位后，TCON=0。TCON 中与定时/计数器有关的各位如表 6-1 所示。

表 6-1　定时/计数器控制寄存器 TCON(88H)

位序号	D7	D6	D5	D4	D3	D2	D1	D0
位名称	TF1	TR1	TF0	TR0	—	—	—	—
位地址	8FH	8EH	8DH	8CH	8BH	8AH	89H	88H

TF1——定时/计数器 T1 溢出中断标志，由硬件自动设置。当定时/计数器 T1 计满溢出回零时，由硬件使 TF1=1。如果定时/计数器工作在中断方式时，在进入中断服务函数后，由硬件自动清 0，用户无需对它进行操作；如果使用软件查询方式的话，当查询到该位为 1 后，由用户清 0。

TF0——定时/计数器 T0 溢出中断标志，由硬件自动设置，方法同 TF1。

TR1——定时/计数器 T1 运行控制位，由用户设置。定时/计数器 T1 有硬启动和软启动两种启动方式。

硬启动：当 GATE=1 时，且引脚 P3.3 为高电平时，TR1 置 1 可启动 T1；当 P3.3 或 TR1

有任一不满足要求时，T1 停止计数。

软启动：当 GATE=0 时，TR1 置 1 启动 T1，TR1 置 0 则 T1 停止。

TR0——定时/计数器 T0 运行控制位，由用户设置，方法同 TR1。

2. 定时/计数器工作方式寄存器 TMOD

定时/计数器工作方式寄存器 TMOD 在特殊功能寄存器中，字节地址为 89H，不能位寻址。TMOD 用于确定定时器的工作方式、启动方式、功能等。单片机复位后，TMOD=0。TMOD 各位如表 6-2 所示。

表 6-2　定时/计数器控制寄存器 TMOD(89H)

位序号	D7	D6	D5	D4	D3	D2	D1	D0
位名称	GATE	$C/\overline{T}$	M1	M0	GATE	$C/\overline{T}$	M1	M0
功　能	设置定时/计数器 T1				设置定时/计数器 T0			

由表 6-2 可知，TMOD 的高 4 位用于设置定时/计数器 T1，低 4 位用于设置定时/计数器 T0，对应 4 位的含义如下：

GATE——门控位。GATE 用于选择定时/计数器的启动方式。定时/计数器的启动方式有如下两种：

软启动：GATE=0，定时/计数器的启动与停止仅由 TCON 寄存器中 TRx(x=0，1)控制。一般的控制要求都可采用软启动。

硬启动：GATE=1，定时/计数器的启动与停止由 TCON 寄存器中 TRx(x=0，1)和外部中断引脚(P3.2 或 P3.3)上的电平共同控制。

$C/\overline{T}$——定时/计数器功能选择位。当 $C/\overline{T}=1$ 时，为计数功能；当 $C/\overline{T}=0$，为定时功能。

M1、M0——工作方式选择位。

6.2.3　定时/计数器的工作方式

定时/计数器的工作方式如表 6-3 所示。

表 6-3　定时/计数器的工作方式

M1	M0	工作方式	功　能
0	0	方式 0	13 位计数器、模为 2^{13}=8192
0	1	方式 1	16 位计数器、模为 2^{16}=65536，用户重装初值
1	0	方式 2	8 位计数器、模为 2^{8}=256，硬件自动重装初值， TLx 计数、THx 存放初值
1	1	方式 3	T0 分成两个 8 位的计数器，模为 2^{8}=256；T1 停止

1. 方式 0 及方式 1

定时/计数器 T0、T1 都可设置为方式 0 或方式 1。方式 0 是 13 位计数器，主要是为了与早期的产品兼容，现已很少使用；方式 1 是 16 位计数器，模为 65536。寄存器 TLx 存放计数值的低 8 位，寄存器 THx 存放计数值的高 8 位，THx、TLx 共同完成计数功能，逻辑结构如图 6-2 所示。

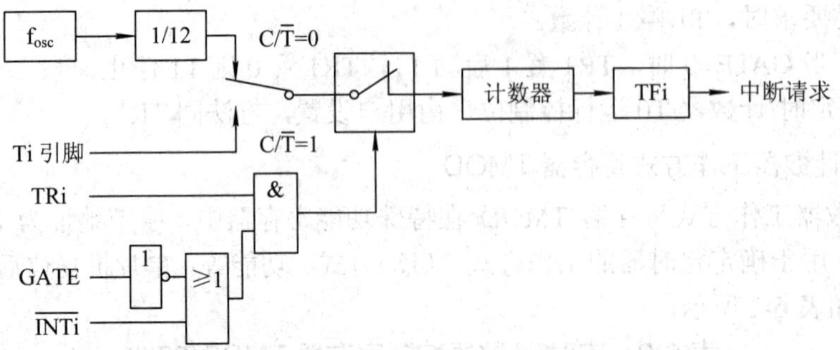

图 6-2　定时/计数器方式 0 及方式 1 逻辑结构框图

分析图 6-2 逻辑框图可知，当 $C/\overline{T}=0$ 时，时钟开关接晶振的 12 分频输出，实现定时功能；当 $C/\overline{T}=1$ 时，时钟开关接外引脚 Ti，在外部事件的控制下实现计数功能。

软启动当 GATE=0，TRi=1 时，计数开关闭合，由 $C/\overline{T}$ 选择的脉冲加入计数器，计数器开始加 1 计数。当计数器的低 8 位 TLx 计满后向高 8 位 THx 进一位，直到把高 8 位 THx 也计满，此时计数器溢出回零，置 TFx 为 1，可向 CPU 申请中断，也可对 TFx 进行查询。只要 TRx 为 1，定时/计数器将循环计数。循环计数时，不管是中断方式还是查询方式，在计数器溢出回零时都要由用户重新装入计数初值，否则第一次溢出回零后，计数器将从 0 开始加 1，至下次溢出回零时，需计数 65536 次，这样就只有第一次的计数值是正确的，以后每次溢出时的计数值均为 65536。

2. 方式 2

定时/计数器 T0、T1 都可设置为方式 2，并且它们的结构和操作完全相同，逻辑结构如图 6-3 所示。方式 2 是用 TLx 作为 8 位计数器实现计数功能，THx 用于存放计数初值。方式 2 的模虽然只有 256，但是在循环计数溢出回零时，除了向 CPU 申请中断，还要由硬件自动将存放在 THx 中的初值送入 TLx 开始下一次计数。方式 2 的优点是用户编程较为简单，定时精度高，特别适合于定时精度要求较高的场合。

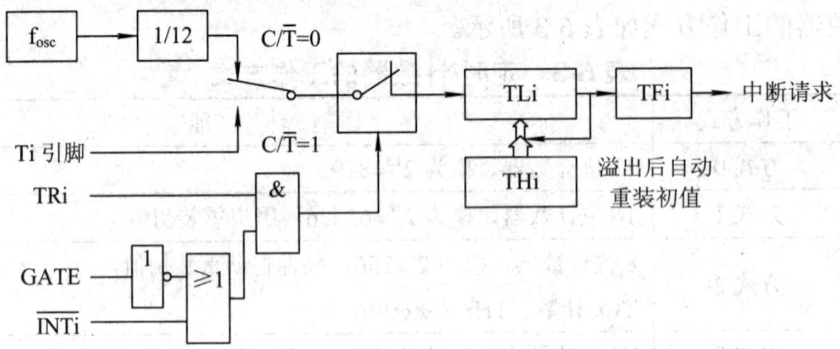

图 6-3　定时/计数器方式 2 逻辑结构框图

3. 方式 3

只有定时/计数器 T0 可以设置为方式 3，逻辑结构如图 6-4 所示。

方式 3 时，T0 被分为 2 个独立的 8 位计数器 TL0 与 TH0，TL0 既可以定时又可计数，使用 T0 的引脚、各控制位及中断源；TH0 只能用做内部定时，它借用了定时/计数器 T1 的运行控制位 TR1 和中断标志位 TF1，它的启动和停止只受 TR1 的控制。

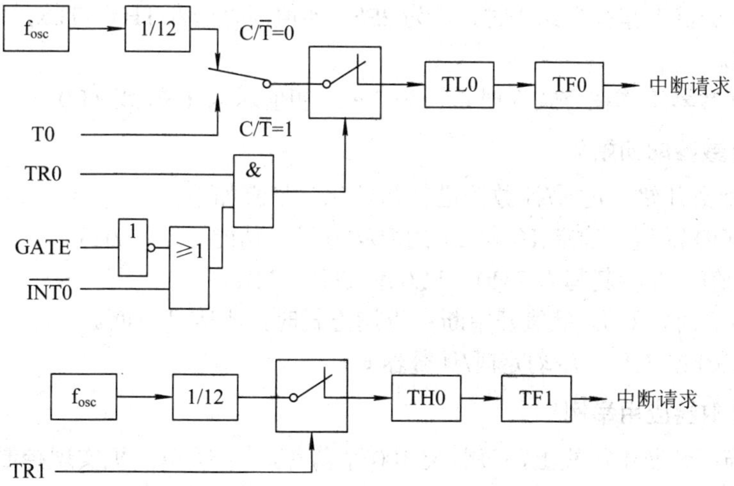

图 6-4 定时/计数器方式 3 逻辑结构框图

定时器 T0 设置为方式 3 时，T1 仍可设置为方式 0、方式 1、方式 2，但由于 TR1、TF1 均被 T0 占用，此时仅有控制位 C/$\overline{T}$ 用于切换定时或计数功能，计数器溢出回零时，不能向 CPU 申请中断，也不能利用软件查询，在这种情况下，可将 T1 的输出送入串行口，作为串行口的波特率发生器。

6.2.4 定时/计数器的应用

1. 初值的计算

只要为定时/计数器设置合适的计数初值，就可以实现任意大小的计数值。

(1) 计数功能的初值计算。定时/计数器实现计数功能时一般直接给出计数值 N，因此可用下式计算初值：

$$初值 = 计数器的模 - N$$

注意：

① 定时/计数器工作在方式 1 时，模为 65536；初值的高 8 位送入 THx，低 8 位送入 TLx，即 THx=(65536−N)/256，TLx=(65536−N)%256。

② 定时/计数器工作在方式 2 时，模为 256；初值同时送入 THx、TLx，即 THx = TLx = 256−N。

③ 定时/计数器工作在方式 3 时，模为 256；初值送入 TH0 或 TL0。

(2) 定时功能的初值计算。定时/计数器实现定时功能时会给出定时时间 t，因此可用下式计算初值：

$$初值 = 计数器的模 - \frac{t \times f_{osc}}{12}$$

注意：

① f_{osc} 是晶振频率。当 f_{osc} 以 MHz 为单位时，定时时间以 μs 为单位可方便计算。

② 定时/计数器工作在方式 1 时，模为 65536；初值的高 8 位送入 THx，低 8 位送入 TLx，即 THx=(65536− t×f_{osc}/12)/256，TLx=(65536− t×f_{osc}/12)%256。

③ 定时/计数器工作在方式 2 时，模为 256；初值同时送入 THx、TLx，即 THx = TLx = $256 - t \times f_{osc}/12$。

④ 定时/计数器工作在方式 3 时，模为 256；初值送入 TH0 或 TL0。

2. 定时/计数器的初始化

一般在主函数开始对定时/计数器进行初始化，步骤如下：

(1) 对 TMOD 赋值，确定 T0 和 T1 的启动方式、功能、工作方式。

(2) 计算初值，并将其写入 TH0、TL0 或 TH1、TL1。

(3) 中断方式时，对 IE 赋值开中断；查询方式时，不需开中断。

(4) 置位 TR0 或 TR1，启动定时/计数器。

3. 定时/计数器应用举例

例 1　制药厂装瓶生产线上，每瓶装 100 个药片，用 51 单片机实现控制要求，试编写初始化程序。

解：(1) 题目分析。由题意可知，在统计药片的个数时要用到定时/计数器的计数功能，计数值为 100，用 T1 的方式 2 实现，采用中断方式。

(2) 初始化程序如下：

```
TMOD=0x60;            //设置 T1 为软启动、计数、方式 2
TH1=TL1=256-100;      //装初值，TL1 用于计数、TH1 存放初值
ET1=1;                //定时/计数器 T1 开中断
EA=1;                 //CPU 开中断，也可用字节寻址 IE=0x88;代替这两条开中断指令
TR1=1;                //启动 T1
```

例 2　某控制系统需定时 20 ms，晶振为 12 MHz，试初始化。

解：(1) 题目分析。晶振为 12 MHz 时，定时 20 ms 需要的计数值为 20000 μs × 12 MHz /12 = 20000 次，可用 T0 的方式 1 实现，采用中断方式。

(2) 初始化程序如下：

```
TMOD=0x01;                  //设置 T0 为软启动、定时、方式 1
TH0=(65536-20000)/256;      //初值高 8 位送 TH0
TL0=(65536-20000)%256;      //初值低 8 位送 TL0
ET0=1;                      //定时/计数器 T0 开中断
EA=1;                       //CPU 开中断
TR0=1;                      //启动 T0
```

例 3　设某单片机系统的晶振为 12 MHz，P2 口上接有 8 个发光二极管，低电平点亮，利用定时/计数器 T0 工作在方式 1，使 P2.0 所接发光管 LED0 以 200 ms 亮灭闪烁。

解：(1) 硬件设计。参考项目一相关内容，硬件电路如图 6-5 所示。

(2) 软件设计。定时 200 ms 有两种方法：一是用延时函数；二是用定时/计数器。在没有讲定时/计数器之前，与定时有关的定时功能都是用延时函数来实现的，CPU 执行延时函数时，只能长时间无意义地等待定时时间的到来，降低了 CPU 的利用率。用定时/计数器实现定时，CPU 只要对其初始化并启动后，定时工作就交由定时/计数器来独立完成，而 CPU 就可以执行其他的任务了，从而完成较为复杂的控制要求。

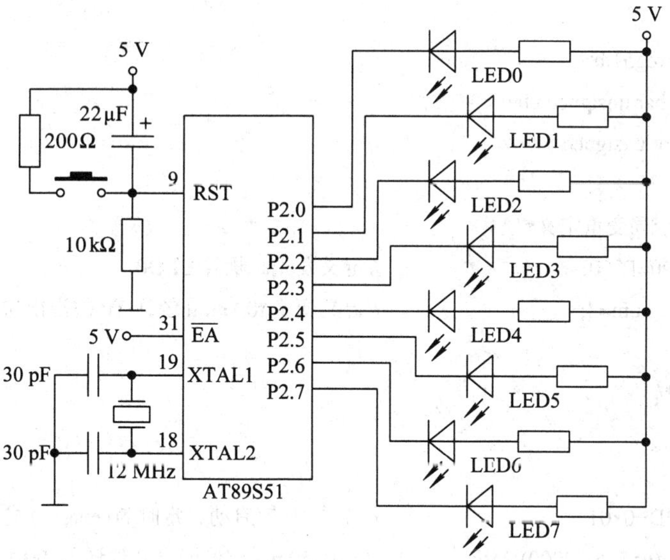

图 6-5　定时/计数器例 3 电路图

定时 200 ms 时，需要的计数值=200000 μs×12 MHz/12=200000 次>65536，T0 本身并不能实现 200 ms 的定时，考虑到 200000=50000×4，即 200 ms=50 ms×4，用 T0 实现 50000 次计数即定时 50 ms，当 T0 溢出 4 次时，就可实现 200 ms 定时，为此定义变量 t0_num(初值 4)统计溢出次数，T0 每溢出一次，t0_num 就减 1，当 t0_num 减至 0 时，溢出 4 次。

采用中断方式时，软件包含主函数 main()与 T0 中断服务函数 time0()。

定时/计数器 T0 的中断号为 1，定义中断服务函数时一定要写正确。

将判断 200 ms 是否到，以及 200 ms 到了之后控制灯闪烁安排在 time0()中；main()只需完成对 T0 的初始化，然后就无事可做，等待 T0 申请中断，这样安排的好处是 main()与 time0()之间无需传递信息，适用于初学者。相关流程图如图 6-6 所示。

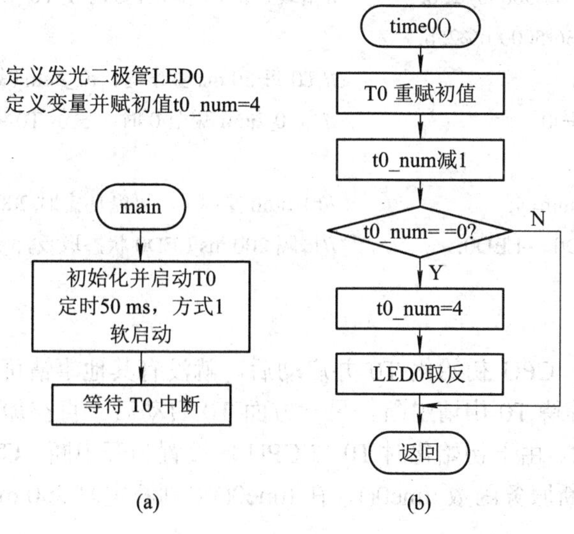

图 6-6　定时/计数器例 3 流程图

(3) 源程序。

```
#include <reg51.h>
#define uchar unsigned char
#define uint unsigned int

/*必要的全局变量定义*/
sbit   LED0=P2^0;                    //定义发光二极管 LED0
uchar   t0_ num=4;                   //定义变量 t0_ num 统计 T0 的溢出次数

/*主函数*/
main()
{
      TMOD=0x01;                     //设置 T0 软启动、定时 50 ms、方式 1
      TH0=(65536-50000)/256;         //定时 50 ms 初值的高 8 位送入 TH0
      TL0=(65536-50000)%256;         //定时 50 ms 初值的低 8 位送入 TL0
      ET0=1;                         //T0 开中断
      EA=1;                          //CPU 开中断
      TR0=1;                         //启动 T0
      while(1);                      //等待 T0 中断
}

/*T0 中断服务函数*/
void   time0()   interrupt   1
{
      TH0=(65536-50000)/256;         //重装初值，循环计数时使 T0 重复定时 50 ms
      TL0=(65536-50000)%256;
      t0_num--;                      // T0 每 50 ms 溢出时，t0_num 减 1
      if(t0_num==0)                  //当 t0_num 减至 0 时，表示 T0 溢出 4 次，200 ms 到
      {
            t0_num=4;                //t0_num 重赋 4，可循环定时 200 ms
            LED0= ~LED0;             //每隔 200 ms LED0 状态取反，实现闪烁效果
      }
}
```

在 main()函数中，CPU 初始化 T0 并启动后，就没有其他事情可做，因此一边执行语句“while(1);”一边等待 T0 申请中断。另一方面 T0 启动后一直在加 1 计数，溢出回零时向 CPU 提出中断请求，由于初始化时 T0 与 CPU 均设置为开中断，CPU 可以响应 T0 的中断请求，转去执行中断服务函数 time0()，在 time0()中判断定时 200 ms 是否到等工作。

(4) 思考。

① 用 200 ms = 20 ms × 10 实现 200 ms 定时。

② 用 T1 实现 200 ms 定时。

在实际应用中，定时/计数器的中断服务函数中不易安排过多的任务，因为当语句过多时，中断服务函数可能还未执行完毕，下一次中断又到了，这样就会丢失这次中断，当单片机循环执行代码时，这种丢失累积出现，不仅降低定时精度，严重时程序执行也会乱套。因此在分配任务时应遵循：能在主函数中完成的就不要安排在中断服务函数中，必须在中断函数中实现的功能，一定要高效、简洁。按此原则，重新分配例 3 的各项任务，定义溢出标志位 flag 在 T0 的中断服务函数 time0()与主函数之间传递信息；当 flag 为 1 时表示 T0 溢出，flag 为 0 时表示 T0 未溢出；在 time0()中置位 flag，在主函数中根据 flag 的状态决定做什么工作。

time0()中完成重赋初值、置位 flag；而 t0_num 减 1 及灯的闪烁等任务都安排在 main()中，流程图如图 6-7 所示。试着写出源程序。

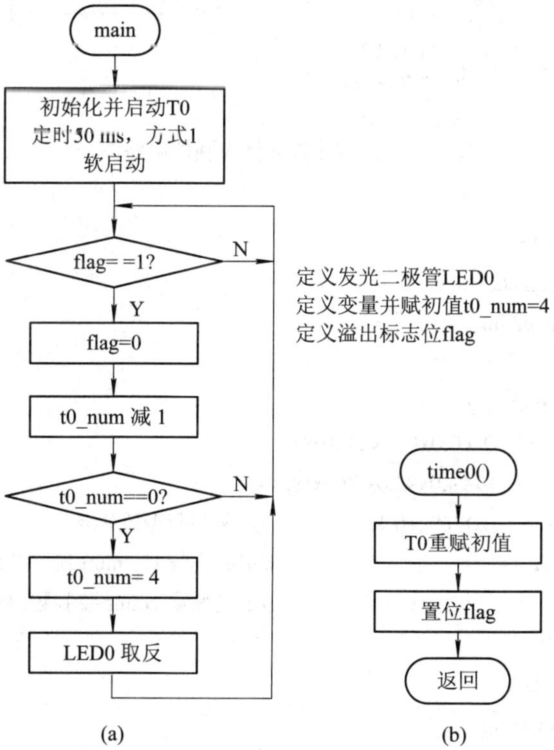

图 6-7　定时/计数器例 3 流程图(重新分配任务)

例 4　用单片机的 P2 口驱动共阳型数码管，编程使数码管上的数字在 0～9 之间递减，间隔 1 s。定时 1 s 由定时/计数器 T1 完成，晶振为 12 MHz。

解：(1) 硬件设计。硬件电路如图 6-8 所示。

(2) 软件设计。定时 1 s，计数值 = 1000000 μs × 12 MHz/12 = 1000000 次 > 65536，依据 1 s = 40 ms × 25，用 T1 实现定时 40 ms，当 T1 溢出 25 次时，就是 1 s。变量 t1_num(初值 0)统计 T1 溢出次数，T1 每溢出一次，t1_num 就加 1，加至 25 时，1 s 到。变量 count 每隔 1 s 减 1，静态显示时只需将 count 的段码发送至 P2 口。

主函数初始化 T1 后，就等待 T1 中断；在 T1 的中断服务函数 time1()中实现 1 s 的判断、count 处理及显示等任务。

定时/计数器 T1 的中断号为 3。

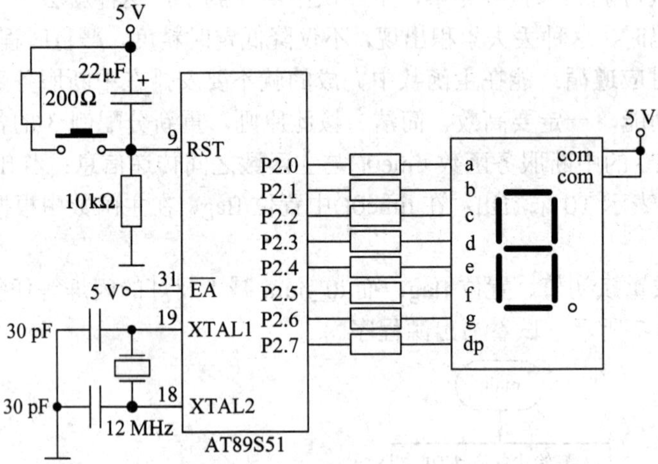

图 6-8　定时/计数器例 4 硬件电路图

(3) 源程序。

```
#include  <reg51.h>
#define uchar unsigned char
#define uint unsigned int

/*必要的全局变量定义*/
uchar code duan[ ]={  0xc0,0xf9,0xa4,0xb0,
                      0x99,0x92,0x82,0xf8,
                      0x80,0x90 };                  //定义共阳型段码表
uchar   t1_ num=0;                                  //定义变量 t1_ num 统计 T1 的溢出次数
uchar   count=0;                                    //定义变量 count 控制数码管上的数值递减

/*T1 中断服务函数*/
void   time1()   interrupt   3
{
      TH1=(65536-40000)/256;                        //重赋初值，使 T1 多次重复定时 40 ms
      TL1=(65536-40000)%256;
      t1_num++;                                     //T1 每 40 ms 溢出时，t1_num 加 1
    if(t1_num==25)                                  //当 t1_num 加至 25 时，表示 1 s 到
    {
          t1_num=0;                                 //t1_num 重赋 0，可循环定时 1 s
          if(count==0)                              //将 0-1=9 变为 10-1=9，符合减法运算
                count=10;
          count--;                                  //count 每隔 1 s 减 1
```

```
            P2=duan[count];                    //显示 count
        }
}

/*主函数*/
main()
{
    TMOD=0x10;                          //设置 T1 软启动、定时 40 ms、方式 1
    TH1=(65536-40000)/256;              //定时 40 ms 初值的高 8 位送入 TH1
    TL1=(65536-40000)%256;              //定时 40 ms 初值的低 8 位送入 TL1
    ET1=1;                              //T1 开中断
    EA=1;                               //CPU 开中断
    TR1=1;                              //启动 T1
    while(1);                           //等待 T1 中断
}
```

6.3　项 目 实 施

6.3.1　硬件设计方案

倒计时就是首先给定一个初值，然后进行减 1 操作，直到减至 0 为止，需要时再从初值开始递减。本项目中为了简化源程序，要求当由初值减至 0 时，不停止，重新开始递减。

实现 99 s 倒计时，需要 2 个共阳型数码管显示计时结果，采用动态显示，用 P0 口作为数码管的字段口，P2.0 接个位数码管的字位口，P2.1 接十位数码管的字位口，硬件电路如图 6-9 所示。

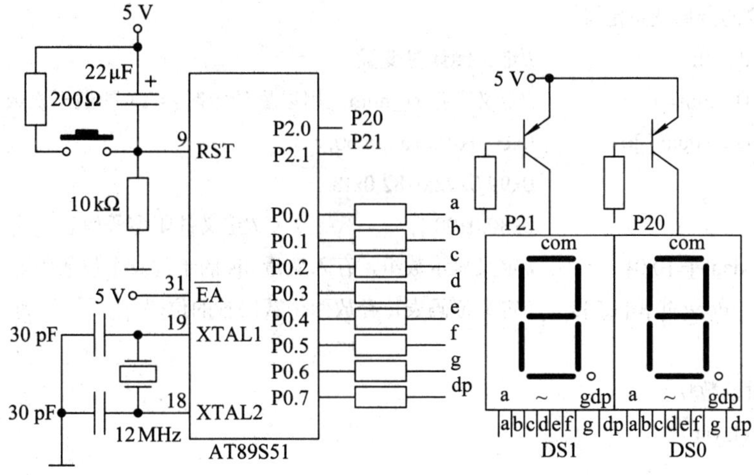

图 6-9　项目六硬件电路图

在图 6-9 中，当 I/O 口=0 时，三极管饱和导通，数码管可以显示；当 I/O 口=1 时，三极管截止，数码管不能显示。动态扫描时要求任何时刻只能有一个数码管工作，因此采用字节寻址时，十位数码管 DS1 的位码为 P2=00000001B=1，个位数码管 DS0 的位码为 P2=00000010B=2。

6.3.2 软件设计方案

实现 99 s 倒计时，软件编程主要解决以下几个问题：

(1) 计时的时间基准 1 s 由定时/计数器 T1 实现。原理是 1 s = 10 ms × 100，由 T1 实现 10 ms 定时，定义变量 t1_num(初值为 0)统计 T1 的溢出次数，当 T1 溢出中断 100 次时，表示 1 s 到；定义变量 djs(初值为 0)用于倒计时，1 s 到了之后，djs−1，并判断是否超出允许范围。

(2) 变量 djs 的显示由显示函数 disp()完成，在 disp()中对 2 个数码管进行动态扫描，每个数码管显示时都要发送位码、段码并延时 1 ms。

(3) 主函数对 T1 初始化后，一边调用显示函数扫描数码管，一边等待 T1 申请中断。

主函数流程图如图 6-10 所示，定时/计数器中断函数流程图与图 6-6 相似，此处略。

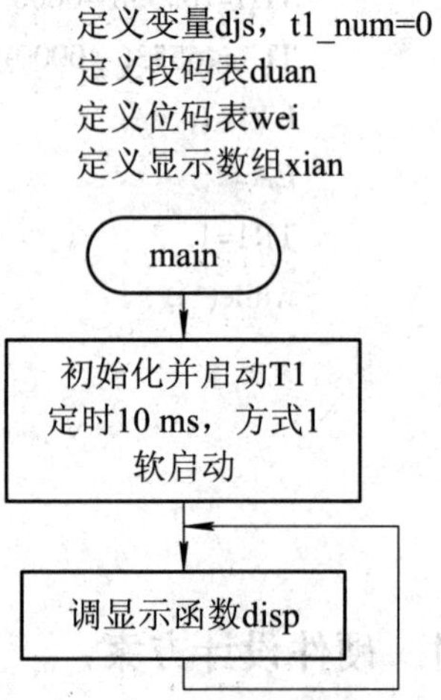

图 6-10　项目六主函数流程图

源程序

```
#include<reg51.h>
#define uchar unsigned char
#define uint   unsigned int

/*必要的全局变量定义*/
uchar djs=0;                    //定义倒计时变量
uchar t1_num=0;                 //定义变量 t1_num，用以累计定时器 T1 的溢出次数，实现 1 s
uchar code duan[ ]={            0xc0,0xf9,0xa4,0xb0,
                                0x99,0x92,0x82,0xf8,
                                0x80,0x90 };            //定义共阳型段码表
uchar xian[ ]={0,0};            //定义显示数组，存入变量 djs 的十位及个位数码
uchar code wei[ ]={1,2};        //定义位码表，存放两个数码管的位码

/*延时函数*/
void delay()
{
    uint i;                                         //时间约为 1 ms
    for(i=0; i<130; i++);
```

```
}

/*显示函数*/
void disp()
{
    uchar i;
    xian[0]=djs/10;                //将变量 djs 的十位数码拆分至显示数组
    xian[1]=djs%10;                //将变量 djs 的个位数码拆分至显示数组
    for(i=0; i<2; i++)
    {
        P2=wei[i];                 //发送位码
        P0=duan[xian[i]];          //发送段码
        delay();                   //延时 1 ms
    }
}

/*主函数*/
main()
{
    TMOD=0x10;                     //设置 T1 定时 10 ms，软启动，方式 1
    TH1=(65536-10000)/256;         //晶振 12 MHz，定时 10 ms 时初值高 8 位送入 TH1
    TL1=(65536-10000)%256;         //晶振 12 MHz，定时 10 ms 时初值低 8 位送入 TL1
    ET1=1;                         //定时/计数器 T1 开中断
    EA=1;                          //CPU 开中断
    TR1=1;                         //启动定时/计数器 T1
    while(1)
        disp();                    //调用显示函数显示变量 djs
}

/*定时/计数器 T1 中断服务函数*/
void  time1()  interrupt  3
{
    TH1=(65536-10000)/256;
    TL1=(65536-10000)%256;
    t1_num++;                      //T1 每 10 ms 溢出一次，变量 t1_num 加 1
    if(t1_num==100)                //变量 t1_num 加至 100 时，表示 1 s 到
    {
        t1_num=0;                  //变量 t1_num 重赋初值 0，便于重复定时 1 s
        if(djs==0)                 //将 0-1=99，变为 100-1=99，符合减法运算规则
```

```
                djs=100;
            djs--;                          //1 s 到时，变量 djs 减 1
        }
    }
```

6.3.3 程序调试

1. 实验板电路分析

参照项目三图 3-15 所示 HOT-51 实验板动态显示电路。注意：实验板上是共阴型数码管，P0 为字段口，P2 为字位口，8 个数码管从左至右的位码依次是 0～7，晶振为 11.0592 MHz。

2. 程序设计

根据实验板的电路连接方式，重新改写程序。实验板上共有 8 个共阴型数码管，而程序中只需用其中的 2 个，99s 倒计时的显示位置，大家可以自定。中断服务函数完成变量 djs 递减的功能，中断号要根据所用定时/计数器来确定，一定要写正确；显示函数完成变量 djs 的显示，动态显示的编写对初学者是难点，编写方法也灵活多样，但不论如何变化，每个数码管工作时，都必须发送位码、段码并延时，当数码管的个数较少时，也可以改为顺序结构。

```
/*显示函数，顺序结构时，不需要定义显示数组 xian[ ]、位码表 wei[ ]*/
void disp()
{
    P2=1;                       //发送十位数码管的位码
    P0=duan[djs/10];            //发送 djs 十位数的段码
    delay();
    P2=2;                       //发送个位数码管的位码
    P0=duan[djs%10];            //发送 djs 个位数的段码
    delay();
}
```

3. 结果测试

源程序编译下载后，观察显示结果。如果不能正常工作，可依照数码管上的现象分析产生故障原因；如果数码管只显示但不能计时，一般是与定时/计数器的初始化、中断服务函数有关；显示出现问题则要重点检查显示函数与主函数。

4. 拓展练习

根据下列要求，练习编程。

(1) 由定时/计数器 T0 实现 1 s 定时。

(2) 改变 1 s 的实现原理，如 1 s = 25 ms × 40。

(3) 灵活改变显示位置。

(4) 实现 60 s、999 s 计时。

(5) 设置定时预置键。

6.4 项 目 评 价

<table>
<tr><td>项目名称</td><td colspan="6">99 s 倒计时</td></tr>
<tr><td>评价类别</td><td>项目</td><td>子项目</td><td colspan="2">个人评价</td><td>组内互评</td><td>教师评价</td></tr>
<tr><td rowspan="11">专业能力(80 分)</td><td rowspan="4">信息与资讯(40 分)</td><td>定时/计数器的结构(10 分)</td><td colspan="2"></td><td></td><td></td></tr>
<tr><td>定时/计数器的工作方式(10 分)</td><td colspan="2"></td><td></td><td></td></tr>
<tr><td>定时/计数器的初始化(10 分)</td><td colspan="2"></td><td></td><td></td></tr>
<tr><td>定时/计数器中断服务函数(10 分)</td><td colspan="2"></td><td></td><td></td></tr>
<tr><td rowspan="3">计划(20 分)</td><td>原理图设计(5 分)</td><td colspan="2"></td><td></td><td></td></tr>
<tr><td>流程图(5 分)</td><td colspan="2"></td><td></td><td></td></tr>
<tr><td>程序设计(10 分)</td><td colspan="2"></td><td></td><td></td></tr>
<tr><td rowspan="2">实施(10 分)</td><td>实验板的适应性(5 分)</td><td colspan="2"></td><td></td><td></td></tr>
<tr><td>实施情况(5 分)</td><td colspan="2"></td><td></td><td></td></tr>
<tr><td>检查(5 分)</td><td>异常检查(5 分)</td><td colspan="2"></td><td></td><td></td></tr>
<tr><td>结果(5 分)</td><td>结果验证(5 分)</td><td colspan="2"></td><td></td><td></td></tr>
<tr><td rowspan="2">社会能力(10 分)</td><td>敬业精神(5 分)</td><td>爱岗敬业与学习纪律</td><td colspan="2"></td><td></td><td></td></tr>
<tr><td>团结协作(5 分)</td><td>对小组的贡献及配合</td><td colspan="2"></td><td></td><td></td></tr>
<tr><td rowspan="2">方法能力(10 分)</td><td>计划能力(5 分)</td><td></td><td colspan="2"></td><td></td><td></td></tr>
<tr><td>决策能力(5 分)</td><td></td><td colspan="2"></td><td></td><td></td></tr>
<tr><td rowspan="2">评价</td><td>班级</td><td></td><td>姓名</td><td></td><td>学号</td><td></td></tr>
<tr><td colspan="6">总评　　　　教师　　　　日期</td></tr>
</table>

6.5 拓展与提高

在实际应用时，要求计时精度较高的电子时钟，通常都采用 DS12C887 时钟日历芯片来完成，DS12C887 实时时钟芯片功能丰富，能够自动产生世纪、年、月、日、时、分、秒等信息，其内部又增加了世纪寄存器，从而利用硬件电路解决“千年”问题；DS12C887 中自带锂电池，外部掉电时，其内部时间信息还能够保持 10 年之久；时间格式则有 12 和 24 小时制两种模式。在 12 小时制模式中，用 AM 和 PM 区分上午和下午；时间的表示方法也有两种，一种用二进制数表示，一种是用 BCD 码表示；DS12C887 中带有 128 字节的 RAM，其中有 11 字节用来存储时间信息，4 字节用来存储 DS12C887 的控制信息，称为控制寄存器，113 字节通用 RAM 供用户使用；此外用户还可对 DS12C887 进行编程以实现多种方波输出，并可通过软件屏蔽其内部的三路中断。DS12C887 的引脚排列如图 6-11 所示。

GND、V_{CC}——直流电源，其中 V_{CC} 接+5 V，GND 接地，当 V_{CC} 为+5 V 时，用户可以访问 DS12C887 内部 RAM 中的数据，并可对其进行读、写操作；当 V_{CC} 小于+4.25 V 时，禁止用户对内部 RAM 进行读、写操作，此时用户不能正确获取芯片内的时间信息；当 V_{CC} 小于+3 V 时，DS12C887 会自动将电源转换到内部自带的锂电池上，以保证内部的电路能够正常工作。

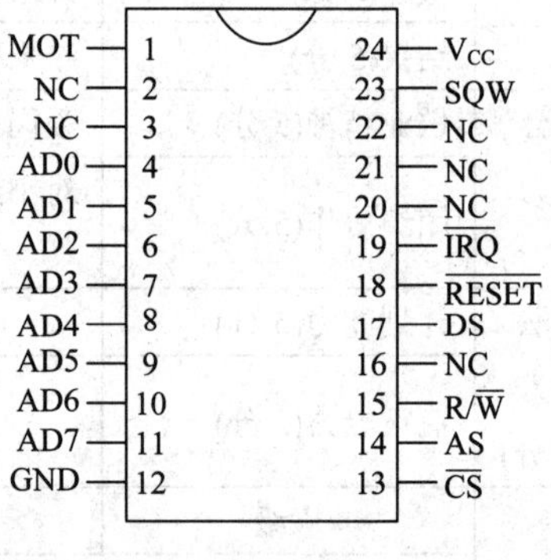

图 6-11　DS12C887 引脚图

MOT——模式选择端，DA12C887 有 Motorola 和 Intel 两种工作模式，即当 MOT 接 V_{CC} 时，选用 Motorola 模式；当 MOT 接 GND 时，选用 Intel 模式。

SQW——方波输出脚，当 V_{CC} 大于 4.25 V 时，SQW 脚可输出方波，用户通过对控制寄存器编程，实现 13 种方波信号的输出。

AD0～AD7——地址/数据复用总线，该总线采用分时复用技术，在总线周期的前半部分，出现在 AD0～AD7 上的是地址信息，用以选通 DS12C887 内部的 RAM；在总线周期的后半部分，出现在 AD0～AD7 上的是数据信息。

AS——地址选通输入脚，进行读/写操作时，在 AS 的前一个上升沿将 AD0～AD7 上的地址信息锁存到 DS12C887 上；在 AS 的后一个下降沿时，清除 AD0～AD7 上的地址信息，不论是否有效，DS12C887 都将执行该操作。

DS——数据选择/读输入脚，该引脚有两种工作模式。当 MOT 接 V_{CC} 时，选用 Motorola 工作模式，在这种工作模式中，每个总线周期的后一部分的 DS 为高电平，被称为数据选通。在读操作中，DS 的上升沿将 DS12C887 内部数据送往总线 AD0～AD7 上，以供外部读取；在写操作中，DS 的下降沿使总线 AD0～AD7 上的数据锁存在 DS12C887 中。当 MOT 接 GND 时，选用 Intel 工作模式，在该模式中，该引脚是读允许输入脚。

R/$\overline{W}$——读/写输入端，该管脚也有两种工作模式：当 MOT 接 V_{CC} 时，R/$\overline{W}$ 工作在

Motorola 模式，此时，该引脚的作用是区分读操作还是写操作，当 R/$\overline{W}$ 为高电平时为读操作，R/$\overline{W}$ 为低电平时为写操作；当 MOT 接 GND 时，该引脚工作在 Intel 模式，此时作为写允许输入。

$\overline{CS}$——片选端，低电平有效。

$\overline{IRQ}$——中断请求输出，低电平有效，该引脚有效时，对 DS12C887 内的时钟、日历和 RAM 中的内容没有任何影响，仅对内部的控制寄存器有影响，在典型的应用中，$\overline{RESET}$ 可以直接接 V_{CC}，这样可以保证在 DS12C887 掉电时，其内部控制寄存器不受影响。

DS12C887 内部 RAM 中有 11 字节用来存储时间信息，4 字节用来存储控制信息，具体地址及取值范围如表 6-4 所示。

表 6-4　DS12C887 地址分配表

地址	功能	取值范围 十进制数	取值范围	
			二进制	BCD码
0	秒	0～59	00～3B	00～59
1	秒闹铃	0～59	00～3B	00～59
2	分	0～59	00～3B	00～59
3	分闹铃	0～59	00～3B	00～59
4	12小时模式	0～12	01～0C AM 81～8C PM	01～12AM 81～92PM
	24小时模式	0～23	00～17	00～23
5	时闹铃，12小时制	1～12	01～0C AM 81～8C PM	01～12AM 81～92PM
	时闹铃，24小时制	0～23	00～17	00～23
6	星期(星期天=1)	1～7	01～07	01～07
7	日	1～31	01～1F	01～31
8	月	1～12	01～0C	01～12
9	年	0～99	00～63	00～99
10	控制寄存器 A	—	—	—
11	控制寄存器 B	—	—	—
12	控制寄存器 C	—	—	—
13	控制寄存器 D	—	—	—
50	世纪	0～99	NA	19，20

1. 控制寄存器 A

控制寄存器 A 在 DS12C887 的 RAM 中占用地址为 0AH 的单元，主要用于设置芯片是否更新、晶体振荡器的开/关、分频器复位及速率选择等。各位如表 6-5 所示。

表 6-5　控制寄存器 A (0AH)

位序号	D7	D6	D5	D4	D3	D2	D1	D0
位名称	UIP	DV2	DV1	DV0	RS3	RS2	RS1	RS0

UIP——更新位，用来标志芯片是否即将进行更新。当 UIP=1 时，更新即将开始；当 UIP=0 时，表示至少在 244 μs 内芯片不会更新，此时，时钟、日历和闹钟信息可以通过读/写相应的字节获得并设置。UIP 位为只读位且不受复位信号($\overline{RESET}$)的影响。寄存器 B 中的 SET 位设置为 1 时，可以禁止更新并将 UIP 位清 0。

DV2、DVl、DV0——开/关晶体振荡器和复位分频器。当[DV2 DV1 DV0]=[010]时，晶体振荡器开启且保持时钟运行。当[DV2 DV1 DV0]=[×11]时，晶体振荡器开启，但分频保持复位状态。

RS3、RS2、RSl、RS0——速率选择位。这 4 个速率选择位用来选择 15 级分频器中的 13 种分频之一，或禁止分频器输出。按照所选择的频率，产生方波输出(在 SWQ 引脚)和一个周期性中断。用户可进行如下操作：

(1) 设置周期中断允许位(PIE)；

(2) 设置方波输出允许位(SQWE)；

(3) 两位同时设置为有效，并且设置频率；

(4) 两者都禁止。

表 6-6 所示为周期性中断率和方波中断频率表，该表列出了通过 RS 寄存器选择的周期中断频率和方波频率。这 4 个可读/写位不受复位信号的影响。

表 6-6　DS12C887 周期性中断率和方波中断频率表

寄存器A中的控制位				中断周期	SQW输出频率
RS3	RS2	RS1	RS0		
0	0	0	0	无	无
0	0	0	1	3.90625 ms	256 Hz
0	0	1	0	7.8125 ms	128 Hz
0	0	1	1	122.07 μs	8.192 kHz
0	1	0	0	244.141 μs	4.096 kHz
0	1	0	1	488.281 μs	2.048 kHz
0	1	1	0	976.5625 μs	1.024 kHz
0	1	1	1	1.953125 ms	512 Hz
1	0	0	0	3.90625 ms	256 Hz
1	0	0	1	7.8125 ms	128 Hz
1	0	1	0	15.625 ms	64 Hz
1	0	1	1	31.25 ms	32 Hz
1	1	0	0	62.5 ms	16 Hz
1	1	0	1	125 ms	8 Hz
1	1	1	0	250 ms	4 Hz
1	1	1	1	500 ms	2 Hz

2. 控制寄存器 B

控制寄存器 B 在 DS12C887 的 RAM 中占用地址为 0BH 的单元， 控制寄存器 B 设置的内容较多，如芯片能否更新、是否允许各种中断、能否输出方波、数据存储格式、夏令时等。各位如表 6-7 所示。

表 6-7　控制寄存器 B (0BH)

位序号	D7	D6	D5	D4	D3	D2	D1	D0
位名称	SET	PIE	ALE	UIE	SQWE	DM	21/12	DSE

SET——SET=0：芯片更新正常进行；SET=1：芯片更新被禁止。SET 位可读/写，并不受复位信号的影响。

PIE——PIE=0：禁止周期中断输出到 $\overline{IRQ}$；PIE=1：允许周期中断输出到 $\overline{IRQ}$。

AIE——AIE=0：禁止闹钟中断输出到 $\overline{IRQ}$；AIE=1：允许闹钟中断输出到 $\overline{IRQ}$。

UIE——UIE=0：禁止更新结束中断输出到 $\overline{IRQ}$；UIE=1：允许更新结束中断输出到 $\overline{IRQ}$。UIE 在复位或设置 SET 为 1 时清 0。

SQWE——SQWE=0：SQW 引脚为低电平；SQWE=1：SQW 输出设定频率的方波。

DM——DM=0：设置寄存器存储数据格式为 BCD 码格式；DM=1：设置寄存器存储数据格式为二进制数格式，DM 不受复位信号影响。

24/12——该位为 1 时，选择 24 小时制；该位为 0 时，选择 12 小时制。

DSE——夏令时允许标志。在四月的第一个星期日的 1：59：59AM，时钟调到 3：00：00 AM；在十月的最后一个星期日的 1：59：59AM，时钟调到 1：00：00AM。

3. 控制寄存器 C

控制寄存器 C 在 DS12C887 的 RAM 中占用地址为 0CH 的单元， 控制寄存器 C 用于存放各种中断标志。各位如表 6-8 所示。

表 6-8　控制寄存器 C (0CH)

位序号	D7	D6	D5	D4	D3	D2	D1	D0
位名称	IRQF	PF	AF	UF	0	0	0	0

IRQF——中断请求标志。当以下四种情况中有一种或几种发生时，IRQF 置高电平：PF=PIE=1；AF=AIE=1；UF=UIE=1；IRQF=PF·PIE+AF·AIE+UF·UIE。IRQF 一旦为高电平，$\overline{IRQ}$ 引脚就输出低电平。所有标志位在读寄存器 C 或复位后清 0。

PF——周期中断标志。

AF——闹钟中断标志。

UF——更新中断标志。

4. 控制寄存器 D

控制寄存器 D 在 DS12C887 的 RAM 中占用地址为 0DH 的单元， 控制寄存器 D 中只用了最高位，表示内置电池是否耗尽，其余位均为 0。各位如表 6-9 所示。

表 6-9　控制寄存器 D (0DH)

位序号	D7	D6	D5	D4	D3	D2	D1	D0
位名称	VRT	0	0	0	0	0	0	0

VRT——VRT=0：表示内置电池能量耗尽，此时 RAM 中数据的正确性就不能保证了。

上述只是对 DS12C887 进行了简单介绍，具体操作时请参阅其完整资料。

习　题

一、填空题

1. 51 单片机有_____个定时/计数器，它们能实现________________功能。

2. 定时/计数器的实质是__________，计数初值存放在__________，有________种工作方式。

3. 启动 T1 的指令是______________，TF0=1 表示__________________，TR0=0 表示__________________，定时/计数器的溢出标志是由____________设置，CPU 响应中断请求后由_________清除定时/计数器的溢出中断标志。

4. TMOD=0x52 的含义是_______________________________，TMOD=0x93 的含义是______________________，GATE=0 表示________________，定时/计数器的功能选择位是__________________，ET1=1 的作用是___________________。

5. 定时/计数器的初始化一般安排在__________函数中完成。

二、选择题

1. 51 单片机的定时/计数器 T1 实现定时功能时，加 1 一次的时间是(　　)。

A. $1/f_{osc}$　　B. $12/f_{osc}$　　C. 由 P3.5 引脚的脉冲决定

2. 定时/计数器工作在方式 1 时，最多可计数(　　)次。

A. 256　　B. 512　　C. 8192　　D. 65536

3. 定时/计数器溢出回零后，能由硬件自动重装初值的是(　　)。

A. 方式 0　　B. 方式 1　　C. 方式 2　　D. 方式 3

4. 定时/计数器 T1 的中断号是(　　)。

A. 0　　B. 1　　C. 2　　D. 3

5. 下面所示特殊功能寄存器中，只能采用字节寻址的是(　　)。

A. IE　　B. IP　　C. TMOD　　D. TCON

三、判断题

1. 定时与计数功能需要由两个器件来实现。　　(　　)

2. 定时/计数器工作在方式 1 时为 13 位计数器。　　(　　)

3. 定时/计数器 T1 的启动位是 TF1。　　(　　)

4. 定时/计数器的中断服务函数必须写在主函数之前。　　(　　)

5. 定时/计数器工作在方式 2 时，计数初值送入 THx，用于加 1 计数。　　(　　)

四、简答题

1. 简述定时/计数器计数与定时两种功能的区别。

2. 简述定时/计数器方式 1 与方式 2 的区别。

3. 简述特殊功能寄存器 TCON、TMOD 的作用。

4. 简述定时时间大于 65.536 ms 时的实现原理。

5. 简述定时/计数器初始化步骤。

五、设计与编程题

1. 编写初始化程序，设置 T0 计数 12 次，T1 定时 30 ms，晶振为 12 MHz。

2. 编程使 P1 口所接的 8 个发光二极管形成流水效果，每个灯点亮 100 ms，用 T1 实现定时，画出硬件电路图，并编写源程序。

3. 编程实现 60 s 计时，画出硬件电路图，并编写源程序。

4. 编程将引脚 P3.4 所接按键设置为加 1 键，采用中断方式。画出硬件电路，编写源程序。

5. 编程实现 99 min 定时，通过按键预置好所需时间，按“开始”键开始计时，预置时间到时，点亮发光二极管报警，并停止工作。

项目七 液晶显示器及其应用

7.1 项 目 说 明

❖ 项目任务

在液晶显示器 LCD1602 的第一行居中显示“99 s 倒计时”，第二行居右显示“WE LOVE dpj”。

❖ 知识培养目标

(1) 掌握液晶显示器的特点、分类、命名方法。

(2) 掌握存储器 DDRAM、CGROM 的作用。

(3) 掌握液晶显示器的常用指令，并对其进行正确的初始化。

(4) 掌握字符、字符串的显示方法。

(5) 掌握定时/计数器与液晶显示器的综合应用。

❖ 能力培养目标

(1) 能利用所学知识正确地选择元器件。

(2) 能利用所学知识画出实现该任务的原理图。

(3) 能利用 KEIL C 建立工程文件，并进行调试。

7.2 基 础 知 识

7.2.1 液晶显示器概述

液晶是一种高分子材料，具有特殊的物理、化学、光学特性，利用液晶的这些特点可制成液晶显示器(简称为 LCD)，它的主要原理是以电流刺激液晶分子产生点、线、面并配合背光灯显示信息。液晶显示器以其体积小、微功耗、操作简单、显示信息量大等特点，在低功耗显示领域得到了越来越广泛的应用。

液晶显示器根据显示方式分为字符型液晶和图形型液晶。字符型液晶一般只能显示 ASCII 码字符，如数字、大小写字母、各种符号等；图形型液晶主要用于显示汉字及各种图形，也可显示 ASCII 码。

液晶显示器一般是根据显示字符的行数或构成液晶点阵的行数、列数进行命名。例如，字符型液晶显示器 1602 的含义就是可以显示两行，每行显示 16 个字符。类似地命名还有

1601、0802、2002 等。图形型液晶 12232 表示液晶由 122 列 32 行组成，共有 122×32 个光点，通过控制其中任意一个光点显示或不显示构成所需的画面。类似地命名还有 12864、192128、320240 等。

液晶显示器的驱动简单、灵活，用户可根据需要选择并口或串口驱动。

7.2.2　LCD1602 简介

1. LCD1602 的特点

LCD1602 是最常用的一种字符型液晶显示器，共 16 个引脚，电源电压为 5 V，带背光，两行显示，每行 16 个字符，即每屏最多显示 32 个字符，一般不用于显示汉字，内置 128 个 ASCII 字符集。常用两种显示形式，一是在液晶的任意位置显示字符或字符串；二是字符或字符串的滚动显示。市场上的 LCD1602 多采用并口驱动，图 7-1 和图 7-2 所示为并口 LCD1602 的正面和反面。

图 7-1　液晶显示器 1602 的正面图

图 7-2　液晶显示器 1602 的反面图

2. LCD1602 的引脚

LCD1602 共有 16 个引脚，引脚图如图 7-3 所示。各引脚名称及功能如下。

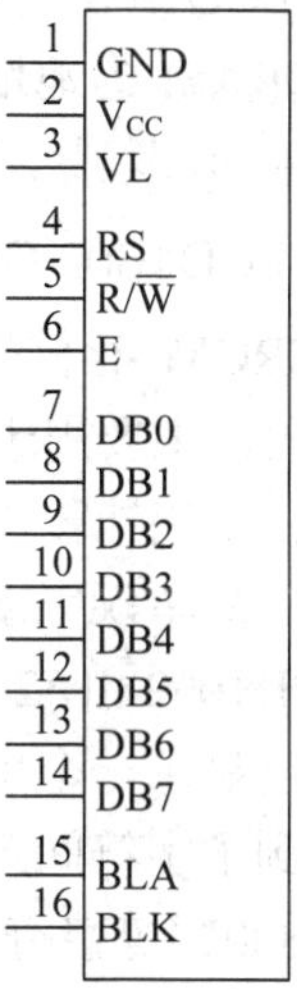

图 7-3　LCD1602 引脚图

(1) 电源。

V_{CC}——电源正，+5 V。

GND——电源地。

BLA——背光电源正极。

BLK——背光电源负极。

(2) 并行数据口。

DB7～DB0——8 位数据口。

(3) 控制引脚。

VL——液晶显示器对比度调节端，此端通常接电位器的调节端；不需调节时可接地。

RS——数据/指令选择端(H/L)。当 RS=0 时，选择指令，DB7～DB0 上的指令码将送入指令寄存器存放；当 RS=1 时，选择数据，DB7～DB0 上显示字符的 ASCII 码将存入 DDRAM 中某一单元。

$R/\overline{W}$——读写选择端(H/L)。当 $R/\overline{W}$=0 时，写操作；当 $R/\overline{W}$=1 时，读操作。

E——使能端。

3. LCD1602 DDRAM 地址映射图

显示存储器 DDRAM 主要用于存放待显示字符在 CGROM 中的编码即 ASCII 码。也就是说，LCD1602 显示屏上的 32 个显示位置与 DDRAM 中的 32 个单元一一对应，在 LCD1602 上某个位置显示字符就是将该字符的 ASCII 码存入 DDRAM 存储器的对应单元。DDRAM 的容量为 80 字节，这 80 个字节分两行，每行 40 字节，最多存储两屏半字符，其地址与 LCD1602 显示屏的对应关系如图 7-4 所示。

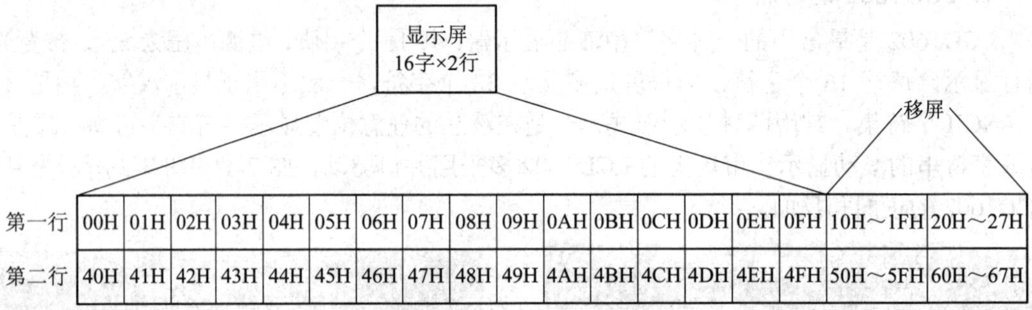

图 7-4　LCD1602 液晶 DDRAM 地址映射图

由图 7-4 可知，只有将显示字符写入第一行地址为 00H～0FH、第二行地址为 40H～4FH 这 32 个单元时，才能直接在显示屏上显示出来。例如，要在第一行第三列显示“H”，需要将“H”的 ASCII 码写入 DDRAM 中地址为 02H 的单元中(实际上编程时指令码为 80H+02H，这是由 LCD 指令 8 所决定的)；写入指令码为 80H+40 时，字符则会显示在第二行第一列。写入第一行地址为 10H～27H、第二行地址为 50H～67H 单元中的显示字符，必须通过 LCD1602 的移屏指令(LCD 指令 3 或指令 5)将其移入可显示区域后才能显示出来。

DDRAM 的地址存于地址指针中，每进行一次读或写操作，地址指针可自动加 1 或减 1，是加 1 还是减 1 通过 LCD1602 的指令 3 进行设置，这为字符串的显示带来方便。

4. LCD1602 CGROM

CGROM 存储器中固化了 128 个常用字符的字模，每个字模都有固定的编码即它的 ASCII 码，主要用于显示常用字符；CGRAM 存储器的 64 个字节用于存放用户自定义的 8 组 5×8 点阵字模，字模的代码为 0～7，主要用于显示简单汉字或图形。

LCD1602 由 32 个 5×8 点阵组成，每个 5×8 点阵可以显示一个字符，点阵之间有一段空的间隔起到了字符间距和行间距的作用。常用的 1601、8002 等字符型液晶显示器都是相同的原理，它们虽然显示的行数、字数不尽相同，但是都具有相同的输入、输出界面。在 5×8 字符点阵中点亮不同的点就可以显示出不同的字符，点亮和熄灭点阵上光点的数据称为字模。图 7-5 给出了 5×8 点阵显示字符“H”所

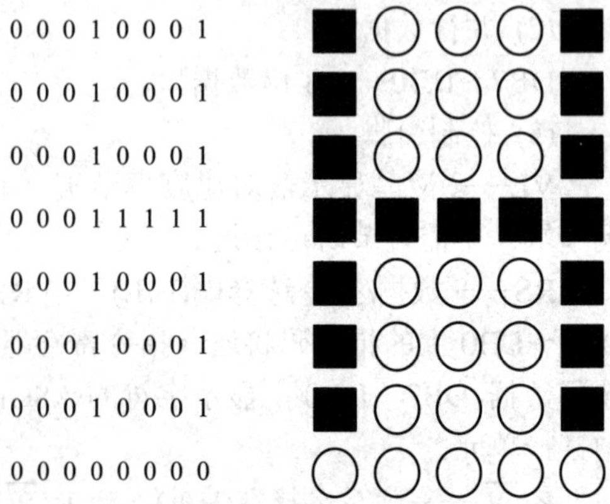

图 7-5　5×8 点阵字模

需要的字模。常用字符的字模已在 CGROM 中被固化，且每个字模都有一个固定的编码，即它的 ASCII 码。

当用户编程将待显示字符的编码写入 DDRAM 后，根据编码在 CGROM 中找到所对应的字模，由它来控制 5×8 点阵显示所需的字符。

5. LCD1602 指令集

LCD1602 液晶模块共有 11 条指令，主要用于清屏、显示、移位等操作，如表 7-1 所示。

表 7-1　LCD1602 指令集

序号	指令(指令码)	RS	R/$\overline{W}$	DB7	DB6	DB5	DB4	DB3	DB2	DB1	DB0
1	显示清屏(01H)	0	0	0	0	0	0	0	0	0	1
2	显示回车(02H)	0	0	0	0	0	0	0	0	1	0
3	置地址指针(04H～07H)	0	0	0	0	0	0	0	1	ID	S
4	置显示开/关及光标(08H～0fH)	0	0	0	0	0	0	1	D	C	B
5	光标或字符移位(10H～1cH)	0	0	0	0	0	1	S/C	R/L	0	0
6	置显示模式(38H)	0	0	0	0	1	1	1	0	0	0
7	置 CGRAM 地址(40H+地址码)	0	0	0	1	CGRAM 地址					
8	置 DDRAM 地址(80H+地址码)	0	0	1	DDRAM 地址						
9	读忙标志或光标地址	0	1	BF	DDRAM 地址指针数值						
10	写数据到 CGRAM 或 DDRAM	1	0	要写入的数据							
11	从 CGRAM 或 DDRAM 读数据	1	1	要读出的数据							

指令 1：显示清屏。光标返回显示屏的左上方，地址指针为 0；DDRAM 单元全部写入“空白”的 ASCII 码 20H。

指令 2：显示回车。光标返回显示屏的左上方，地址指针为 0。

指令 3：置地址指针。

ID：置地址指针。ID=1 读或写完一个字符后地址指针加 1，且光标加 1；ID=0 读或写完一个字符后地址指针减 1，且光标减 1。

S：置移屏。S=1 写入一个字符时整屏显示左移(ID=0)或右移(ID=1)；S=0 写入一个字符时整屏显示不移动。

指令 4：置显示开/关及光标。

D：LCD1602 显示的开与关。D=1 开显示，LCD1602 可以显示；D=0 关显示，LCD1602 不能显示。

C：光标的开与关。C=1 光标显示，C=0 光标不显示。

B：光标是否闪烁。B=1 光标闪烁，B=0 光标不闪烁。

指令 5：光标或字符移位。

S/C：光标或字符是否移位。S/C=1 时整屏信息、光标同时移动；S/C=0 时只移动光标；

R/L：移位方向。R/L=1 时整屏信息、光标右移；R/L=0 时整屏信息、光标左移。

指令 6：置显示模式。为 8 位数据接口，两行显示，5×8 点阵。

指令 7：置 CGRAM 地址。用以选择 CGRAM 存储器的某一单元。

指令 8：置 DDRAM 地址。用以选择 DDRAM 存储器的某一单元。

指令 9：读忙标志或读光标地址。

(1) 读忙标志。BF：为忙标志位。BF=1 表示忙，此时模块不能接收命令或者数据；BF=0 表示不忙。原则上每次对 LCD1602 进行读/写操作之前都必须进行忙检测，以确定 BF 为 0。实际上，由于单片机的操作速度慢于液晶显示器的反应速度，因此可以不进行忙检测或只进行简短的延时即可。

(2) 读光标地址。读取当前 DDRAM 存储器地址指针的内容。

指令 10：写数据到 CGRAM 或 DDRAM。

(1) 写数据到 DDRAM：将显示字符写入 DDRAM。

(2) 写数据到 CGRAM：将用户自己编写的字模存入 CGRAM，可以在显示屏上显示出相应的图形或简单的汉字。

指令 11：从 CGRAM 或 DDRAM 读数据。读取 DDRAM 和 CGRAM 的内容。

例如，设置地址指针自加 1，不移屏时，根据表 7-1 可知由指令 3 实现。其中由地址指针自加 1 确定 ID=1，不移屏确定 S=0，指令码 DB7～DB0 为 00000110B=06H。

6. LCD1602 的基本操作

读状态　输入：RS=L，$R/\overline{W}$=H，E=H　　输出：DB7～DB0=状态字

写指令　输入：RS=L，$R/\overline{W}$=L，DB7～DB0=指令码，E=正脉冲　　输出：无

读数据　输入：RS=H，$R/\overline{W}$=H，E=H　　输出：DB7～DB0=数据

写数据　输入：RS=H，$R/\overline{W}$=L，DB7～DB0=数据，E=正脉冲　　输出：无

指令 1～指令 8 为写指令操作，指令 9 为读状态操作，指令 10 为写数据操作，指令 11 为读数据操作。

7. LCD1602 的操作时序

LCD1602 的读/写操作时序如图 7-6 和图 7-7 所示。

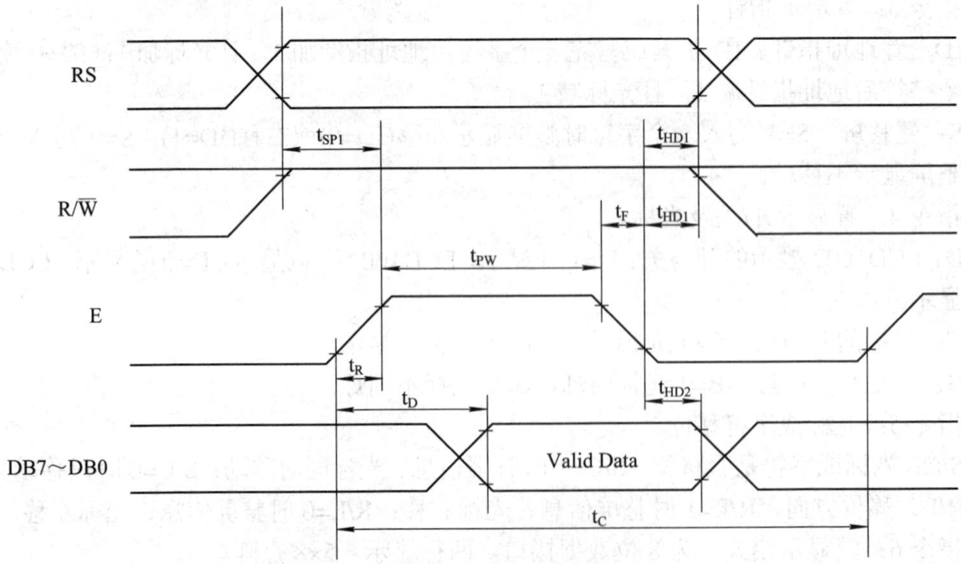

图 7-6　LCD1602 读操作时序

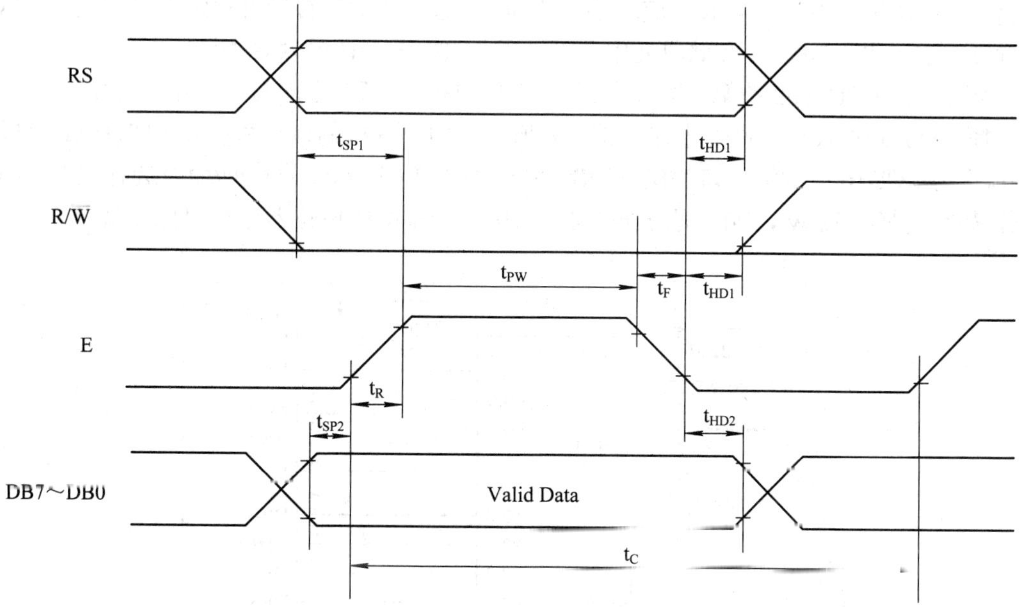

图 7-7　LCD1602 写操作时序

操作时间参数如表 7-2 所示。

表 7-2　LCD1602 操作时间参数

时序参数	序号	极限值/ns			测试条件
		最小值	典型值	最大值	
E 信号周期	t_C	400	—	—	引脚 E
E 脉冲宽度	t_{PW}	150	—	—	
E 上升沿/下降沿时间	t_R、t_F	—	—	25	
地址建立时间	t_{SP1}	30	—	—	引脚 E、RS、R/$\overline{W}$
地址保持时间	t_{HD1}	10	—	—	
数据建立时间(读操作)	t_D	—	—	100	引脚 DB7～DB0
数据保持时间(读操作)	t_{HD2}	20	—	—	
数据建立时间(写操作)	t_{SP2}	40	—	—	
数据保持时间(写操作)	t_{HD2}	10	—	—	

7.2.3　LCD1602 应用举例

1. 字符显示

字符的显示需完成以下操作：

(1) LCD1602 初始化：包括设置显示模式、显示开/关及光标、地址指针、清屏等。

(2) 设置 DDRAM 中的显示地址(指令 8)，指令码为 80H+地址码。

(3) 向 DDRAM 单元写入待显示字符的 ASCII 码。写入 ASCII 码有两种方法：一是直接写入 ASCII 码，如显示“H”是就写入它的 ASCII 码 48H；二是发送字符常量，在 C51

中将 1 个字符用单引号 ' ' 括起来就是字符常量，发送一个字符常量时实际上是将它的 ASCII 码存放到选定的 DDRAM 存储单元中。因此发送 'H' 与 48H 的效果相同。

例 1　在 LCD1602 的第一行居左显示字符"H"，第二行居右显示字符"B"。

解：(1) 硬件设计。硬件电路如图 7-8 所示，由单片机的最小系统和 LCD1602 组成。P2 口作为 LCD1602 的数据口 DB7～DB0；P0.5 作为 LCD1602 的数据/命令选择端 RS，P0.6 用作读/写选择端 R/$\overline{W}$，P0.7 是使能端 E，3 脚所接 10 kΩ 电位器进行对比度调节。

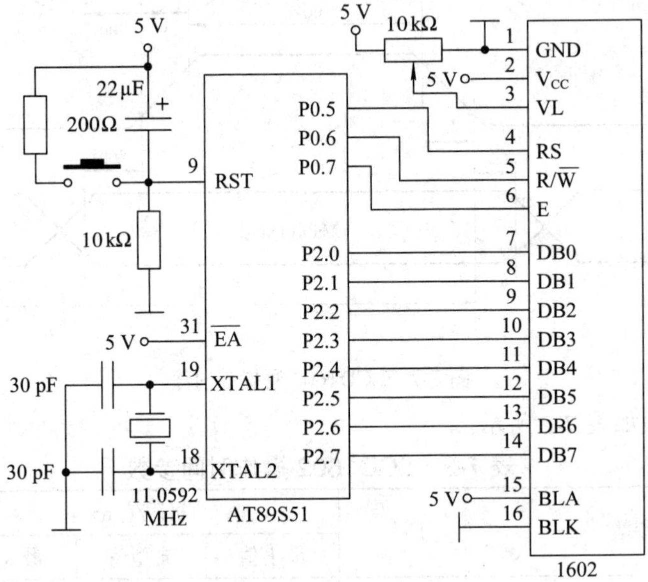

图 7-8　LCD1602 与 51 单片机连接图

(2) 软件设计。液晶显示器 1602 在工作时，首先要对它进行初始化，确定 LCD1602 的显示模式、显示开/关、光标或字符是否移位、清屏等。根据本例要求参照表 7-1 设置 LCD1602 的显示模式为 16×2 显示、5×8 点阵、8 位数据接口(指令 6，指令码为 38H)；开显示、显示光标、光标不闪烁(指令 4，指令码为 0eH)；显示单个的字符时可不设置地址指针；清屏(指令 1，指令码为 01H)。其次要确定 DDRAM 单元的地址，根据图 7-4 所示 DDRAM 地址映射图并结合指令 8 可知，第一行居左显示，即第一行第一个位置的指令码 80H+00H；第二行居右显示，即第二行最后一个位置的指令码是 80H+4fH。最后将显示字符写入选中的 DDRAM 单元。

写指令函数 write_com(uchar com)用于将 8 位指令码 com 写入 LCD1602 的指令寄存器，必须符合图 7-7 所示写操作时序，初始化 LCD1602、确定 DDRAM 存储器地址等所需的指令 1～8 均由此函数写入。

写数据 write_dat(uchar dat)的作用是将 8 位显示数据 dat 写入 LCD1602 内的显示存储器 DDRAM 的单元中，并且要符合图 7-7 所示写操作时序，实现指令 10 操作。

初始化 LCD1602 由函数 csh1602( )完成。主函数中实现 LCD1602 的初始化、字符的显示，流程图如图 7-9 所示。

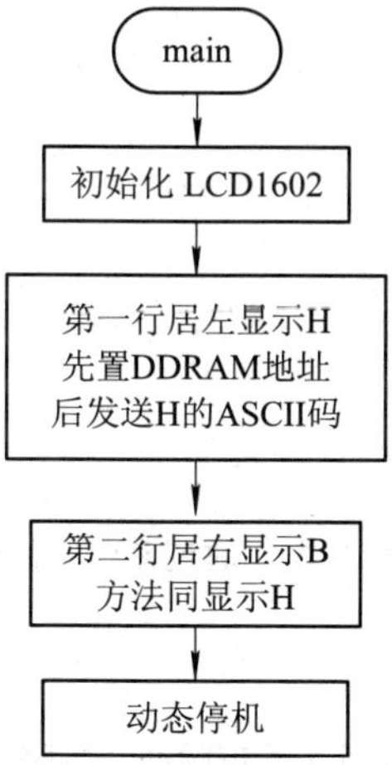

定义使能端 E
定义读/写选择端 RW
定义数据/命令选择端 RS

图 7-9　例 1 流程图

(3) 源程序。

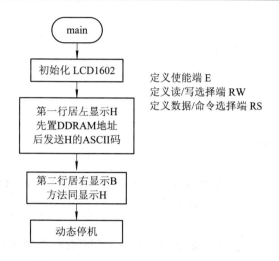

```
#include<reg51.h>
#define uchar unsigned char
#define uint   unsigned int

/*必要的全局变量定义*/
sbit E=P0^7;                //定义 LCD1602 使能端
sbit RW=P0^6;               //定义 LCD1602 读/写选择端
sbit RS=P0^5;               //定义 LCD1602 数据/命令选择端

/*延时函数*/
void delay( )
{
    uchar i;                //时间约为 1 ms
    for(i=0; i<=130; i++);
}

/*写指令函数*/
void write_com(uchar com)
{
    P2 = com;               //com 为输入的指令码，通过 P2 口送入 LCD1602 的指令寄存器
    RS = 0;                 //RS=0 选择指令
    RW = 0;                 // RW = 0 写操作
    E = 0;                  //为使能端 E 提供所需的正脉冲，参照图 7-7 写操作时序
    delay( );
```

```
        E = 1;
        delay( );
        E = 0;
}

/*写数据函数*/
void write_dat(uchar dat)
{
        P2 = dat;               //dat 为输入的显示数据，通过 P2 口存入 LCD1602 的 DDRAM 单元
        RS = 1;                 //RS=1 选择数据
        RW = 0;
        E = 0;                  //为使能端 E 提供所需的正脉冲，参照图 7-7 写操作时序
        delay( );
        E = 1;
        delay( );
        E = 0;
}

/*1602 初始化函数*/
void csh1602 ( )
{
        write_com (0x38);               //显示模式为 16×2 显示、5×7 点阵、8 位数据口
        write_com (0x0e);               //开显示、显示光标、光标不闪烁
        write_com (0x01);               //清屏
}

/*主函数*/
main( )
{
        csh1602( );                     //初始化 LCD1602
        delay( );
        write_com (0x80+0x00);          //在第一行居左显示“H”，先设置 DDRAM 地址
        write_dat ('H');                //后写入 H 的 ASCII 码，或用指令 write_data (48H);
        delay( );
        write_com (0x80+0x4F);          //在第二行显示“B”，同上
        write_dat ('B');
        delay( );
        while(1);                       //动态停机
}
```

2. 字符串显示

字符串的显示需完成以下操作：

(1) 定义字符数组存放待显示的字符串，字符串数组的定义格式为

```
uchar code table1[ ]= "HELLO!";
```

或

```
uchar code table1[ ]= {"HELLO!"};
```

或

```
uchar table1[ ]= "HELLO!";
```

将字符数组的每个元素发送至DDRAM存储器时，存放的实际是每个字符的ASCII码。注意：当数组中的元素为字符串时，可以用双引号将字符串引起来，空格也算一个字符；字符串在存放时有一个结束标志空字符“\0”，因此上述定义的字符数组table1实际上有6+1个元素。

(2) LCD1602初始化：与字符显示不同的是一定要设置地址指针(指令3)。

(3) 设置字符串显示首地址的指令码是“80H+地址码”。在显示字符串时，如果初始化时是由指令3设置地址指针自加1，则只需发送字符串显示位置第一个单元的地址；地址指针自减1时只需发送字符串显示位置最后一个单元的地址，那么每读完或写完一个字符后地址指针会自加1或自减1，从而自动获得其他后续字符的显示地址。

(4) 用for语句向DDRAM连续写入待显示的字符串。如果字符串中字符的个数小于16个，则循环次数一定要与字符串所含字符的个数一致，否则会显示乱码；如果字符串中字符的个数超过16个，则显示完一屏16个字符后应该用移屏指令显示剩余的字符。

例2　在LCD1602的第一行显示字符串“HELLO!”，第二行显示字符串“Dian zi xin xi”，均居中显示。

解：(1) 硬件设计。硬件电路图如图7-8所示。

(2) 软件设计。本例实现的关键在于以下几点：

① 定义数组存放待显示的字符串。

```
uchar code table1[ ]= "HELLO!";
uchar code table2[ ]= "Dian zi xin xi";
```

② 设置字符串显示首地址。本例中，初始化LCD1602时，设置地址指针自加1、不移屏(指令3，指令码为06H)。第一行显示的字符串“HELLO!”共6个字符，LCD1602每行最多显示16个字符。当居中显示时，左面须剩余(16−6)/2=5个位置，第一个字符显示地址的指令码即为80H+05H。第二行字符串“Dian zi xin xi”中包括空格共14个字符，居中显示时，左面须剩余(16−14)/2=1个位置，第一个字符显示地址的指令码为80H+41H。

③ 确定了字符串显示的首地址后，用for语句连续向DDRAM写入字符串数据。第一行显示的字符串“HELLO!”共6个字符，应循环6次，而第二行显示的字符串“Dian zi xin xi”则需循环14次。若出现乱码，一般表明这里的循环次数出错。

主函数流程图如图7-10所示。

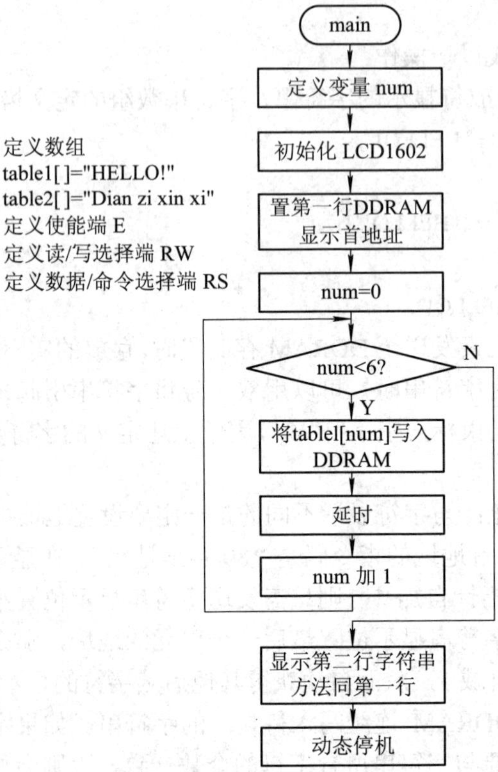

图 7-10　例 2 流程图

(3) 源程序。

```
#include<reg51.h>
#define uchar unsigned char
#define uint   unsigned int

/*必要的全局变量定义*/
sbit E=P0^7;                                    //定义 LCD1602 使能端
sbit RW=P0^6;                                   //定义 LCD1602 读/写选择端
sbit RS=P0^5;                                   //定义 LCD1602 数据/命令选择端
uchar code table1[ ]= "HELLO!";             //定义第一行字符串
uchar code table2[ ]= "Dian zi xin xi";         //定义第二行字符串

/*延时函数*/
void delay( )
{
    uchar i;                                    //时间约为 1 ms
    for(i=0; i<=130; i++);
}
```

```
/*写指令函数*/
void write_com(uchar com)
{
    P2 = com;         //com 为输入的指令码，通过 P2 口送入 LCD1602 的指令寄存器
    RS = 0;           //RS=0 选择指令
    RW = 0;           // RW = 0 写操作
    E = 0;            //为使能端 E 提供所需的正脉冲，参照图 7-7 写操作时序
    delay();
    E = 1;
    delay();
    E = 0;
}

/*写数据函数*/
void write_dat(uchar dat)
{
    P2 = dat;         //dat 为输入的显示数据，通过 P2 口存入 LCD1602 的 DDRAM 单元
    RS = 1;           //RS=1 选择数据
    RW = 0;
    E = 0;            //为使能端 E 提供所需的正脉冲，参照图 7-7 写操作时序
    delay();
    E = 1;
    delay();
    E = 0;
}

/*1602 初始化函数*/
void csh1602 ()
{
    write_com (0x38);         //显示模式为 16×2 显示、5×7 点阵、8 位数据口
    write_com (0x0e);         //开显示、显示光标、光标不闪烁
    write_com (0x06);         //地址指针自加 1、不移屏
    write_com (0x01);         //清屏
}

/*主函数*/
main()
{
    uchar num;
    csh1602();                //初始化 LCD1602
```

```
        write_com (0x80+0x05);          //在第一行显示"HELLO!"，置 DDRAM 首地址 05H
        for(num=0;num<6;num++)          //连续发送 table1 的 6 个元素
        {
            write_dat (table1[num]);    //将数组 table1 中序号 num 的元素写入 DDRAM
            delay();
        }
        write_com (0x80+0x41);          //在第二行显示"Dian zi xin xi"，置 DDARM 首地址 41H
        for(num=0;num<=13;num++)        //连续发送 table2 的 14 个元素
        {
            write_dat (table2[num]);    //将数组 table2 中序号 num 的元素写入 DDRAM
            delay();
        }

        while(1);                       //动态停机
    }
```

在字符串显示时，除了利用 for 语句发送字符串中的每个字符至 DDRAM，也可以用 while 语句来实现。相关程序段为：

```
    num=0;
    while(table1[num]!='\0')
    {
        write_dat (table1[num]);        delay();
        num++;          //修改 num
    }
```

7.3 项 目 实 施

7.3.1 硬件设计方案

硬件电路如图 7-8 所示。

7.3.2 软件设计方案

该项目与项目六的区别在于显示器件由半导体数码管改为液晶显示器 1602 后，可以在显示屏上显示更多的信息。在软件设计中主要解决以下几个问题：

(1) 计时的时间基准 1 s 由定时/计数器 T0 实现。原理是 1 s = 20 ms×50，由 T0 实现 20 ms 定时，定义变量 t0_num(初值为 0)在 T0 中断服务函数中统计 T0 的溢出次数，当 T0 溢出 50 次时，表示 1 s 到。

(2) 定义变量 djs(初值为 99)用于倒计时。当 1 s 到了之后，djs−1。

(3) 在液晶显示器 1602 上显示变量 djs 时，可分别显示十位数和个位数。不管显示哪一位数都要先发送 DDRAM 的显示地址，后发送它的 ASCII 码。

主函数流程图如图 7-11 所示。

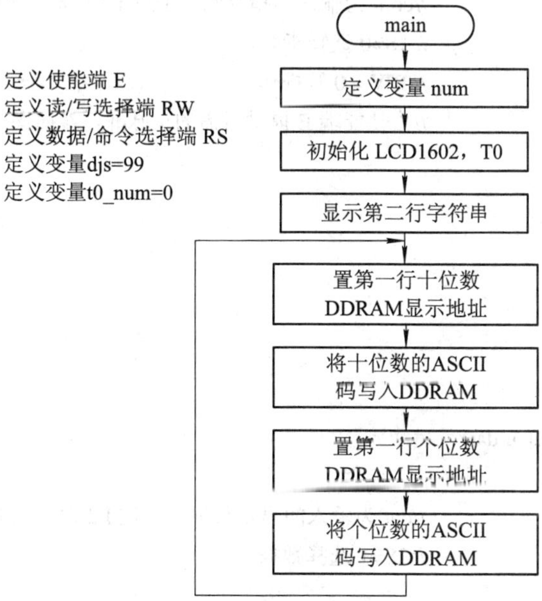

图 7-11　项目七主函数流程图

源程序

```
#include<reg51.h>
#define uchar unsigned char
#define uint   unsigned int

/*必要的全局变量定义*/
sbit E=P0^7;                    //定义 LCD1602 使能端
sbit RW=P0^6;                   //定义 LCD1602 读/写选择端
sbit RS=P0^5;                   //定义 LCD1602 数据/命令选择端
uchar code table[ ]="WE LOVE dpj";   //定义第二行字符串
uchar djs=99;                   //定义倒计时变量
uchar t0_num=0;                 //定义变量 t0_num，用以累计定时器 T0 的溢出次数，实现 1s 定时

/*延时函数*/
void delay()
{
    uchar i;                    //时间约为 1 ms
    for(i=0; i<=130; i++);
}

/*写指令函数*/
```

```
void write_com(uchar com)
{
    P2 = com;          //com 为输入的指令码，通过 P2 口送入 LCD1602 的指令寄存器
    RS = 0;            //RS=0 选择指令
    RW = 0;            // RW = 0 写操作
    E = 0;             //为使能端 E 提供所需的正脉冲，参照图 7-7 写操作时序
    delay();
    E = 1;
    delay();
    E = 0;
}

/*写数据函数*/
void write_dat(uchar dat)
{
    P2 = dat;          //dat 为输入的显示数据，通过 P2 口存入 LCD1602 的 DDRAM 单元
    RS = 1;            //RS=1 选择数据
    RW = 0;
    E = 0;             //为使能端 E 提供所需的正脉冲，参照图 7-7 写操作时序
    delay();
    E = 1;
    delay();
    E = 0;
}

/*1602 初始化函数*/
void csh1602 ()
{
    write_com (0x38);          //显示模式为 16×2 显示、5×7 点阵、8 位数据口
    write_com (0x0e);          //开显示、显示光标、光标不闪烁
    write_com (0x06);          //地址指针自加 1、不移屏
    write_com (0x01);          //清屏
}

/*定时/计数器 T0 初始化函数*/
void csht0()
{
    TMOD=0x01;                 //设置 T0 定时 20 ms，软启动，方式一
    TH0=(65536-20000)/256;     //晶振 12 MHz，定时 20 ms 时初值高 8 位送入 TH0
    TL0=(65536-20000)%256;     //晶振 12 MHz，定时 20 ms 时初值低 8 位送入 TL0
    ET0=1;                     //定时/计数器 T0 开中断
```

```
    EA=1;                            //CPU 开中断
    TR0=1;                           //启动定时/计数器 T0
}

/*主函数*/
main()
{
    uchar num;
    csh1602();                       //初始化 LCD1602
    csht0();                         //初始化 T0

    write_com (0x80+0x45);           //显示第二行字符串，发送首地址 45H
    for(num=0; num<11; num++)        //连续发送 11 次显示数据
    {
        write_dat (table[num]);      //将数组 table 中序号 num 的元素写入 DDRAM
        delay();
    }

    while(1)   //在第一行显示变量 djs，在定时/计数器 T0 的中断函数中，djs 隔 1s 减 1
    {
        write_com (0x80+0x07);       //发送变量 djs 十位数的显示地址 07H
        write_dat (djs/10+48);       //将变量 djs 十位数的 ASCII 码写入 DDRAM
        write_com (0x80+0x08);       //发送变量 djs 个位数的显示地址 08H
        write_dat (djs%10+48);       //将变量 djs 个位数的 ASCII 码写入 DDRAM
    }
}

/*定时/计数器 T0 中断服务函数*/
void   time0()   interrupt   1
{
    TH0=(65536-20000)/256;
    TL0=(65536-20000)%256;
    t0_num++;                  //T0 每 20 ms 溢出一次，变量 t0_num 加 1
    if(t0_num==50)             //变量 t0_num 加至 50 时，表示 1 s 到
    {
        t0_num=0;              //将变量 t0_num 重赋初值 0，便于下一次累计 T0 的溢出次数
        if(djs==0)             //将 0-1=99 变为 100-1=99，符合减法运算规则
            djs=100;
        djs--;                 //1 s 到了，变量 djs 减 1
    }
}
```

7.3.3　程序调试

1. 实验板电路分析

在 HOT-51 实验板中，LCD1602 与单片机的连接如图 7-12 所示。P0 口与数据口 DB0～DB7 相连；P2.5、P2.6、P2.7 分别与 RS、R/$\overline{W}$、E 相连，W1 为对比度调节电位器。

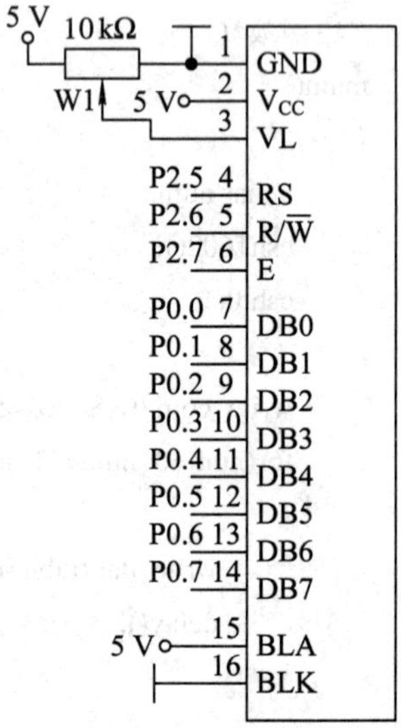

图 7-12　HOT-51 实验板 LCD1602 连接图

2. 程序设计

根据图 7-12 的连接方式，重新改写程序。液晶显示源程序内容简单，但是程序结构较为繁琐，包含了延时函数、写指令函数、写数据函数、初始化 LCD1602 函数，其中写指令函数、写数据函数需要参考 LCD1602 的写操作时序才能够完全理解；由定时/计数器 T0 或 T1 实现 1 s 的定时，与其相关的函数有初始化 T0 函数、定时/计数器的中断服务函数；每个函数都完成了独立的功能，通过主函数将它们有序地联系起来。当定义的函数较多时，要注意各函数的位置，其中中断服务函数由于不能被调用，所以可写在任意位置，其他函数如果写在主函数之后时，需加入函数声明语句。

编辑源程序时，一定要注意源程序的书写格式，要做到一目了然。例如：C51 中，字符用单引号''，而字符串需用双引号""；字符串数组定义时是否加关键字“code”视需要而定；DDRAM 地址的确定；0～9 的 ASCII 码等这些细节也要考虑清楚，才能提高调试的成功率。

3. 结果测试

在下载程序之前先将 LCD1602 插入实验板上对应的插孔中，注意插接方向不能反了；后加上工作电压，调节 LCD1602 附近的电位器 W1，改变调节 LCD1602 的对比度，在显示屏上刚能看到每个 5×8 点阵即可。LCD1602 调整好后，将程序下载到实验板上，观察执行结果。

如果字符串的显示位置错误，出现乱码，一般是字符串显示的首地址出错；如果不能进行倒计时，则可能是与定时/计数器相关的函数有误，如初始化时没有启动、未开中断等；如果计时不准确，则与 T0 的计数初值、溢出次数的累计有关。总之在调试过程中，要逐步学会依据实验结果缩小检查范围。

4. 拓展练习

根据下列要求，编写程序。

(1) 由定时/计数器 T1 实现 1 s 定时。

(2) 改变 1 s 的实现原理，如 1 s=10 ms×100。

(3) 在第二行居中位置显示 0～999 s 计时。

(4) 设置按键，可以在 0～999 s 范围内，灵活设置计时时间。

7.4 项目评价

<table>
<tr><td>项目名称</td><td colspan="5">液晶显示器及其应用</td></tr>
<tr><td>评价类别</td><td>项目</td><td>子项目</td><td>个人评价</td><td>组内互评</td><td>教师评价</td></tr>
<tr><td rowspan="11">专业能力(80 分)</td><td rowspan="4">信息与资讯(20 分)</td><td>LCD1602 的特点及引脚(5 分)</td><td></td><td></td><td></td></tr>
<tr><td>LCD1602 DDRAM 地址(5 分)</td><td></td><td></td><td></td></tr>
<tr><td>LCD1602 常用指令(5 分)</td><td></td><td></td><td></td></tr>
<tr><td>LCD1602 操作时序(5 分)</td><td></td><td></td><td></td></tr>
<tr><td rowspan="3">计划(25 分)</td><td>原理图设计(5 分)</td><td></td><td></td><td></td></tr>
<tr><td>流程图(5 分)</td><td></td><td></td><td></td></tr>
<tr><td>程序设计(15 分)</td><td></td><td></td><td></td></tr>
<tr><td rowspan="2">实施(25 分)</td><td>实验板的适应性(10 分)</td><td></td><td></td><td></td></tr>
<tr><td>实施情况(15 分)</td><td></td><td></td><td></td></tr>
<tr><td>检查(5 分)</td><td>异常检查</td><td></td><td></td><td></td></tr>
<tr><td>结果(5 分)</td><td>结果验证</td><td></td><td></td><td></td></tr>
<tr><td rowspan="2">社会能力(10 分)</td><td>敬业精神(5 分)</td><td>爱岗敬业、学习纪律</td><td></td><td></td><td></td></tr>
<tr><td>团结协作(5 分)</td><td>对小组的贡献及配合</td><td></td><td></td><td></td></tr>
<tr><td rowspan="2">方法能力(10 分)</td><td>计划能力(5 分)</td><td></td><td></td><td></td><td></td></tr>
<tr><td>决策能力(5 分)</td><td></td><td></td><td></td><td></td></tr>
<tr><td rowspan="2">评价</td><td>班级</td><td></td><td>姓名</td><td></td><td>学号</td><td></td></tr>
<tr><td colspan="6">总评　　　　教师　　　　日期</td></tr>
</table>

7.5 拓展与提高

字符型液晶主要用于显示字符，如需大量显示汉字或复杂的图形时最好选用图形型液晶。液晶显示器 12864 是较为常用的一种图形型液晶，LCD12864 一般分为两种，一种带有中文字库，主要用于显示汉字，也可显示图形；另一种不带字库，只是简单的点阵模式，主要用于显示图形，显示汉字时，需自行定义字模。下面介绍如图 7-13 所示带中文字库的液晶显示器 12864。

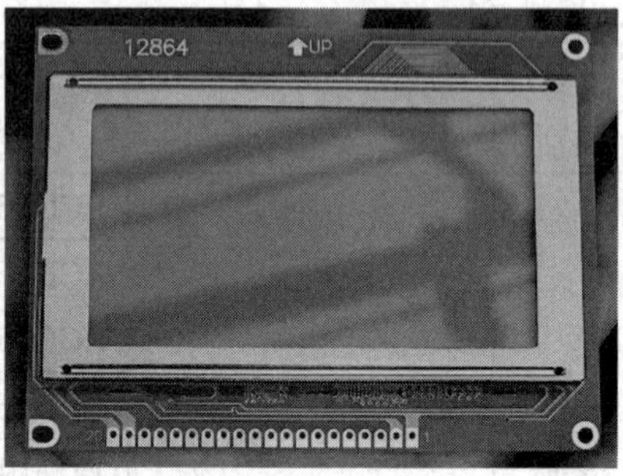

图 7-13　液晶显示器 12864 的正面图

1. LCD12864 的特点

LCD12864 由 64 行×128 列光点组成，5 V 电源，并口驱动，内置 8192 个 16×16 点阵的汉字字库，128 个 8×16 点阵 ASCII 字符集。LCD12864 一屏最多可显示 4 行×8 列共 32 个 16×16 点阵汉字，4 行×16 列共 64 个 16×8 点阵的 ASCII 字符，也可用于显示图形；利用 LCD12864 灵活的接口方式和简单、方便的操作指令，可构成全中文人机交互图形界面。

2. LCD12864 的引脚

LCD12864 的引脚及功能说明如表 7-3 所示。

表 7-3　LCD12864 的引脚及功能说明

引脚号	引脚名称	电平	引脚功能说明
1	GND	0	电源地
2	V_{CC}	5.0 V	电源正极
3	VL	—	对比度调节端
4	RS(CS)	H/L	数据/指令选择(串片选) RS=1 时，选择数据，DB7～DB0 将送入 DDRAM； RS=0 时，选择指令，DB7～DB0 将送入指令寄存器
5	$R/\overline{W}$ (SID)	H/L	读/写选择(串行数据口) $R/\overline{W}$ =1 时，读操作； $R/\overline{W}$ =0 时，写操作
6	E (SCLK)	H/L	使能端(串行同步时钟信号) $R/\overline{W}$ =0、E=1→0 时，在 E 下降沿锁存 DB7～DB0； $R/\overline{W}$ =1、E=1 时，DDRAM 数据被读到 DB7～DB0
7～14	DB0～DB7	H/L	数据口
15	PSB	H/L	H：8 位并口模式；L：串口模式
16	NC	—	空脚
17	$\overline{RST}$	L	复位端，低电平有效，不需要经常复位时可将该端悬空
18	V_{OUT}	−10 V	LCD 驱动电压输出端
19	BLA	+5 V	背光电源正极
20	BLK	—	背光电源负极

3. LCD12864 的工作原理

LCD12864 主要由行驱动器、列驱动器及 128×64 全点阵液晶显示器组成，包含以下功能部件。

(1) 忙标志 BF。忙标志 BF 反映 LCD12864 内部的工作情况。当 BF=1 时，表示 LCD12864 在进行内部操作，此时不接收外部指令和数据；当 BF=0 时，表示 LCD12864 为准备状态，随时可接收外部指令或数据。利用读状态，可以将 BF 读到 DB7 总线，检验 12864 的工作状态，不检测时，用延时替代。

(2) CGROM。存储器 CGROM 提供 8192 个触发器用于 LCD12864 显示屏上 64×128 个光点显示开/关的控制，在 CGROM 中固化了 8192 个 16×16 点阵的汉字字库供用户使用，每个汉字的字模都有固定的编码是 A1A0H～F7FFH。

(3) HCGROM。存储器 HCGROM 中固化了 128 个 16×8 点阵 ASCII 字符集供用户使用，字符的编码是 02H～7FH。

(4) CGRAM。存储器 CGRAM 可以存储四组 16×16 点阵的自定义图像点阵数据，用户可以将 CGROM 内没有提供的图像点阵数据自行定义到 CGRAM 中，便可以和 CGROM 一样通过 DDRAM 显示在屏幕中。CGRAM 中四组自定义点阵数据的编码为 0000H、0002H、0004H、0006H。

(5) DDRAM。存储器 DDRAM 用于存储待显示的汉字或字符在 CGROM、HCGROM 中的编码，与 LCD12864 的显示屏有直接对应关系。

(6) 地址指针。地址指针用于存放 DDRAM 或 CGRAM 的地址，如果设置为自加 1 或自减 1 之后只要读取或是写入 DDRAM/CGRAM 后，地址指针的值就会自动修改。当 RS=0 且 $R/\overline{W}$=1 时，地址指针的值会被读取到 DB6～DB0 中。

(7) 光标/闪烁控制电路。光标/闪烁控制电路提供硬体光标及闪烁控制电路，由地址指针的值来确定显示屏中光标或闪烁的位置。

4. LCD12864 指令集

LCD12864 有基本指令和扩充指令两套控制命令，如表 7-4、表 7-5 所示。

表 7-4　LCD12864 基本指令集(RE=0)

指令	指令码										功　能
	RS	$R/\overline{W}$	DB7	DB6	DB5	DB4	DB3	DB2	DB1	DB0	
显示清屏	0	0	0	0	0	0	0	0	0	1	DDRAM 地址指针为 00H DDRAM 填满“20H”
显示回车	0	0	0	0	0	0	0	0	1	X	DDRAM 地址指针为 00H
置显示开/关及光标	0	0	0	0	0	0	1	D	C	B	D=1/0：LCD12864 显示/不显示 C=1/0：光标显示/不显示 B=1/0：光标位置反白/不反白
置地址指针	0	0	0	0	0	0	0	1	I/D	S	同 LCD1602

续表

指令	指令码										功能
	RS	R/$\overline{W}$	DB7	DB6	DB5	DB4	DB3	DB2	DB1	DB0	
光标或字符移位	0	0	0	0	0	1	S/C	R/L	X	X	同 LCD1602
置显示模式	0	0	0	0	1	DL	X	RE	X	X	DL=0/1：4/8 位数据接口 RE=1：扩充指令操作，图形方式 RE=0：基本指令操作
置 CGRAM 地址	0	0	0	1	CGRAM 地址						设定 CGRAM 地址
置 DDRAM 地址	0	0	1	0	DDRAM 地址						设定 DDRAM 地址(显示位置) 第一行：80H～87H，三行 88H～8FH 第二行：90H～97H，四行 98H～9FH
读忙标志和地址	0	1	BF	DDRAM 地址指针数值							BF=1/0：12864 忙/闲 同时读取 DDRAM 地址指针的值
写数据到 RAM	1	0	数据								将 DB7～DB0 上的数据写入到内部 RAM(DDRAM/CGRAM)
读 RAM 的值	1	1	数据								从内部 RAM(DDRAM/CGRAM)读取数据至 DB7～DB0

表 7-5　LCD12864 扩充指令集(RE=1)

指令	指令码										功能
	RS	R/$\overline{W}$	DB7	DB6	DB5	DB4	DB3	DB2	DB1	DB0	
待命模式	0	0	0	0	0	0	0	0	0	1	进入待命模式，执行其他指令都可终止待命模式
卷动地址	0	0	0	0	0	0	0	0	1	SR	SR=1：允许输入垂直卷动地址 SR=0：允许输入 IRAM 位址
反白选择	0	0	0	0	0	0	0	1	R1	R0	选择 4 行中的任一行反白显示，并可决定反白与否
睡眠模式	0	0	0	0	0	0	1	SL	X	X	SL=0：进入睡眠模式 SL=1：脱离睡眠模式
扩充功能设定	0	0	0	0	1	CL	X	RE	G	0	CL=0/1：4/8 位数据接口 RE=1/0：扩充指令/基本指令 G=1/0：绘图显示开/关
置绘图 RAM 地址	0	0	1	AC6 0	AC5 0	AC4 0	AC3 AC3	AC2 AC2	AC1 AC1	AC0 AC0	设定绘图 RAM 先设定列地址 AC6～AC0 再设定行地址 AC3～AC0 将以上 16 位地址连续写入即可

5. LCD12864 的基本操作

读状态　输入：RS=L，R/$\overline{W}$=H，E=H　输出：DB7～DB0=状态字
写指令　输入：RS=L，R/$\overline{W}$=L，DB7～DB0=指令码，E=正脉冲　输出：无
读数据　输入：RS=H，R/$\overline{W}$=H，E=H　输出：DB7～DB0=数据
写数据　输入：RS=H，R/$\overline{W}$=L，DB7～DB0=数据，E=正脉冲　输出：无

6. 字符与汉字的显示

(1) LCD12864 使用前的准备：先给 LCD12864 加上工作电压，再调节对比度，使其显示出黑色的底影，可以初步检测 LCD 有无缺段现象。

(2) LCD12864 初始化：设置 LCD12864 显示模式、显示开/关及光标、地址指针及清屏等。

(3) 汉字与字符显示：汉字的显示是通过编程将汉字在 CGROM 中的编码写入 DDRAM 实现的；字符的显示是将字符在 HCGROM 中的编码写入 DDRAM 实现的。每个 DDRAM 单元中存储的数据可控制显示屏上显示 1 个 16×16 点阵汉字或 2 个 16×8 点阵 ASCII 码字符，即每屏最多可实现 32 个中文字符或 64 个 ASCII 码字符的显示。汉字与字符可以混合显示。

(4) DDRAM 地址映射图。DDRAM 存储器的地址范围是 80H～9FH，它的每个单元与显示屏上 32 个显示区域有着一一对应的关系，其对应关系如表 7-6 所示。

表 7-6　LCD12864 的 DDRAM 地址映射图

	第一列	第二列	第三列	第四列	第五列	第六列	第七列	第八列
第一行	80H	81H	82H	83H	84H	85H	86H	87H
第二行	90H	91H	92H	93H	94H	95H	96H	97H
第三行	88H	89H	8AH	8BH	8CH	8DH	8EH	8FH
第四行	98H	99H	9AH	9BH	9CH	9DH	9EH	9FH

在 LCD12864 显示屏的某一个位置显示汉字与字符时应先设定 DDRAM 的显示地址，然后再写入汉字或字符的编码。例如，若要在第一行的第二个位置显示字符串“学习 ABC”，第一步先设定 DDRAM 地址，指令码为 0x80+1=0x81，确定显示首地址；第二步用 for 语句循环 7 次将字符串“学习 ABC”连续写入 DDRAM。

7. LCD12864 的操作时序

LCD12864 的读/写操作时序如图 7-14 和图 7-15 所示。

8. 应用举例

例 3　在液晶显示器 12864 的第二行显示“电子信息”，第三行显示“dian zi xin xi”，显示方式居中。

解：(1) 硬件设计。硬件电路如图 7-16 所示，P0 口与 DB7～DB0 相连作为 8 位数据接口；P2.5 是数据/指令选择端 RS，P2.6 是读/写选择端 R/$\overline{W}$，P2.7 是使能端 E，P2.2 是串并选择端 PSB，P2.4 是复位端 $\overline{RST}$。

(2) 软件设计。带字库的 LCD12864 的使用与 LCD1602 非常相似，但也有特殊之处：

① 不对 LCD12864 进行忙检测，为了简化编程，用延时代替。

② 初始化 LCD12864 设置显示模式时的指令码 0x30 须连写两次。因为不能同时改变

DL 和 RE，第一次写入 0x30 改变 DL，第二次写入 0x30 才能改变 RE。

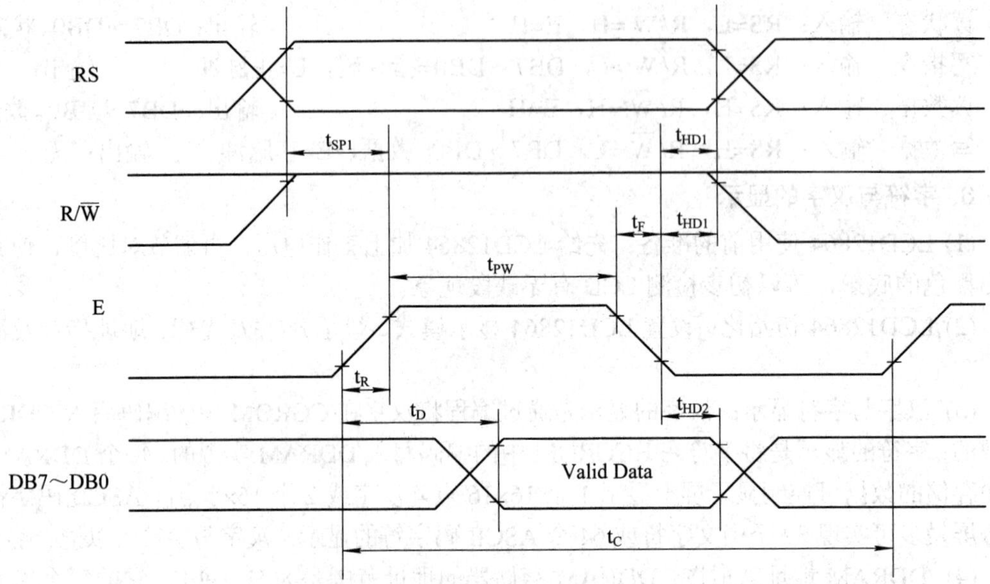

图 7-14　LCD12864 读操作时序

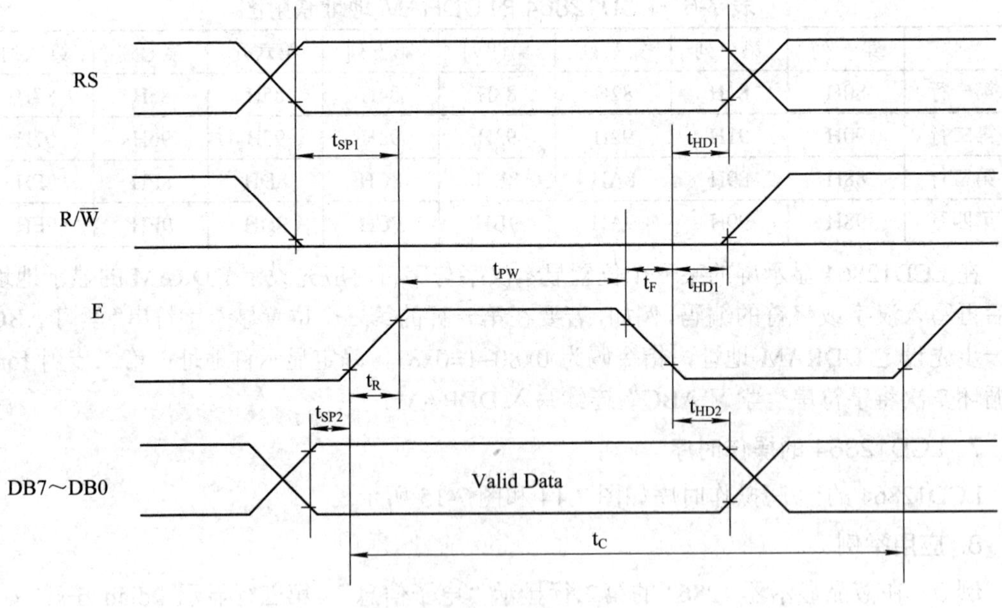

图 7-15　LCD12864 写操作时序

③ 显示汉字或字符时，要先设置 DDRAM 的显示地址。

例如，“电子信息”共有 4 个字，而 LCD12864 每行最多显示 8 个字，居中显示时左侧应空余(8−4)/2=2 个字，可得到显示首地址为 92H；第三行显示的字符串“dian zi xin xi”共有 14 个 ASCII 字符即半宽字符，LCD12864 每行最多显示 16 个 8×16 点阵的半宽字符，因此左侧应空余(16−14)/2=1 个半宽字符位，但是由于 LCD12864 在基本指令集下，每行的起始地址只能以全宽字符为单位，因此第三行显示的首地址确定为 88H。

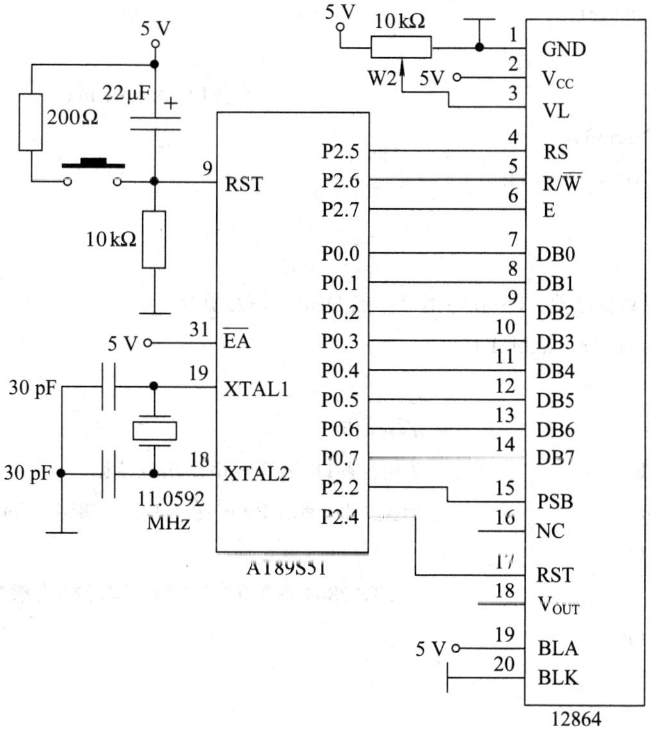

图 7-16　液晶显示器 12864 与 51 单片机连接图

④ DDRAM 中的显示首地址确定后，用 for 语句连续将待显示的字符串数据写入 DDRAM。由于汉字的编码 A1A0H～F7FFH 为 2 个字节，所以 1 个汉字的编码要连写 2 次，故写入“电子信息”时应循环 8 次；而字符的 ASCII 码为 02H～7FH，只有 1 个字节，所以“dian zi xin xi”循环 14 次。

(3) 源程序。

```
#include <reg51.h>
#include <string.h>
#define uchar   unsigned char
#define uint    unsigned int
/*必要的全局变量定义*/
sbit RS= P2^5;
sbit RW= P2^6;
sbit E= P2^7;
sbit PSB = P2^2;
sbit RST = P2^4;
uchar code table1[]={"电子信息"};                //定义要显示的汉字
uchar code table2[]={"dian zi xin xi"};

/*延时函数 delay */
```

```
void delay(uint m)
{
    uint i,j;                                   //延时时间 m×1 ms
    for(i=0;i<m;i++)
        for(j=0;j<130;j++);
}

/*写指令或数据函数。DI=0 写指令；当 DI=1，写数据*/
void write_dat(char dat,bit DI)
{
    RW=0;                   //写操作
    RS=DI;                  //由形参 DI 选择写指令还是数据
    P0=dat;                 //形参 dat 通过 P0 口送入 LCD12864，dat 是指令或数据
    delay(1);
    E=1;                    //LCD12864 在使能端 E 的下降沿接收指令或数据
    delay(1);
    E=0;
}

/*初始化 12864 函数*/
void csh12864()
{
    PSB=1;                  //设置 LCD12864 为并口工作模式
    delay(1);
    RST=0;                  //复位，低电平有效
    delay(1);
    RST=1;                  //复位端置位
    delay(5);
    write_dat(0x30,0);      //设置 LCD12864 为 8 位数据接口
    delay(5);               //用延时代替忙检测
    write_dat(0x30,0);      //设置 LCD12864 为基本指令集，用于显示汉字
    delay(5);
    write_dat(0x0C,0);      //LCD12864 开显示，不显示光标
    delay(5);
    write_dat(0x06,0);      //不移屏，地址指针自加 1，即从左往右显示
    delay(5);
    write_dat(0x01,0);      //显示清屏
    delay(1000);
}
```

```
/*主函数*/
main()
{
    uchar i;
    csh12864();                 //初始化 LCD12864，用于显示汉字
    delay(100);
    write_dat(0x92,0);          //在第二行显示 table1，写入首地址 92H
    for(i=0;i<8;i++)
    {
        write_dat(table1[i],1); //发送字符串 table1
        delay(100);
    }
    write_dat(0x88,0);          //在第二行显示 table2，写入首地址 88H
    for(i=0;i<14;i++)
    {
        write_dat(table2[i],1); //发送字符串 table2
        delay(100);
    }
    while(1);                   //动态停机
}
```

习　题

一、填空题

1. 液晶显示器 1602 的电源电压是________，数据口是_____位。
2. 液晶显示器根据显示方式可分为_____________和____________。
3. 液晶显示器可以采用并口驱动，还可以采用___________驱动。
4. 液晶显示器 1602 的含义是______________________________。

二、选择题

1. 用于存放待显示字符编码的存储器是(　　)。

A. CGROM　　B. CGRAM　　C. DDRAM

2. 液晶显示器 1602 的清屏指令码是(　　)。

A. 18H　　B. 38H　　C. 06H　　D. 01H

3. 指令码 0fH 的作用是(　　)。

A. 设置显示模式　　B. 移屏指令

C. 开显示，显示光标且光标闪烁　　D. 显示回车

4. 要将字符‘b’显示在液晶显示器 1602 显示屏第一行的第七个位置，编程时应发送的指令码为(　　)。

A. 06H　　B. 46H　　C. C6H　　D. 86H

5. 在液晶显示器 1602 的第二行居中显示字符串“ABCDEG”时，DDRAM 的首地址是(　　)。

A. C5H　　B. 85H　　C. 45H　　D. 05H

三、判断题

1. 通过写数据操作可以设置 DDRAM 的显示地址。　(　　)

2. 液晶显示器 1602 只能显示字符，不能显示汉字。　(　　)

3. DDRAM 中储存了 128 个常用字符的字模。　(　　)

4. 指令码 38H 的作用是设置地址指针自加 1，不移屏。　(　　)

5. RS 是液晶显示器 1602 的读/写控制端。　(　　)

四、简答题

1. 简述液晶显示器 1602 存储器 CGROM、CGRAM、DDRAM 的作用。

2. 画出液晶显示器 1602 的 DDRAM 地址映射图。

3. 简述液晶显示器 1602 显示字符、字符串的方法。

4. 解释指令码 0cH、38H、1cH 的作用。

5. 简述液晶显示器 1602 的基本操作。

五、设计与编程题

1. 编写程序控制液晶显示器 1602 在第一行第 4 个位置显示字符“g”，第二行居右显示字符“m”。

2. 用液晶显示器 1602 居中显示两行信息：“HELLO!”，“I LOVE BOOK”。

3. 编程在液晶显示器 1602 上实现(0～59) s 计时，显示位置自定。

4. 编程在液晶显示器 1602 显示两行自定信息，并设置两个按键控制 LCD 的显示与清屏。

5. 在液晶显示器 12864 第二行显示家乡的名称，第三行显示自己的姓名。

项目八　串行口通信

8.1　项 目 说 明

❖ 项目任务

利用 2 个 HOT-51 单片机实验板实现双机通信，一个作为发送方，另一个作为接收方。将发送方实验板上矩阵式键盘中的 16 个按键均设置为数字键，当检测到有键闭合时，将闭合键的键号显示在接收方实验板的数码管上。

❖ 知识培养目标

(1) 掌握基本通信方式、串行通信方式及制式。
(2) 掌握 51 单片机串行口的结构及工作方式。
(3) 掌握 51 单片机串行口波特率的设置。
(4) 掌握方式 0 的应用。
(5) 掌握双机通信。

❖ 能力培养目标

(1) 能利用所学知识画出实现该任务的原理图。
(2) 能利用所学知识正确地实现双机通信连接。
(3) 能利用 KEIL C 编写实现双机通信任务的源程序。
(4) 培养解决问题的能力。
(5) 培养沟通表达、团队协作的能力。

8.2　基 础 知 识

8.2.1　串行通信概述

1. 通信概述

在单片机控制系统中，单片机与外部设备、单片机与单片机或者计算机与单片机之间经常要进行信息交换，这些信息交换称为通信。基本的通信方式有并行通信和串行通信两种。

(1) 并行通信：待传送 n 位数据用 n 条数据线同时传送(发送或接收)的通信方式。在并行通信中，一个并行数据占多少位二进制数，就要用多少根传输线，此外还需要一条地线和若干条控制信号线。这种方式的特点是通信速度快，但传输线较多，成本较高，仅适用于短距离的数据传输。图 8-1 所示为传送 8 位数据 11110100 时并行通信示意图。

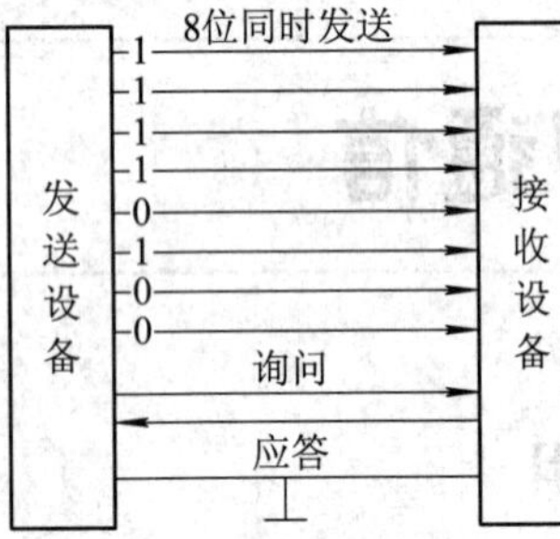

图 8-1　并行通信

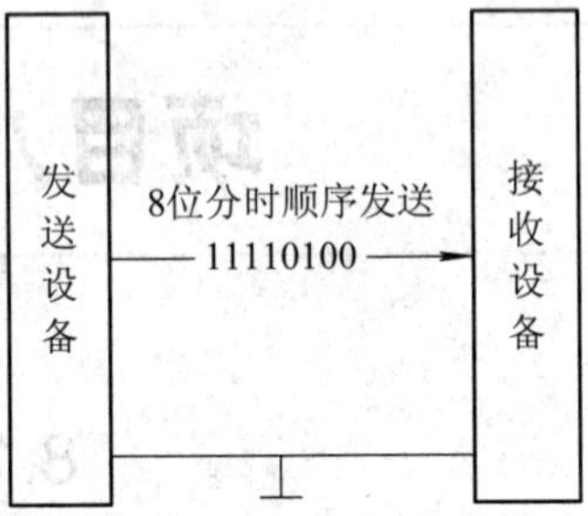

图 8-2　串行通信

(2) 串行通信：待传送数据的各位在一条数据线上按一定的顺序分时传送(发送或接收)。串行通信中不管传送多少位二进制数，都只需 1 条数据线，再加上 1 条公共信号地线或若干条控制信号线，故在远距离传输数据时比较经济，但由于它每次只能传送 1 位二进制数，故传送速度较慢。图 8-2 所示为传送 8 位数据 11110100 时串行通信示意图。

51 单片机内有 4 个并行 I/O 口用于并行通信、一个全双工 UART(异步串行通信接口)用于串行通信。项目一～项目七中主要介绍并行口 P0～P3 的应用，本项目主要介绍串行口的应用。

2. 串行通信方式

串行通信有异步串行通信和同步串行通信两种方式。

1) 异步串行通信

异步串行通信是指通信的发送方与接收方使用各自的时钟控制数据的发送和接收，为使双方收、发协调，要求发送和接收设备的时钟尽可能一致。异步通信时只需要一条通信线路就可以实现从一方到另一方的数据传送，两条线路则可以实现数据的双向传输。

在异步通信中，数据通常是以字符为单位进行传送的，1 个字符完整的通信格式，通常称为帧或帧格式。发送端逐帧发送，接收端逐帧接收。

异步串行通信中帧格式一般由起始位、数据位、奇偶校验位和停止位四部分组成，如图 8-3 所示。

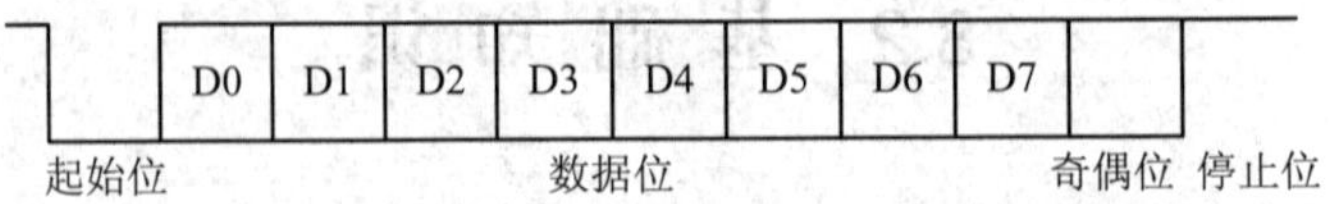

图 8-3　异步串行通信数据格式

异步通信时，发送方先发送 1 位起始位“0”，然后是 5～8 位数据，规定低位在前，高位在后，其后是奇偶校验位(可无)，最后是停止位“1”。从起始位开始到停止位结束，构成完整的 1 帧字符。

(1) 异步串行通信各位的作用。

起始位：起始位在一帧数据的开始位置，占 1 位，为低电平“0”，用于表示 1 帧数据的开始。通信线上没有数据传送时，为高电平 1，接收端不断检测通信线的状态，当连续若干个“1”之后检测到一个“0”时，就知道发送方发送了一个新的字符，准备接收。

数据位：起始位之后的若干位就是数据位。数据位可以是 5、6、7 或 8 位(不同计算机的规定不同)。传送时先是低位，后是高位。

奇偶校验位：数据位之后是奇偶校验位，占 1 位。奇偶校验是通过对数据进行奇偶性检查，来判断字符传送的正确性。有奇校验、偶校验、无校验三种选择，用户可根据需要选择(在有的格式中，该位可省略)。通信双方须事先约定是采用奇校验，还是偶校验。

停止位：一帧字符的末尾是停止位，用于表示一帧字符的结束。停止位是高电平“1”，占用 1 位、1.5 位或 2 位，不同计算机的规定有所不同。这里的“位”对应于一定的发送时间，因此可以有半位。

异步串行通信是逐帧进行数据传输的，一帧中各位之间的时间间隔应该相同，所以必须保证两个单片机之间有相同的传输波特率，如果传输波特率不同，则时间间隔不同，当误差超过 5%时，就不能正常进行通信；但是由于在信息传输时，各字符可以连续传送，也可以断续传送，因而帧与帧之间的时间间隔可以是不固定的，帧与帧之间是高电平。

(2) 异步串行通信的主要特点。异步串行通信的各单片机时钟相互独立，其时钟频率可以不相同，在通信时不要求有同步时钟信号，易实现；异步串行通信以帧为单位进行传输，而帧有固定格式，通信双方只须按约定的帧格式来发送和接收数据，因此，硬件结构比同步串行通信方式简单；此外，它还能利用校验位检测错误，所以在单片机与单片机、单片机与计算机之间仍广泛采用异步串行通信。

异步串行通信的缺点是传输效率低。当采用 1 位起始位、8 位数据位、1 位奇偶位与 1 位停止位的帧格式时，有效数据仅占到了 1 帧字符的 73%。数据位减少时，传输效率更低。

2) 同步串行通信

同步串行通信时由发送方对接收方进行时钟的直接控制，从而使双方达到完全同步。

同步通信是以数据块的形式进行数据的传输。每个数据块包括同步字符、数据和校验字符，如图 8-4 所示。

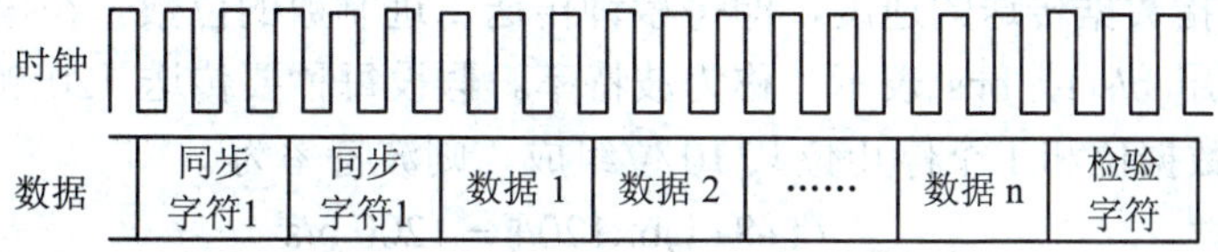

图 8-4　同步串行通信数据格式

同步字符：同步字符位于数据块的开始处，有 1～2 个字符，以实现发送端和接收端同步。一旦检测到约定的同步字符，就开始连续地发送和接收数据。

数据：数据是传送的正文内容，由多个字符组成。

校验字符：校验字符位于数据块的最后，用于检验传送的数据是否正确。

同步串行通信的主要特点：同步串行通信以数据块为单位传送，去掉了每个字符都必须具有的开始和结束标志，且一次可以发送一个数据块(多个数据)，因此，同步通信的速度高于异步通信。由于这种方式易于进行串行外围扩展，所以目前很多型号的单片机都增加了串行同步通信接口，如目前已得到广泛应用的 I^2C 串行总线和 SPI 串行接口等。

短距离同步通信时发送、接收方均采用两条通信线，其中一条用于由发送方向接收方提供时钟信号，另一条用于传送数据。再多加两条通信线，可以实现数据的双向传输，51

单片机不支持数据的双向同步传输，只能分时复用两条通信线。

同步通信要求发送方和接收方时钟严格保持同步，在通信时通常要求有同步时钟信号，对硬件结构要求较高，所以较少使用。

3. 串行通信的制式

在串行通信中，根据两机之间数据的传送方向，分为单工制式、半双工制式和全双工制式三种。三种制式的示意图分别如图 8-5(a)、(b)、(c)所示。

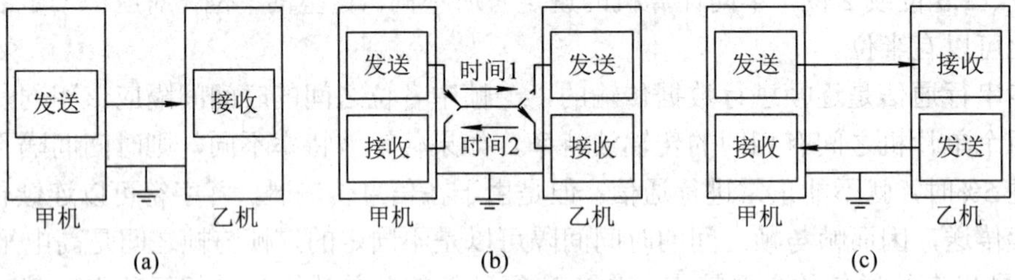

图 8-5　串行通信的三种制式

(1) 单工制式。在单工制式下，数据在甲机和乙机之间只允许单方向传送。例如，甲机发送、乙机接收，因而两机之间只需 1 条数据线。

(2) 半双工制式。在半双工制式下，数据在甲机和乙机之间允许双方向传送，但它们之间只有一个通信回路，接收和发送不能同时进行，只能分时发送和接收(即甲机发送、乙机接收，或者乙机发送、甲机接收)，因而两机之间也只需 1 条数据线。

(3) 全双工制式。在全双工制式下，甲、乙两机之间数据的发送和接收可以同时进行，称为全双工传送。全双工制式的串行通信必须使用 2 条数据线。

不管哪种制式的串行通信，在两机之间均应有公共地线。

4. 串行通信的传送速率

传送速率是指数据传送的速度，即每秒钟传送二进制数的位数。在串行通信中，数据传送速率的单位用 b/s 或 bps 表示，称为波特率。假设每秒要传送 120 帧字符，每帧由 1 个起始位、8 个数据位和 1 个停止位共 10 位组成，则波特率为

$$(1+8+1)\text{b}\times 120/\text{s} = 1200\ \text{b/s}$$

每一位的传送时间为波特率的倒数，即

$$T= 1/1200 = 0.833\ \text{ms}$$

国际规定的标准波特率系列为 110、300、600、1200、1800、2400、4800、9600、19200，常用于计算机 CRT 终端，以及双机或多机之间的通信等。51 单片机的串行口的波特率可以通过程序进行设置。

5. 通信协议

在双机或多机通信时，通常要遵守一定的通信协议。通信协议是指通信双方进行数据传输时的一些约定，包括数据格式、同步方式、通信方式、波特率、双机之间握手信号等问题的约定等。为保证通信双方能够准确、可靠地通信，相互之间必须遵循在通信之前约定的通信协议。

8.2.2　51 单片机串行口简介

51 系列单片机芯片内部有一个 UART 串行接口，它是一个可编程的全双工异步串行通信接口，占用 P3.0(串行数据接收端 RXD)和 P3.1(串行数据发送端 TXD)两个引脚。通过软件编程可以设置为通用异步接收和发送器，也可设置为同步移位寄存器，还可实现多机通信。有 8 位、10 位和 11 位三种帧格式，并能设置各种波特率，使用灵活、方便。

1. 51 单片机串行口结构

51 单片机串行口结构框图如图 8-6 所示。它主要由发送/接收缓冲寄存器 SBUF、输入移位寄存器、发送控制器、接收控制器以及串行口控制寄存器 SCON 等组成。

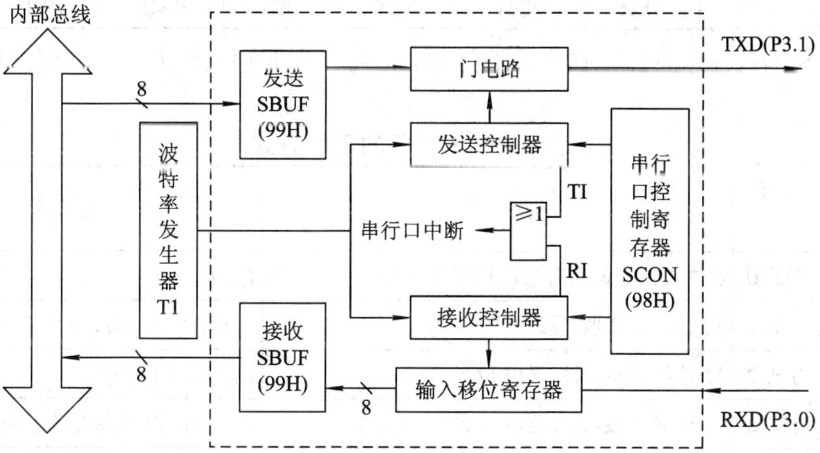

图 8-6　串行口结构框图

串行口控制寄存器 SCON 用于设置串行口的工作方式、接收/发送控制以及设定状态标志等；发送缓冲寄存器 SBUF 用于存放准备串行发送的数据；接收缓冲寄存器 SBUF 用于接收由外设输入到输入移位寄存器中的数据；定时器 T1 作为波特率发生器。

在进行串行通信时，外部数据通过引脚 RXD(P3.0，串行数据接收端)输入，输入数据首先逐位进入输入移位寄存器，将串行数据转换为并行数据，然后再送入接收缓冲寄存器 SBUF。接收时，由输入移位寄存器和接收缓冲 SBUF 构成双缓冲结构，以避免在接收到第 2 帧数据时，CPU 未及时响应接收寄存器前一帧的中断请求，没把前一帧数据读走，而造成 2 帧数据重叠的错误。

在发送数据时，串行数据通过引脚 TXD(P3.1，串行数据发送端)输出。由于 CPU 是主动的，因此不会产生写重叠问题，不需要双缓冲器结构。要发送的数据通过发送控制器控制逻辑门电路逐位输出。

2. 51 单片机串行口的特殊功能寄存器

与串行口工作有关的特殊功能寄存器有 SBUF、SCON、PCON；与串行口中断有关的特殊功能寄存器有 IE 和 IP。

1) *发送/接收缓冲寄存器* SBUF

发送与接收缓冲寄存器 SBUF 在特殊功能寄存器中共用同一个字节地址 99H，且共用一个名称，但在物理上是两个独立的寄存器，可以同时发送、接收数据。CPU 通过指令决定访问哪一个寄存器，执行写指令时，访问发送缓冲寄存器；执行读指令时，访问接收缓冲寄存器。该寄存器只能字节寻址，单片机复位后，SBUF=0。

2) 串行口控制寄存器 SCON

串行口控制寄存器 SCON 用于串行口工作方式设定、接收和发送控制等。在特殊功能寄存器中，SCON 的字节地址为 98H，位地址(由低位到高位)分别是 98H～9FH，该寄存器可以位寻址。单片机复位后，SCON=0。SCON 格式如表 8-1 所示。

表 8-1　串行口控制寄存器 SCON(98H)

位序号	D7	D6	D5	D4	D3	D2	D1	D0
位名称	SM0	SM1	SM2	REN	TB8	RB8	TI	RI
位地址	9FH	9EH	9DH	9CH	9BH	9AH	99H	98H

SM0、SM1——串行口工作方式选择位。串行口有四种工作方式，由用户设置，如表 8-2 所示。

表 8-2　串行口的工作方式

SM0 SM1	工作方式	功　能	波特率
0　0	方式 0	8 位同步移位寄存器(用于扩展 I/O 口)	$f_{osc}/12$
0　1	方式 1	10 位异步接收/发送(8 位数据)	可变(由 T1 的溢出率控制)
1　0	方式 2	11 位异步接收/发送(9 位数据)	$f_{osc}/64$ 和 $f_{osc}/32$
1　1	方式 3	11 位异步接收/发送(9 位数据)	可变(由 T1 的溢出率控制)

SM2——多机通信控制位，由用户设置。用于方式 2 和方式 3。SM2=0 时，单片机通信；SM2=1 时，多机通信。

当 SM2=1，允许多机通信时，如果接收到的第 9 位 RB8 为 0，则 RI 不置 1，不接收主机发来的数据；只有当 SM2=1，且 RB8 为 1 时，才能够将 RI 置 1，产生中断请求，将接收到的 8 位数据送入 SBUF。

当 SM2=0 时，不论 RB8 为 0 还是 1，都将接收到的 8 位数据送入 SBUF，并产生中断。

REN——接收允许位，由用户设置。REN=1 时，允许接收；REN=0 时，禁止接收。

TB8——发送数据的第 9 位，由用户设置。用于方式 2 或方式 3。双机通信时，约定为奇偶校验位；多机通信时，用以区分地址帧或数据帧，TB8=1 时，发送的是地址帧，TB8=0 时，发送的是数据帧。方式 0 和方式 1 中未用该位。

RB8——接收数据的第 9 位，由用户设置。用于方式 2 或方式 3。双机通信时，约定为奇偶校验位；多机通信时，用以区分地址帧或数据帧，RB8=1 时，接收到的是地址帧，RB8=0 时，接收到的是数据帧。方式 0 中未用该位；方式 1 中，如果 SM2=0，则 RB8 为接收到的停止位。

TI——发送中断标志位，由硬件置位、用户清除。方式 0 中，发送完 8 位数据后，由硬件置位；其他方式中，在发送停止位之初，由硬件置位。TI=1 时，可向 CPU 申请中断，也可供软件查询。无论任何方式，都必须由用户软件清除 TI。

RI——接收中断标志位，由硬件置位、用户清除。方式 0 中，接收完 8 位数据后，由硬件置位；其他方式中，在接收停止位的中间，由硬件置位。RI=1 时，可向 CPU 申请中断，也可供软件查询用。无论任何方式，都必须由用户软件清除 RI。

例如，设置串行口为方式 1，允许接收数据时，SCON 应为 50H，即

字节寻址：SCON=0x50;　　　　位寻址：SM0=0;SM1=1;REN=1;

3) 电源控制寄存器 PCON

电源控制寄存器 PCON 主要用于电源控制。在特殊功能寄存器中，PCON 的字节地址为 87H，该寄存器不能位寻址。单片机复位后，PCON=0。PCON 格式如表 8-3 所示，在电源控制寄存器 PCON 中只有最高位 SMOD 对串行通信有影响。

表 8-3　电源控制寄存器 PCON(87H)

位序号	D7	D6	D5	D4	D3	D2	D1	D0
位名称	SMOD	—	—	—	GF1	GF0	PD	IDL

SMOD——波特率倍增控制位，由用户设置。当 SMOD=1 时，波特率加倍；当 SMOD=0 时，波特率不变。

4) 中断允许控制寄存器 IE

中断允许控制寄存器 IE 用于控制与管理单片机的中断系统，可以位寻址，由用户设置。IE 中的 ES 位用于设置串行口是否允许中断，当 ES=0 时，串行口关中断；当 ES=1 时，串行口开中断。

5) 中断优先级寄存器 IP

中断优先级寄存器 IP 用于管理单片机中各中断源的中断优先级，可以位寻址，由用户设置。IP 中的 PS 位用于设置串行口中断优先级，当 PS=0 时，设置串行口为低优先级中断；当 PS=1 时，设置串行口为高优先级中断。

8.2.3　串行通信工作方式

如前所述，51 单片机的串行口有四种工作方式，由串行口控制寄存器 SCON 中 SM0、SM1 两位进行设置。

1. 方式 0

采用方式 0 时，串行口作为 8 位同步移位寄存器，在发送数据时，SBUF 相当于一个并行输入、串行输出的移位寄存器；在接收数据时，SBUF 相当于一个串行输入、并行输出的移位寄存器。方式 0 时 1 帧字符为 8 位，先发送或接收最低位，其帧格式为

…	D0	D1	D2	D3	D4	D5	D6	D7	…

这种方式常用于扩展 I/O 口，波特率固定为 $f_{osc}/12$。由不同的指令实现输入或输出，串行数据由 RXD(P3.0)输入或输出，由 TXD(P3.1)提供同步移位脉冲。发送与接收过程如下。

(1) 发送。将某一字节数据写入 SBUF 时，由 TXD 输出同步移位脉冲，由 RXD 发送 SBUF 中的数据(低位在前)，波特率为 $f_{osc}/12$；8 位数据发送完成后，由硬件将发送中断标志位 TI 置 1，中断方式时向 CPU 申请中断；在中断服务函数中，先由用户将 TI 清 0，然后再给 SBUF 送入下一个待发送的字符。

(2) 接收。由于 REN 是串行口允许接收控制位，在 RI=0 时，先要由用户软件置 REN

为 1，允许接收数据。然后读取 SBUF，由 TXD 输出同步移位脉冲，CPU 从 RXD 端接收串行数据(低位在前)，波特率为 $f_{osc}/12$；当接收到 8 位数据时，由硬件将接收中断标志 RI 置为 1，中断方式时向 CPU 申请中断；在中断服务函数中，先由用户将 RI 清 0，然后读取 SBUF。

采用方式 0 时，串行口控制寄存器 SCON 中的 SM2 位必须为 0、TB8 和 RB8 位未使用。每当发送或接收完 8 位数据时，由硬件将发送中断 TI 或接收中断 RI 标志置位，不管是中断方式还是查询方式，硬件都不会清除 TI 或 RI 标志，必须由用户软件清 0。

方式 0 主要用于扩展单片机的并行 I/O 口。

2. 方式 1

采用方式 1 时，串行口为 10 位通用异步通信接口。发送或接收的 1 帧字符，包含 1 位起始位 0、8 位数据位和 1 位停止位 1。其帧格式为

…	0	D0	D1	D2	D3	D4	D5	D6	D7	1	…
	起始位									停止位	

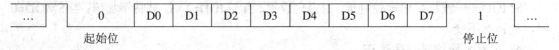

波特率由 T1 的溢出率决定，由用户设置。采用方式 1 时 TXD 为数据发送端，RXD 为数据接收端，发送与接收过程如下。

(1) 发送。将某一字节数据写入发送缓冲寄存器 SBUF 时，数据从引脚 TXD(P3.1)端异步发送。发送完 1 帧数据后，由硬件将发送中断标志位 TI 置 1，中断方式时向 CPU 申请中断，通知 CPU 发送下一个数据；在中断服务函数中，先由用户将 TI 清 0，然后再给 SBUF 送入下一个待发送的字符。

(2) 接收。在 RI=0 时，先要由用户软件置 REN 为 1，允许接收数据；串行口采样引脚 RXD(P3.0)，当采样到 1 至 0 的跳变时，表示接收起始位 0，开始接收 1 帧数据，当停止位到来时，将停止位送至 RB8，同时，由硬件将接收中断标志 RI 为 1，中断方式时向 CPU 申请中断，通知 CPU 从 SBUF 取走接收到的 1 个数据；在中断服务函数中，先由用户将 RI 清 0，然后读取 SBUF。

不管是中断方式，还是查询方式，都不会清除 TI 或 RI 标志，必须由用户软件清 0。

通常在单片机与单片机双机串行口通信、单片机与计算机串行口通信、计算机与计算机串行口通信时，都可以选择方式 1。

3. 方式 2 和方式 3

方式 2 和方式 3 均为 11 位异步串行通信方式，除了波特率的设置方法不同外，其余完全相同。方式 2 的波特率固定，由 PCON 中的 SMOD 位选择；方式 3 的波特率由 T1 溢出率控制。这两种方式发送/接收的 1 帧字符为 11 位，包含 1 位起始位 0、8 位数据位、1 位可编程位(TB8/RB8)和 1 位停止位 1。其帧格式为

…	0	D0	D1	D2	D3	D4	D5	D6	D7	D8	1	…
	起始位									TB8/RB8	停止位	

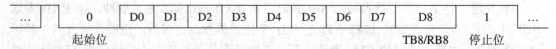

采用方式 2 和方式 3 时，TXD 为数据发送端，RXD 为数据接收端，发送与接收过程如下。

(1) 发送。发送前，首先根据通信协议由软件设置 TB8(如作奇偶校验位或地址/数据标识位)，然后将要发送的数据写入发送缓冲寄存器 SBUF。在发送时，串行口自动将已定义的 TB8 位加入待发送的 8 位数据之后作为第 9 位，组成一帧完整字符后，由 TXD 端异步发送。发送完 1 帧数据后，由硬件将发送中断标志位 TI 置 1，中断方式时向 CPU 申请中断，通知 CPU 发送下一个数据；在中断服务函数中，先由用户将 TI 清 0，然后再给 SBUF 送入下一个待发送的字符。

(2) 接收。当 RI=0 时，先要由用户软件置 REN 为 1，允许接收数据，将接收数据的第 9 位送入 RB8。由 SM2 和 RB8 决定该数据能否接收。

① 当 SM2=0 时，不管 RB8 为 0 还是为 1，RI 都置 1，串行口无条件接收。

② 当 SM2=1 时，是多机通信方式，接收到的 RB8 是地址/数据标志位。

当 RB8=1 时，表示接收的是地址帧，此时由硬件将 RI 置 1，串行口将接收发来的地址；当 RB8=0 时，表示接收的是数据帧。对于 SM2=1 的从机，RI 不置 1，数据丢失；对于 SM2=0 的从机，串行口自动接收数据。

在方式 2 和方式 3 中，不管是中断方式，还是查询方式，都不会清除 TI 或 RI 标志。在发送和接收之后，必须由用户软件清除 TI 和 RI。

方式 2 和方式 3 主要用于多机通信。

8.2.4　51 单片机串行口波特率的设置

在串行通信前，首先要约定收/发双方的数据传送速率，即波特率。通过软件编程可将 51 单片机的串行口设定为 4 种工作方式，这 4 种方式波特率的计算方法不相同：方式 0 和方式 2 的波特率是固定的，而方式 1 和方式 3 的波特率是可变的，由定时器 T1 或 T2(AT89S52)的溢出率控制。

1. 方式 0 和方式 2 的波特率

采用方式 0 时，每个机器周期发送或接收 1 位数据，因此，波特率固定为时钟频率的 1/12，且不受 SMOD 的影响。

方式 2 的波特率取决于 PCON 中最高位 SMOD，它是串行口波特率倍增位。复位后，SMOD=0。当 SMOD=1 时，波特率加倍，为 f_{osc} 的 1/32；当 SMOD=0 时，波特率为 f_{osc} 的 1/64。即：

$$\text{方式 2 的波特率} = (2^{SMOD}/64) \times f_{osc}$$

2. 方式 1 和方式 3 的波特率

串行口方式 1 和方式 3 的波特率是由定时器 T1 的溢出率与 SMOD 值共同决定的，即：

$$\text{方式 1 和方式 3 的波特率} = (2^{SMOD}/32) \times \text{T1 溢出率}$$

其中，T1 的溢出率就是 T1 定时器溢出的频率，只要计算出 T1 定时器每溢出一次所需的时间 T，那么 1/T 就是 T1 的溢出率。例如，T1 每 10 ms 溢出一次时，它的溢出率就是 100 Hz，将 100 代入方式 1 和方式 3 的波特率计算公式，就可以计算出相应的波特率。但是在串行口应用时，常常需要根据波特率计算计数器 T1 的初值。

当定时器 T1 作波特率发生器使用时，通常是选用 8 位自动重装载方式，即方式 2。在方式 2 中，TL1 用作计数，而 TH1 用于存放自动重装载所需的初值，因此初始化时装入

TH1、TL1 的初值必须是相同的，然后启动定时器 T1，TL1 寄存器便在时钟的作用下开始加 1，当 TL1 计满溢出后，CPU 会自动将 TH1 中的初值重新装入 TL1，继续计数。当定时器 T1 作波特率发生器时，溢出后中断服务函数中并无任何事情可做，因此为了避免因溢出而产生不必要的中断，可禁止 T1 中断。

溢出周期 T 为

$$T = (12/f_{osc})\times(256-\text{初值})$$

溢出率为溢出周期之倒数，所以

$$\text{波特率} = \frac{2^{SMOD}}{32}\times\frac{f_{osc}}{12\times(256-\text{初值})}$$

则定时器 T1 方式 2 的初值为

$$\text{初值} = 256-\frac{f_{osc}\times 2^{SMOD}}{384\times\text{波特率}}$$

例如，系统晶振频率为 11.0592 MHz，波特率为 9600 bps，当 SMOD=0 时，定时器 T1 的初值为

$$\text{初值} = 256-\frac{f_{osc}\times 2^{SMOD}}{384\times\text{波特率}} = 256-\frac{11.0592\times 10^6\times 2^0}{384\times 9600} = 253 = \text{FDH}$$

51 单片机控制系统中，当晶振为 11.0592 MHz 时，不管串行口波特率为何值，只要是标准通信速率，计算出的定时器 T1 初值都会非常准确。若采用 12 MHz 或 6 MHz 的晶振，定时器 T1 的定时初值不会是一个整数。

常用串行口波特率与定时器初值如表 8-4 所示。

表 8-4　常用串行口波特率及定时器初值

波特率/(b/s)	晶振/MHz	初值		误差/%	晶振/MHz	初值		误差/%	
		SMOD=0	SMOD=1			SMOD=0	SMOD=1	SMOD=0	SMOD=1
300	11.0592	A0H	40H	0	12	98H	30H	0.16	0.16
600	11.0592	D0H	A0H	0	12	CCH	98H	0.16	0.16
1200	11.0592	E8H	D0H	0	12	E6H	CCH	0.16	0.16
1800	11.0592	F0H	E0H	0	12	EFH	DDH	2.12	−0.79
2400	11.0592	F4H	E8H	0	12	F3H	E6H	0.16	0.16
3600	11.0592	F8H	F0H	0	12	F7H	EFH	−3.55	2.12
4800	11.0592	FAH	F4H	0	12	F9H	F3H	−6.99	0.16
7200	11.0592	FCH	F8H	0	12	FCH	F7H	8.51	−3.55
9600	11.0592	FDH	FAH	0	12	FDH	F9H	8.51	−6.99
14400	11.0592	FEH	FCH	0	12	FEH	FCH	8.51	8.51
19200	11.0592	—	FDH	0	12	—	FDH	—	8.51
28800	11.0592	FFH	FEH	0	12	FFH	FEH	8.51	8.51

8.2.5　双机通信和多机通信

1. 双机通信

单片机的双机通信根据发送方与接收方之间的距离可分为短距离和长距离通信。1 米之内为短距离通信，1000 米左右为长距离通信。若要更长距离，如几十千米或更长，则需要借助其他无线设备方可实现通信。单片机双机通信有 TTL 电平通信、RS-232C 通信、RS-422 通信、RS-485 通信四种实现方式。

1) TTL 电平通信

TTL 电平通信是指直接将发送方单片机的 TXD(P3.1)端与接收方单片机的 RXD(P3.0)端相连，发送方单片机的 RXD(P3.0)与接收方单片机的 TXD(P3.1)直接相连，而且两个单片机控制系统必须共地，即把它们的电源地线连在一起。共地是初学者在硬件设计上最易忽视的一个问题。TTL 电平通信连接图如图 8-7 所示。

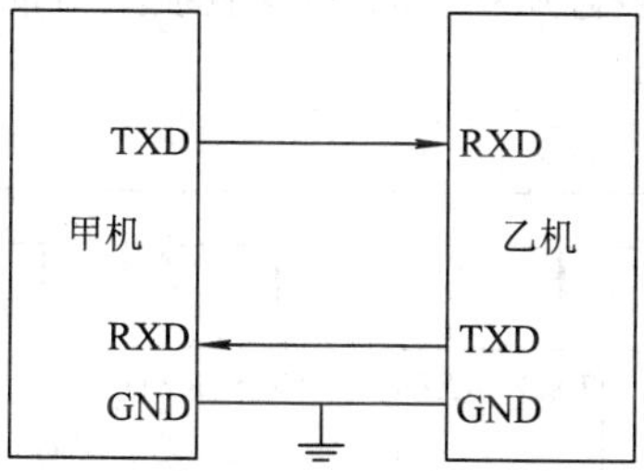

图 8-7　TTL 电平双机通信连接图

单片机的 TTL 电平双机通信多用在同一个控制系统中，当一个控制系统中使用一个单片机不能实现控制要求时，可再添加一个或几个单片机，两个单片机之间构成双机通信，多个单片机就形成了多机通信，多机通信中只能有一个主机，其余单片机均为从机。TTL 电平通信在双机或多机通信时，是将一个控制系统中的多个单片机直接相连，因此尽可能缩短各单片机之间的距离，距离越短，通信时就越可靠。

2) RS-232C 通信

RS-232C 是美国电子工业协会 1969 年制定的通信标准，它定义了数据终端设备与数据通信设备之间的物理接口标准。RS-232C 标准接头有 9 个引脚，但是将它用于两个单片机通信时，只需要用到 RXD、TXD、GND 三条线。RS-232 双机通信连接图如图 8-8 所示。

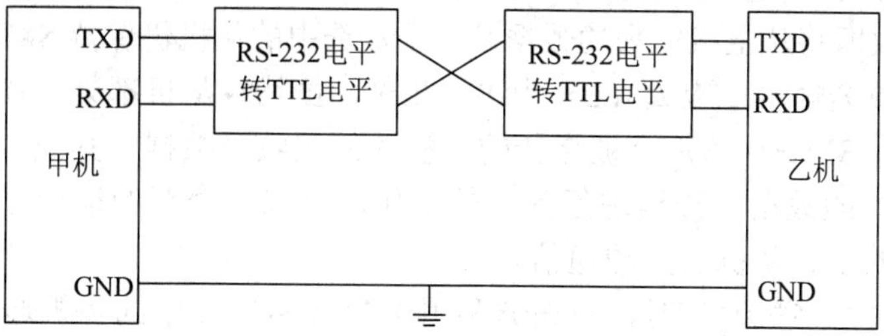

图 8-8　RS-232C 双机通信连接图

RS-232C 通信比 TTL 电平通信距离要远，但不能超过 15 米，最高传送速率为 20 kb/s。RS-232C 要求通信双方必须共地，通信距离越大，由于收、发双方的电位差较大，在地上会产生较大的地电流并产生压降，最终形成电平偏移。另外，RS-232C 在电平转换时采用单端输入/单端输出，在传输过程中，干扰和噪声会混在有用的信号中，为了提高信噪比，RS-232C 通信要求采用较大的电压摆幅。

3) RS-422 通信、RS-485 通信

RS-422 采用双端平衡驱动器，相比单端不平衡驱动器而言，电压放大倍数要增大一倍，可以避免地线干扰和电磁干扰的影响，当传输速率为 90 kb/s 时，传输距离可达 1200 米。

RS-485 是 RS-422 的变型，RS-422 用于全双工，RS-485 用于半双工。它的抗干扰能力非常好，传输速率达 1 Mb/s，传输距离可达 1200 米。

2. 多机通信

方式 2 和方式 3 可用于多机通信，这一功能使它可以方便地应用于集散式分布系统中。集散式分布系统含一台主机和多台从机，从机要服从主机的调度和配配。多机通信时主、从机的连接方式如图 8-9 所示。

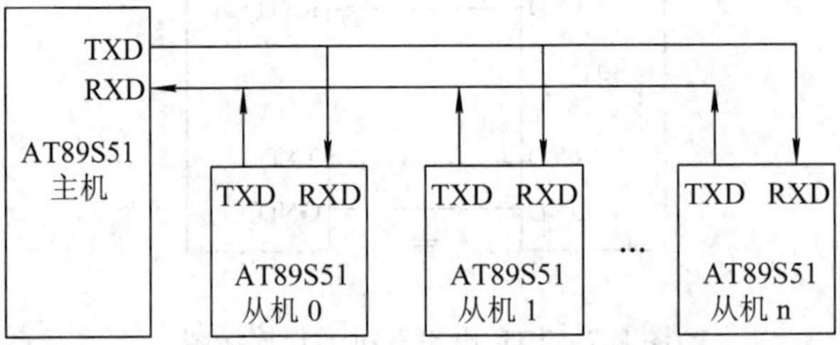

图 8-9　多机通信连接图

编程前，首先定义各从机地址编号，如分别为 00H、01H、02H 等。当主机需要给其中一个从机发送一个字符帧时，首先送出该从机的地址帧，主机发送地址帧时，地址帧/数据帧标志位 TB8 应设置为 1。主机源程序中实现该设置的语句为

```
SCON=0xD8;            //设置串行口为方式 3，TB8 置 1，准备发地址
```

所有从机初始化时均置 SM2=1，使它们处于接收地址帧状态。从机源程序中实现该设置的语句为

```
SCON=0xF0;            //设置串行口为方式 3，SM2=1，允许接收
```

当从机接收到主机发来的信息时，第 9 位 RB8 若为 1，则置位中断标志 RI，并在中断后比较接收的地址与本从机地址是否相符。若相符，则被寻址的从机清除其 SM2 标志，即 SM2=0，准备接收即将从主机送来的数据帧；未被选中的从机仍保持 SM2=1。

当主机发送数据帧时，应置 TB8 为 0。此时，虽然各从机都处于接收状态，但由于 TB8=0，所以只有 SM2=0 的那个被寻址的从机才能接收到数据，其他未被选中的从机不理睬传送至串行口的数据，继续进行各自的工作，直到一个新的地址字节到来，这样就实现了主机控制的主、从机之间的通信。

综上所述，进行多机通信时，要充分利用寄存器 SCON 中的多机通信控制位 SM2。当从机的 SM2=1 时，从机只接收主机发送的地址帧(第 9 位 TB8 为 1)，对数据帧不予理睬；当从机的 SM2=0 时，从机才能够接收主机发来的所有数据帧。

单片机的多机通信只能在主、从机之间进行，各从机之间的通信只有经主机才能实现。多机之间的通信过程可归纳如下：

(1) 主、从机均初始化为方式 2 或方式 3，置 SM2=1，允许多机通信，且所有从机都只能接收地址帧。

(2) 主机置 TB8=1，发送待寻址从机的地址(前 8 位是从机地址，第 9 位是 1，表示该帧是地址帧)。

(3) 所有从机均接收到主机发送的地址帧后，转去执行中断服务函数，目的是将所接收到的地址与从机自身地址进行比较。若相同，则该从机的 SM2 清 0，可以接收主机随后发来的数据帧，并向主机返回该从机地址，供主机核对；若不相同，从机仍保持 SM2=1，无法接收主机随后发来的数据帧。

(4) 主机对从机返回的地址核对无误后，主机向被寻址的从机发送命令，通知从机接收或发送数据。

(5) 通信只能在主、从机之间进行，2 个从机之间的通信须通过主机作中介才可实现。

(6) 本次通信结束后，主、从机重置 SM2=1，恢复多机通信的初始状态。

在实际应用中，由于单片机功能有限，因而在较大的测控系统中，常常把单片机应用系统作为前端机(也称为下位机或从机)，直接用于控制对象的数据采集与控制，而把 PC 机作为中央处理机(也称为上位机或主机)，用于数据处理和对下位机的监控管理。它们之间的信息交换主要是采用串行通信，此时单片机可直接利用其串行接口，而 PC 机可利用其配备的 8250、8251 或 16450 等可编程串行接口芯片(具体使用方法可查看有关手册)。实现单片机与 PC 机串行通信的关键是在通信协议的约定上要一致，例如设定相同的波特率及帧格式等。在正式工作之前，双方应先互发联络信号，以确保通信收/发数据的准确性。

8.2.6　串行口初始化

应用串行口时，首先要初始化串行口。

1. 方式 0 初始化

方式 0 的初始化步骤为：

(1) 对 SCON 赋值(字节寻址或位寻址)，确定串行口的工作方式等相关内容。

初始化为方式 0，寄存器 SCON 为 0；或 SM0、SM1 均为 0。

(2) 串行口工作在中断方式时，对 IE 赋值开中断；查询方式时，不需开中断。

2. 方式 1～方式 3 初始化

方式 1～方式 3 的初始化较为复杂，主要包括设置产生波特率的定时/计数器 T1、串行口的工作方式、串行口控制与中断控制。方式 1～方式 3 初始化的具体步骤为：

(1) 对 TMOD 赋值(只能字节寻址)，确定定时/计数器 T1 工作在方式 2；

(2) 根据波特率计算 T1 的初值，并同时将其写入 TH1、TL1；

(3) 置位 TR1，启动定时/计数器 T1；

(4) 对 SCON 赋值(字节寻址或位寻址)，确定串行口的工作方式等相关内容；

(5) 串行口工作在中断方式时，对 IE 赋值开中断；在查询方式时，不需开中断。

8.2.7　串行口应用举例

串行口的工作方式 0 并不是一个同步串行口通信方式，它的主要用途是与同步移位寄存器相连，扩展单片机的并行 I/O 口，同步移位脉冲由 TXD(P3.1)端输出。典型应用图如图 8-10 所示。

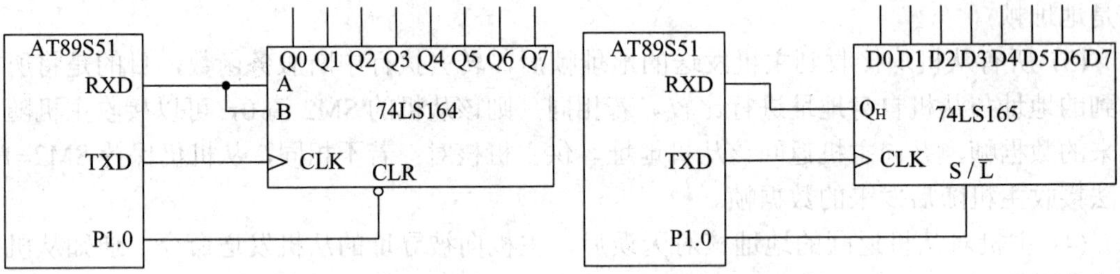

图 8-10　方式 0 扩展并行口原理图

74LS164 是一个 8 位串行输入、并行输出的移位寄存器。CLR 用于清 0，A、B 两个输入端可并在一起使用，也可单独使用，由单片机的 RXD 将数据送至 A、B 端，然后在 CLK 同步时钟脉冲作用下，8 位串行数据就可以全部移至 8 位并行输出口上，实现数据的串、并转换，用以扩展单片机的并行输出口。

74LS165 是一个 8 位并行输入、串行输出的移位寄存器。Q_H 为串行数据输出端，S/$\overline{L}$ 端为启动移位信号端，加入低脉冲时启动移位操作，与 51 单片机串行口相连，用以扩展单片机的并行输入口。

例 1　51 单片机串行口工作于方式 0 时，利用 74LS164 扩展并行 I/O 口，在 74LS164 的 8 个输出端连接 8 个 LED，采用中断方式编程使 8 个 LED 闪烁，闪烁规律为每次点亮 1 个 LED，先下移 1 次，再上移 1 次，最后所有的 LED 闪烁 2 次；然后重新开始，闪烁的间隔时间为 200 ms。

解：(1) 硬件设计。由题意可知，需将 8 个 LED 连接在 74LS164 的输出端，LED 仍连接为灌电流负载，如图 8-11 所示。

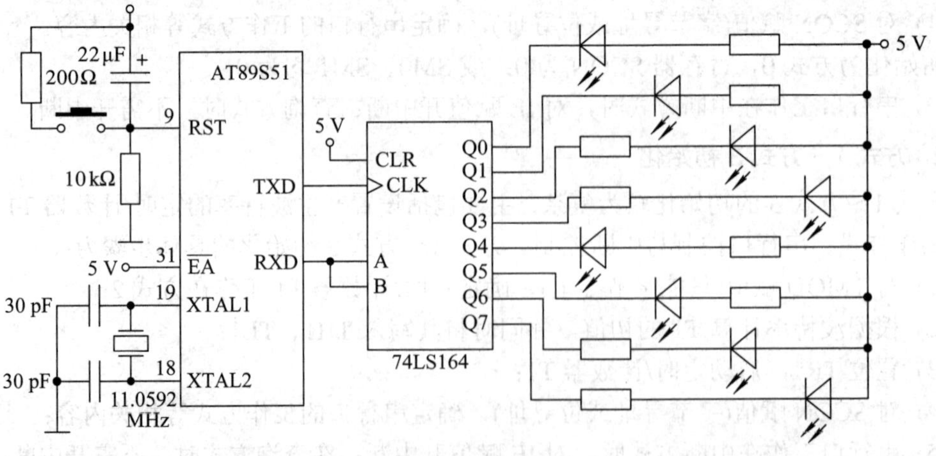

图 8-11　方式 0 扩展并行输入口应用电路

(2) 软件设计。根据 LED 的闪烁规律，可知所需代码如表 8-5 所示。

采用数组方式实现 LED 闪烁，即定义数组 led[ ]按闪烁规律存放表 8-5 所示代码。

表 8-5　方式 0 时 LED 闪烁代码

功能	二进制代码								十六进制代码
下移 1 次	1	1	1	1	1	1	1	0	FEH
	1	1	1	1	1	1	0	1	FDH
	1	1	1	1	1	0	1	1	FBH
	1	1	1	1	0	1	1	1	F7H
	1	1	1	0	1	1	1	1	EFH
	1	1	0	1	1	1	1	1	DFH
	1	0	1	1	1	1	1	1	BFH
	0	1	1	1	1	1	1	1	7FH
上移 1 次	1	0	1	1	1	1	1	1	BFH
	1	1	0	1	1	1	1	1	DFH
	1	1	1	0	1	1	1	1	EFH
	1	1	1	1	0	1	1	1	F7H
	1	1	1	1	1	0	1	1	FBH
	1	1	1	1	1	1	0	1	FDH
	1	1	1	1	1	1	1	0	FEH
闪烁 1 次	1	1	1	1	1	1	1	1	FFH
	0	0	0	0	0	0	0	0	00H

在主函数中实现串行口的初始化，然后就不断地将数组 led 中序号为 i 的代码发送至 74LS164。每发送完一个代码，由硬件自动置位 TI，向 CPU 申请中断，CPU 响应后转去执行串行口的中断服务函数(串行口中断号为 4)。

在串行口的中断服务函数中，由用户清除 TI，然后延时 200 ms，再修改变量 i，返回主函数中继续发送下一个代码。

(3) 源程序。

```
#include <reg51.h>
#define uchar unsigned char
#define uint unsigned int

/*必要的全局变量定义*/
uchar code led[ ]={    0xfe,0xfd,0xfb,0xf7,0xef,0xdf,0xbf,0x7f,
                       0xbf,0xdf,0xef,0xf7,0xfb,0xfd,0xfe,
                       0xff,0x00,0xff,0x00};
/*定义数组 led 存放闪烁代码，第一行代码下移 1 次、第二行代码上移 1 次，第三行代码闪烁 2
次*/
uchar i=0;
```

```
/*延时函数*/
void delay200ms()
{
      uint k,j;
      for(k=0;k<20;k++)
            for(j=0;j<1827;j++);
}

/*主函数*/
void main(void)
{
      SCON=0;              //串行口工作在方式 0，字节寻址
      ES=1;                //串行口开中断，位寻址
      EA=1;                //CPU 开中断，位寻址
      while(1)
      {
            SBUF=led[i];   //发送数组 led 中序号为 i 的代码，将其送入发送缓冲寄存器 SBUF
      }
}

/*串行口中断服务函数*/
void chuan0() interrupt 4
{
      TI=0;                //清除发送中断标志 TI，TI 只能由用户清除
      delay200ms();        //延时 200 ms
      i++;                 //修改变量 i，返回主函数后发送下一个代码
      if(i>18)             //控制 i 的变化范围
            i=0;
}
```

8.3 项 目 实 施

8.3.1 硬件设计方案

本项目要求双机通信，两个单片机实验板之间的通信距离很短，为了方便验证，采用 TTL 电平实现两个单片机实验板之间的通信，依照图 8-7 进行连接。将发送方的 RXD 与接收方的 TXD、发送方的 TXD 与接收方的 RXD 用短导线相连，并将发送方与接收方的地线

相连，满足共地要求，就可以实现双机通信。

发送方的矩阵键盘电路、接收方的数码管显示电路均采用 HOT-51 实验板上的电路，大家可参考项目三与项目四的实验板电路分析相关内容。

8.3.2　软件设计方案

双机通信时，建立两个项目分别编写发送方与接收方源程序。

为了保证发送方与接收方正确的通信，必须保证两个单片机系统的波特率完全一致，否则接收方会收不到正确的结果。发送方与接收方的波特率均为 9600 b/s，SMOD=0 不倍增时，查表 8-4 可知定时/计数器 T1 的初值为 FDH，初始化时将其同时送入 TH1 与 TL1 中，启动后，TL1 就会在初值上加 1 计数。定时/计数器 T1 在这里是作为波特率发生器使用的，将其设置为方式 2，定时溢出时由硬件自动将保存在 TH1 中的初值重新装入 TL1，中断后没有任何事情可做，因此定时/计数器 T1 就不需要开中断了。

双机通信时，发送方与接收方的两个串行口应工作在方式 1，区别在于发送方的串行口工作在查询方式，因此不需要开中断；而接收方的串行口工作在中断方式，要开中断并编写串行口中断服务函数，特别注意的是接收方的允许接收控制位 REN 应设置为 1，否则接收不到发送方发送的键号。

发送方主要完成矩阵键盘扫描、发送等任务。当有键闭合时，由行列反转法获取闭合键的键号，然后将闭合键的键号由串行口发送至接收方，发送完成后，继续扫描键盘。键盘扫描函数 uchar keyscan()是无参有返回值的函数，调用它可以获得闭合键的键号；发送函数 void send (uchar jianhao)是有参无返回值函数，它的作用是采用查询方式由串行口发送闭合键的键号，调用它时，必须将闭合键的键号作为实参；主函数 main()中首先要完成对串行口、定时/计数器 T1 的初始化，然后就是无限次地判断有无键按下，有键按下时调用键盘扫描函数 uchar keyscan()得到闭合键的键号，再调用发送函数 void send (uchar jianhao)由串行口发送闭合键的键号。

接收方主要完成数据的接收、显示等任务。若采用中断方式工作，当接收方的 REN=1 时，接收器就以所选波特率的 16 倍速率采样 RXD 引脚，检测到 RXD 引脚发生负跳变时，将接收到的 8 位数据装入接收缓冲寄存器 SBUF，并置位接收中断标志 RI，向 CPU 请求中断。在串行口中断服务函数 void chuan0 () interrupt 4 中取出接收缓冲寄存器 SBUF 中的键号，并将其段码发送至 P0 口，就实现了显示闭合键键号的要求。

(1) 发送方单片机源程序。

```
#include <reg51.h>
#define uchar unsigned char
#define uint unsigned int

/*必要的全局变量定义*/
uchar code jianzhibiao[ ]={        0xee,0xde,0xbe,0x7e,
                                   0xed,0xdd,0xbd,0x7d,
                                   0xeb,0xdb,0xbb,0x7b,
                                   0xe7,0xd7,0xb7,0x77};      //定义键值表
```

```
/*延时函数*/
void delay (uint i)              //延时时间约为 i×1 ms
{
      uchar j, x;
      for(j=0;j<i;j++)
            for(x=0;x<=130;x++);
}

/*发送函数*/
void send (uchar jianhao)
{
      SBUF=jianhao;              //将闭合键的键号送入发送缓冲寄存器 SBUF，进行发送
      while(!TI);                //查询 TI，等待发送结束
      TI=0;                      //发送结束后，清除发送中断标志 TI，为下一次发送作准备
}

/*键盘扫描函数*/
uchar keyscan()
{
      uchar lie,jianzhi,jianhao,i;           //定义按键识别所需局部变量
      lie=P1;                                //有键闭合时，暂存列值
      P1=0x0f;                               //置行 1、列 0
      jianzhi=lie|P1;                        //读入行值，与列值“位或”得键值并赋给 jianzhi
      for(i=0;i<16;i++)                      //查找键值表，最多需要比较 16 次
      {
            if(jianzhi==jianzhibiao[i])      //将闭合键键值与键值表的元素一一作比较
            {
                  jianhao=i;                 //如果 if 为真，找到键值，将 i 赋给变量 jianhao
                  break;                     //找到键号后，结束查找
            }
      }
      while(P1!=0x0f);                       //等待按键释放
      delay(10);                             //去除按键的后沿抖动
      return(jianhao);                       //返回闭合键的键号
}

/*主函数*/
void main()
```

```
{
    uchar jianhao;
    TMOD=0x20;              //定时/计数器 T1 为方式 2，字节寻址
    TH1=0xfd;               //用于存放初值 FDH，SMOD=0，波特率为 9600 b/s
    TL1=0xfd;               //用于加 1 计数，初值为 FDH
    TR1=1;                  //启动定时/计数器 T1，位寻址
    SM0=0;
    SM1=1;                  //串行口初始化为方式 1，位寻址
    while(1)
    {
        P1=0xf0;            //置行 0、列 1
        if(P1!=0xf0)        //读入列值，检测有无按键闭合
        {
            delay(10);      //延时 10 ms，去除按键的前沿抖动
            if(P1!=0xf0)    //再次检测，如果 if 语句仍为真，确定有键闭合
            {
                jianhao=keyscan();
                send(jianhao);
            }
        }
    }
}
```

(2) 接收方单片机源程序。

```
#include <reg51.h>
#define uchar unsigned char
#define uint unsigned int

/*必要的全局变量定义*/
uchar code seg7[ ]={    0x3f,0x06,0x5b,0x4f,
                        0x66,0x6d,0x7d,0x07,
                        0x7f,0x6f,0x77,0x7c,
                        0x39,0x5e,0x79,0x71};     //定义共阴型数码管段码表


/*延时函数*/
void delay (uint i)                  //延时时间约为 i×1 ms
{
    uchar j, x;
    for(j=0;j<i;j++)
        for(x=0;x<=130;x++);
```

```
}

/*主函数*/
void main()
{
    TMOD=0x20;          //定时/计数器 T1 为方式 2，字节寻址
    TH1=0xfd;           //用于存放初值 FDH，SMOD=0，波特率为 9600 b/s
    TL1=0xfd;           //用于加 1 计数，初值为 FDH
    TR1=1;              //启动定时/计数器 T1，位寻址
    SM0=0;
    SM1=1;              //串行口初始化为方式 1，位寻址
    REN=1;
    ES=1;               //串行口开中断，位寻址
    EA=1;               //CPU 开中断，位寻址
    while(1);           //等待串行口中断
}

/*串行口中断服务函数*/
void chuan0 () interrupt 4
{
    uchar jianhao;
    RI=0;               //清除接收中断标志 RI
    jianhao=SBUF;       //读取接收缓冲寄存器 SBUF
    P0=seg7[jianhao];   //显示发送方矩阵键盘中闭合键的键号
}
```

(3) 分析。发送方的串行口采用查询方式，因此在发送函数 void send (uchar jianhao)中，当执行语句“SBUF=jianhao;”后便自动开始将串行口发送缓冲寄存器 SBUF 中的数据一位接着一位从串口发送出去；语句“while(!TI);”的作用是查询一帧字符是否发送完成，未发送完成时，TI=0、!TI=1，while 的表达式永远为真，一直在该语句处等待，只有当发送完成置位 TI 后，!TI=0，while 的表达式永远为假，结束等待，执行 while 的下一条语句；清除发送中断标志 TI，若用户不清除 TI，下一次就无法正常发送。

```
void send (uchar jianhao)
{
    SBUF=jianhao;       //将闭合键的键号送入发送缓冲寄存器 SBUF，进行发送
    while(!TI);         //查询 TI，等待发送结束
    TI=0;               //发送结束后，清除发送中断标志 TI，为下一次发送作准备
}
```

接收方的串行口采用中断方式，在中断服务函数 void chuan0() interrupt 4 中首先清除接收中断标志 RI，因为 CPU 只要开始执行该中断服务函数，就表示产生了串口中断，而且

肯定是发送或接收了数据，若接收方源程序并没有发送任何数据，那就必然是接收到了数据，硬件会自动地将 RI 置 1。进入中断服务函数后，必须由用户将 RI 清 0，这样才能产生下一次中断；然后将接收缓冲寄存器 SBUF 中的数据读出送给变量 jianhao，再由语句“P0=seg7[jianhao];”将键号显示出来，这才是进入中断服务函数中最重要的目的。

```
void chuan0 () interrupt 4
{
    uchar jianhao;
    RI=0;                    //清除接收中断标志 RI
    jianhao=SBUF;            //读取接收缓冲寄存器 SBUF
    P0=seg7[jianhao];        //显示发送方矩阵键盘中闭合键的键号
}
```

从发送方与接收方的发送与接收过程中可以清晰地看出，SBUF 是共用一个地址的两个独立寄存器，单片机识别操作哪个寄存器的关键语句是“SBUF=jianhao;”和“jianhao=SBUF;”。

8.3.3　程序调试

1. 实验板电路分析

将发送方单片机实验板中的 RXD(P3.0)、TXD(P3.1)分别与接收方单片机实验板中的 TXD(P3.1)、RXD(P3.0)用短接线相连，然后再用短导线将两个单片机实验板的地线连接到一起，即两个实验板要共地。

2. 程序设计

按照项目要求建立两个项目分别编写发送方与接收方源程序，在发送方实验板上编写矩阵键盘扫描程序，当有键闭合时，将闭合键的键号发送至接收方实验板；在接收方实验板上编写显示程序，将由串行口接收到的闭合键键号显示在数码管上。编译通过后将扩展名为.hex 的文件下载到各自的实验板中。

3. 结果分析

打开两个单片机实验板的电源，按下发送方单片机实验板中矩阵键盘中的按键，观察接收方实验板数码管上的显示结果。若结果有误，请仔细检查两个源程序，错误排除后，再重新编辑、编译并下载进行验证。

4. 拓展练习

编程实现下述要求。

(1) 将发送方实验板上的独立式按键设置为功能切换键，控制接收方实验板上的发光二极管在两种闪烁效果之间切换，即键断开时，是一种闪烁规律；键闭合时，按另一种规律闪烁。

(2) 由两个单片机实验板构成双机通信，当按下实验板 A 上矩阵键盘中的按键时，键号显示在实验板 B 上；当按下实验板 B 上矩阵键盘中的按键时，键号显示在实验板 A 上。

8.4 项目评价

<table>
<tr><td colspan="2">项目名称</td><td colspan="4">串行口通信</td></tr>
<tr><td>评价类别</td><td>项目</td><td>子项目</td><td>个人评价</td><td>组内互评</td><td>教师评价</td></tr>
<tr><td rowspan="10">专业能力(80 分)</td><td rowspan="4">信息与资讯(30 分)</td><td>串行口通信概述(5 分)</td><td></td><td></td><td></td></tr>
<tr><td>51 单片机串行口结构(5 分)</td><td></td><td></td><td></td></tr>
<tr><td>51 单片机串行口工作方式(10 分)</td><td></td><td></td><td></td></tr>
<tr><td>双机通信(10 分)</td><td></td><td></td><td></td></tr>
<tr><td rowspan="2">计划(20 分)</td><td>原理图设计(10 分)</td><td></td><td></td><td></td></tr>
<tr><td>程序设计(10 分)</td><td></td><td></td><td></td></tr>
<tr><td rowspan="2">实施(20 分)</td><td>实验板的适应性(10 分)</td><td></td><td></td><td></td></tr>
<tr><td>实施情况(10 分)</td><td></td><td></td><td></td></tr>
<tr><td>检查(5 分)</td><td>异常检查</td><td></td><td></td><td></td></tr>
<tr><td>结果(5 分)</td><td>结果验证</td><td></td><td></td><td></td></tr>
<tr><td rowspan="2">社会能力(10 分)</td><td>敬业精神(5 分)</td><td>爱岗敬业与学习纪律</td><td></td><td></td><td></td></tr>
<tr><td>团结协作(5 分)</td><td>对小组的贡献及配合</td><td></td><td></td><td></td></tr>
<tr><td rowspan="2">方法能力(10 分)</td><td>计划能力(5 分)</td><td></td><td></td><td></td><td></td></tr>
<tr><td>决策能力(5 分)</td><td></td><td></td><td></td><td></td></tr>
<tr><td rowspan="2">评价</td><td>班级</td><td>姓名</td><td>学号</td><td colspan="2"></td></tr>
<tr><td colspan="5">总评　　教师　　日期</td></tr>
</table>

8.5 拓展与提高

8.5.1 串行扩展概述

用并行接口进行总线扩展须占用较多的 I/O 口，且线路较复杂。为了能进一步缩小单片机控制系统的体积，降低价格，简化互连线路，各单片机制造厂商先后推出了专门用于串行数据传输的各类器件和接口，除早期的 UART 串口外，后来陆续出现的 I^2C 总线、SPI 和 MicroWire 串行通信总线也已得到广泛应用，并已形成系列。近年来，有些厂家又推出了用于单片机的 CAN 串行总线。由美国 Dallas 公司推出的单总线技术及其相应芯片也逐渐被人们接受并使用。串行扩展方法占用引脚数较少(1～4 个)，连接简单，但传输速度较慢。在扩展时采用哪种方法应根据控制系统的主要要求来决定。串行扩展方法是利用 UART、SPI 和 I^2C 串行总线中的任意一种进行系统扩展。

1. 常用串行总线与串行接口简介

目前，在单片机应用系统中开始越来越广泛地采用串行扩展总线进行系统扩展。常用串行总线是由 10 年前的 UART 串行接口的一种发展为现在的多种。目前，广泛使用的串行扩展总线与串行扩展接口主要有 UART 串行接口、I^2C 总线、SPI 串行接口、MicroWire 串行接口和单总线等。

1) UART 串行接口

UART 异步串行接口是由 Intel 公司首创的，是单片机中最早出现的串行接口，后来被许多公司认可并采用。UART 串行接口主要用于单片机之间的异步串行通信，但它的方式 0 工作方式是一种串行同步移位寄存器方式。这种方式可方便地扩展串行接口，此时 TXD 端用作同步脉冲输出，RXD 端用作数据输入/输出。但这种方式不能选择扩展器件的地址，能与其相配的外围器件不多，因此，后来推出了专门用于串行扩展的总线及接口。

2) I^2C 总线

I^2C(Inter Intergrated Circuit)总线是由 Philips 公司推出的，推出后即以其完善的性能、严格的规范(如接口的电气特性、信号传输的定义及时序等)和简便的操作方法被其他半导体厂商和用户所接受，随后出现的带 I^2C 接口的单片机和带 I^2C 接口的外围芯片(存储器、模/数转换等)都推动了它的广泛应用。

I^2C 总线由 2 根线实现了串行同步通信，其中一根是时钟线 SCL，另外一根是数据线 SDA。I^2C 总线外围扩展原理如图 8-12 所示。在 I^2C 总线中，每一个 I^2C 接口称为一个接点。接点的数量受两个因素限制：一是总线电容不能大于 400 pF，因为电容过大可能会使信号传输失真；二是接点地址容量，接点地址实际就是扩展的外围器件地址，

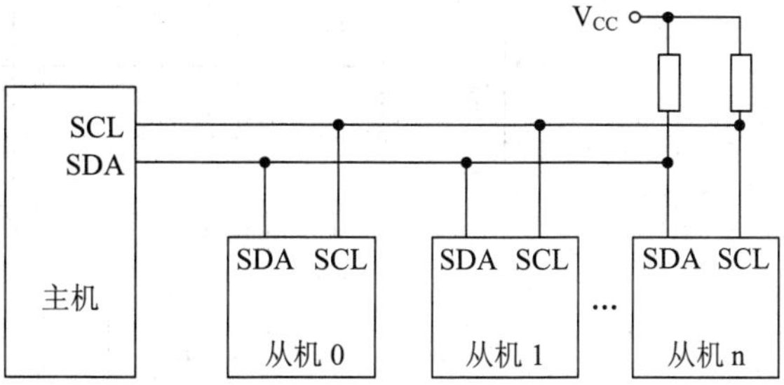

图 8-12　I^2C 总线扩展示意图

显然，接点的数量受器件地址的最大寻址范围限制。

3) SPI 串行扩展接口

SPI(Serial Peripheral Interface)串行接口是由 Motorola 公司推出的。该公司生产的 68HC05 系列单片机均具有 SPI 接口，推出后即被其他半导体厂商和用户接受，随后出现的带 SPI 接口的单片机和带 SPI 接口的外围芯片(存储器、模/数转换等)都推动了它的广泛应用。

SPI 串行扩展接口需要用到 3 根通信线，分别为 SCK 串行时钟线、MOSI 主机输出/从机输入线、MIOS 主机输入/从机输出线。此外，带 SPI 串行扩展接口的器件都有片选端 SS，用于选择允许接收主器件时钟和数据的从器件。SPI 串行扩展系统原理如图 8-13 所示。其主机与从机的时钟线、数据线均为同名端相接。

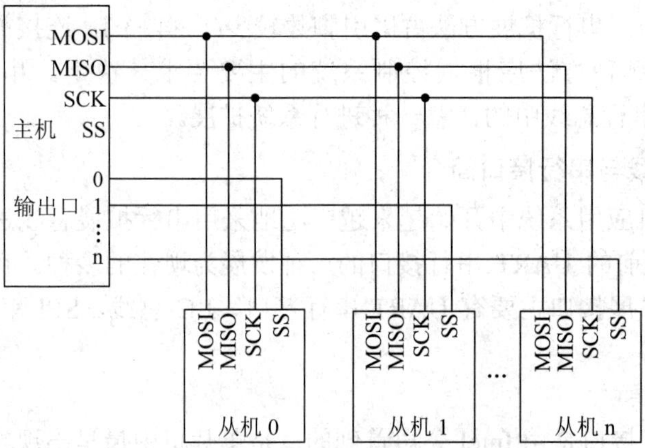

图 8-13　SPI 总线扩展示意图

4) MicroWire 串行扩展接口

MicroWire 串行扩展接口是由美国 NaT1onal Semiconductor 公司推出的，也是三线同步串行总线，由 1 根数据输出线(SO)、1 根数据输入线(SI)、1 根时钟线(SK)组成。它的应用方法与 SPI 串行扩展接口类似，它的外围扩展示意图如图 8-14 所示。

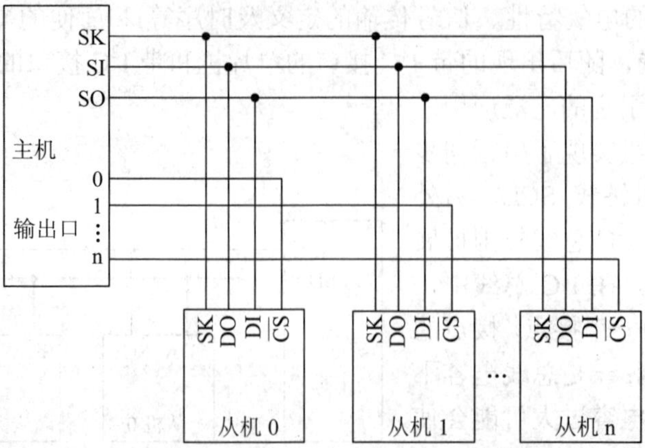

图 8-14　MicroWire 总线扩展示意图

现简述如下：

所有器件的时钟线连接到同一根 SK 线上。主机向 SK 线发送时钟脉冲信号，从机在时钟脉冲信号的同步沿输出/输入数据。主机的数据输出线 SO 与所有从机的数据输入线相连，从机设备的数据输出线都接到主机输入线上。主机经过另外的片选线选通某一从机，然后发出时钟脉冲，主机和选通的从机在时钟的下降沿从各自的 SO 线输出 1 位数据，在时钟的上升沿从各自的 SI 端读入 1 位数据；每个时钟周期发送 1 位数据，接收 1 位数据，从而实现数据的交换。在扩展多个外围器件时，也必须通过 I/O 口线选择。

5) 单总线

单总线是由 Dallas 公司推出的外围串行扩展总线。单总线只有一根数据输出/输入线 DQ，所有的器件都挂在这根线上。Dallas 公司生产的最著名的单总线器件是数字温度传感器，如 DS1820、DS1620 等。每个单总线器件都有 DQ 接口，DQ 接口是漏极开路，须加上拉电阻才能正常工作。Dallas 公司为每个器件都提供了一个唯一的地址，并为器件的寻址及数据传输制定了严格的时序规范。图 8-15 所示为用单总线构成的温度检测系统。

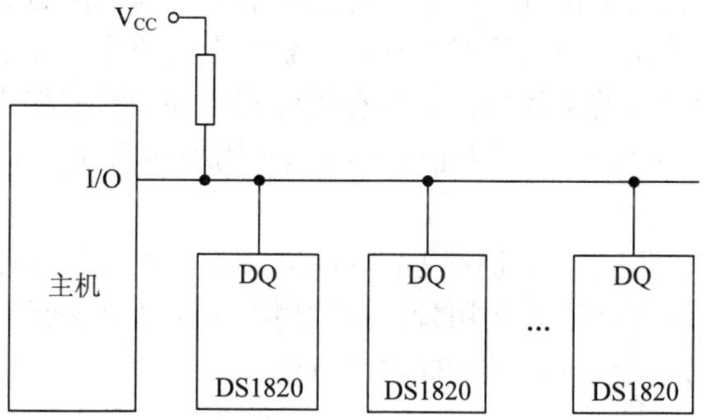

图 8-15　单总线扩展示意图

单总线与目前多数标准串行数据通信方式不同，它采用单根信号线，既传输数据位，又传输数据位的定时同步信号，而且数据传输是双向的。大多数单总线器件不需要额外的供电电源，而是可直接从单总线上获得足够的电源电流(即寄生供电方式)。它具有节省 I/O 口线资源，结构简单，成本低廉，便于总线扩展和维护等诸多优点。其主要缺点是软件设计较复杂。

单总线适用于单个主机系统，能够控制一个或多个从机设备。当只有一个从机位于总线上时，系统可按照单节点系统操作；而当多个从机位于总线上时，则系统会按照多节点系统操作。

在采用串行扩展技术时，要注意串行传输速度比并行速度慢，串行速度一般为 400 kb/s～1 Mb/s。且不同的串行通信方案其速度也不同，选择时要注意速度是否满足应用需要。

串行扩展的突出优点是大大简化了外部连线，但其代价是通信对象之间的软件较复杂。因此，这种方法最初推广得并不快。随着串行通信协议软件包的成熟、普及及模块化，使得串行通信的编程变得简单易行，因而，近年来串行扩展技术发展迅速。现在各公司已经生产出多种功能的串行总线外部设备，如串行 E^2PROM、串行 ADC/DAC、串行时钟芯片、串行微处理器监控芯片、串行温度传感器等。

2. 串行扩展的模拟技术

因为串行总线除了要求扩展的外围器件具有相应的串行接口外，还要求计算机具有相应的串行接口。目前，单片机大多数都有 UART 串行接口，但多数都不同时具备上述几种串行接口。通常是具备其中的一种或两种接口，因此，为推广串行扩展技术，就需要采用模拟接口技术，即利用单片机的通用 I/O 接口通过软件模拟(也可称为虚拟)串行接口的时序和运行状态，构成模拟的串行扩展接口。这样，任何具有串行扩展接口的外围器件就可以扩展到任何型号的单片机应用系统中了。

成功实现串行扩展模拟技术的关键：

(1) 严格模拟时序。目前，所有的串行扩展总线和扩展接口都采用同步数据传送。在同步传送中，由串行时钟控制数据传送的时序。所以在模拟串行时钟时，一定要严格按照规范的时序控制，满足数据传送的时序要求。

(2) 确保硬件与软件的配合。不同的串行扩展总线和扩展接口所需要的传输线数、速率及规范一般不相同。在模拟传输时，要考虑到它们相互间的配合。使用时，在硬件上要符合接口标准对传输线数及时序的严格要求，在软件上要遵守标准要求的通信协议。对于在原来设计中没有这种接口的单片机，只要在硬件和软件上能模拟它的通信要求，同样可以与带有这类串行通信标准的芯片相连接使用。采用模拟方法时，只占用单片机的通用 I/O 口。

(3) 设计通用模拟软件包。为简化模拟串行接口软件的设计，可以设计出各种类型接口的通用模拟软件包。这样在进行应用程序设计时，就不必考虑原总线规范及软件处理过程了，为以后的串行扩展接口软件设计提供了方便。

3. 串行扩展的主要特点

与并行扩展相比，串行扩展具有如下特点：

(1) 能最大限度地发挥单片机最小系统的功能。将原来由并行扩展占用的 P0 口与 P2 口直接用于输入/输出。

(2) 简化了硬件线路，缩小了印制电路板的面积，降低了成本。串行扩展只需 1～4 根信号线，器件间的连线简单，结构紧凑，极大地缩小了系统板的尺寸，适用于小型单片机应用系统。

(3) 扩展性能好，可简化系统设计。串行总线能十分方便地构成由一台单片机和部分外围器件组成的单片机应用系统。

(4) 串行总线的缺点是数据处理容量较小，信号传输速度较慢。但是随着 CPU 工作速度的提高，以及串行扩展芯片功能的不断增强，这些缺点将会得到改善，串行总线的应用将会越来越广泛。

8.5.2 I^{2}C 总线

1. I^{2}C 总线简介

I^{2}C 总线是由 PHLIPS 公司推出的一种用于 IC 器件之间的二线制同步串行通信总线，具备多主机系统所需的包括总线裁决和高低速器件同步功能的高性能串行总线。I^{2}C 总线只有两根双向信号线，一根是数据线 SDA，另一根是时钟线 SCL，既可以发送数据，也可以接收数据。各种 IC 器件均并联在总线上，但每个 IC 器件都有唯一的地址。在信息传输过程中，I^2C 总线上并联的每个 IC 器件既可以是主控器件也可以是被控器件，既可以是接收器又可以是发送器，这取决于它所要完成的功能。单片机发出的控制信号分为地址码和数据码，地址码用于选通 I^2C 总线的器件，数据码包含通信的内容，这样各 IC 器件虽然挂在同一总线上，却相互彼此独立。

2. I^2C 总线的特点

(1) 简单性。I^2C 总线仅采用 SDA、SCL 两条信号线，由于接口在 IC 器件上，因此 I^2C 总线所占用的空间非常小，简化了芯片引脚的数量，并且不需要并行总线接口，从而降低了器件间的互连成本。

(2) I^2C 总线是多主控总线。即 I^2C 总线上任何一个 IC 都可以像主控器件一样工作并控制总线，总线上的每一个 IC 都有独一无二的地址，所以任何能够进行发送和接收的 IC 都可以成为主控器件(主器件)，一个主控器件能够控制信号的传输和时钟频率。当然，在任何时刻只能有一个主控器件。如果同时有几个主机企图启动总线传送数据，为了避免混乱，I^2C 总线都要通过总线仲裁，以决定由哪一台主机控制总线。

在 51 单片机应用系统的串行总线扩展中，我们经常遇到的是以 51 单片机为主机，其他接口器件为从机的单主机情况。

(3) 在 I^2C 总线传输时，主器件或从器件都可能处于发送或接收的工作方式，当然有少数从器件，如显示芯片，只能工作在接收方式。

(4) 所有外围 IC 器件的地址都采用器件地址和可编程地址的硬件编址方法，避免了片选线的连接。

(5) 所有带 I^2C 总线接口的外围器件都具有应答功能，当片内有多个单元地址时，地址都具有自加 1 功能。

(6) I^2C 总线上数据传送的速率一般为 100 kb/s，目前有的器件可以达到 400 kb/s 以上。连到总线上的器件数量仅受总线小于 400pF 的电容和器件地址容量的限制。

3. I^2C 总线的硬件结构

图 8-12 中，I^2C 总线中的 SDA 和 SCL 两条信号线都是双向 I/O 线。总线上各 IC 器件都采用漏极开路结构与总线相连，因此 SDA 和 SCL 都要通过上拉电阻接正电源 V_{CC}，而总线上的 IC 器件都是 CMOS 器件，输出级也是开漏电路，在总线上消耗的电流很小，因此当总线空闲时，SDA 和 SCL 都保持高电平，连接到总线上的任一器件输出的低电平都使总线的信号变为低电平，即各器件的 SDA 与 SCL 都是线与的关系。

I^2C 总线上扩展的器件数主要由电容负载来决定。因为每个器件的总线接口都有一定的等效电容，而线路中的电容会影响总线传输速度，当电容过大时，有可能造成传输出错，所以其负载能力定为 400 pF。由此可以估算出总线的允许长度和所接器件数。

I^2C 总线支持多主和主从两种工作方式，通常工作在主从方式。在主从工作方式中，系统中只有一个主器件(单片机)，其他器件都是具有 I^2C 总线的外围从器件，主器件启动数据的发送(发出启动信号)，产生时钟信号，发出停止信号。

4. I²C 总线通信时序

I²C 总线进行一次数据传送的通信时序如图 8-16 所示。

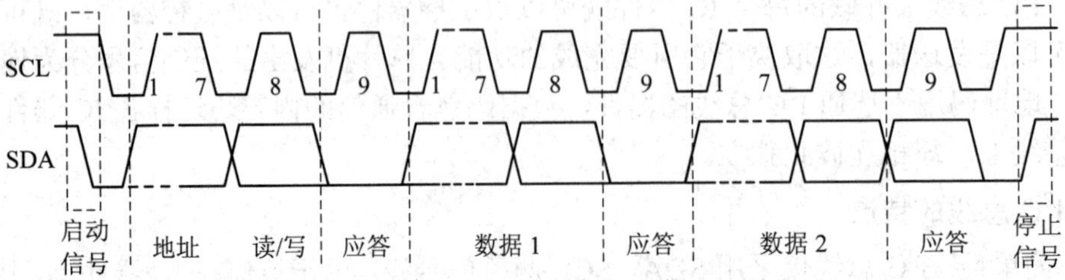

图 8-16　I²C 总线数据传送时序图

由图 8-16 可知，一次典型的 I²C 总线数据传送过程为：

(1) 启动信号。由主器件发送启动信号后，开始传送数据。

(2) 发送从器件地址。主器件发送要寻址从器件的地址信息，包含 7 位的从器件地址和 1 位方向位(表明读或写，即数据流的方向)。

(3) 发送数据。根据从器件地址中的方向位，在主器件与从器件之间传送数据。数据一般是以字节为单位进行传送的，具体传送多少个字节并没有限制。

(4) 应答与非应答信号。当从器件为接收器时，用 1 位应答信号表明收到了一个数据字节；当主器件为接收器时，用主器件对最后一个字节不应答，告诉发送器数据传送结束。数据传送过程可以被终止或重新启动。

(5) 结束信号。由主器件发送结束信号，结束数据传输。

5. I²C 总线的数据传送

I²C 总线上的 IC 器件如果发送数据到总线上，则将其定义为发送器；如果从总线上接收数据，则定义为接收器。主器件和从器件都可以处于接收或发送状态。总线必须由主器件控制，由它产生串行时钟 SCL，来控制总线的传输方向，并产生启动、停止信号。但是，若主器件希望继续占用总线进行新的数据传送，则可以不产生停止信号，而马上再次发出启动信号对另一从器件进行寻址。

1) I²C 总线数据位的有效性

I²C 总线在传送数据时，要求在 SCL 线的高电平期间，SDA 线上的数据必须保持稳定，否则数据线 SDA 上的变化就会被当做“启动”或“停止”信号；只有在 SCL 线上的时钟信号是低电平时，数据线 SDA 的状态才能发生变化，如图 8-17 所示。

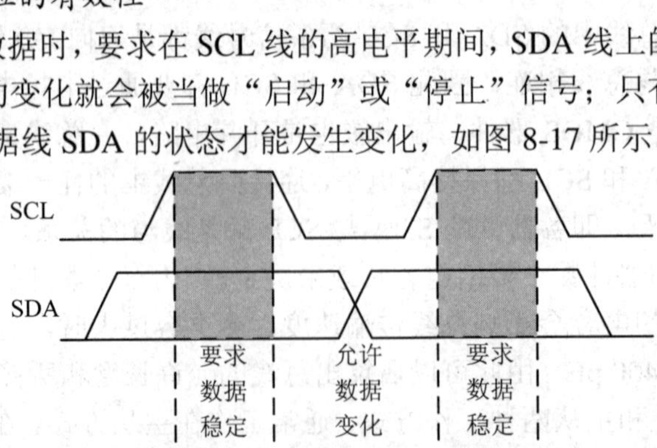

图 8-17　I²C 总线数据位的有效性

2) 启动信号

I²C 总线进行一次数据传送时，首先由主器件发送启动信号。当 SCL 为高电平，SDA

由高电平向低电平跳变时，定义为启动信号。在启动信号后开始传送数据，总线就处于忙状态。I^2C 总线启动信号时序如图 8-18 所示。

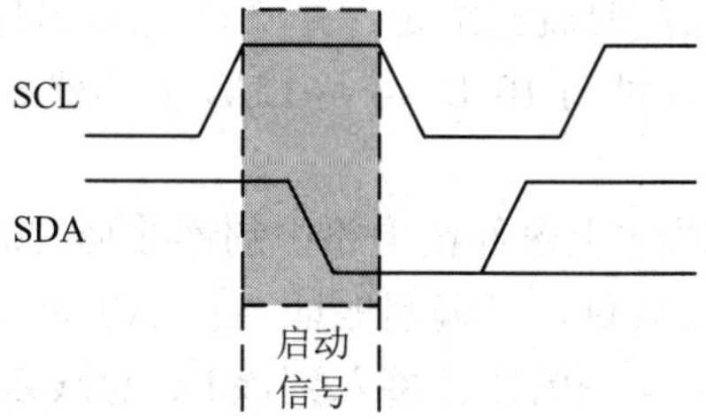

图 8-18　I^2C 总线启动信号时序图

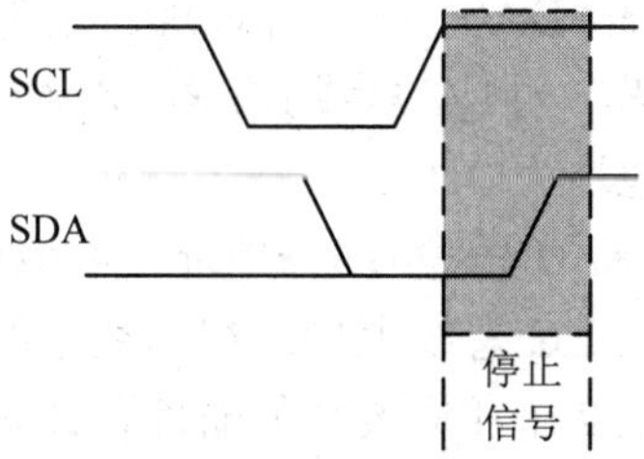

图 8-19　I^2C 总线停止信号时序图

3) 停止信号

在全部数据传送完成后，主器件发送停止信号，即当 SCL 为高电平，SDA 由低电平向高电平跳变时，为停止信号。在停止信号后的一段时间内，认为总线是空闲的。I^2C 总线停止信号时序如图 8-19 所示。

4) 应答信号

I^2C 总线规定，每传送一个字节的数据都要有一个应答信号，以确定数据传送是否被对方接收到。因此应答信号由接收数据的一方产生，是 SCL 线上第 9 个时钟脉冲所对应的 SDA 状态。当该状态为低电平“0”时，表示有应答信号，数据传输正确；当该状态为高电平“1”时，表示无应答。I^2C 总线应答与非应答信号时序如图 8-20 所示。

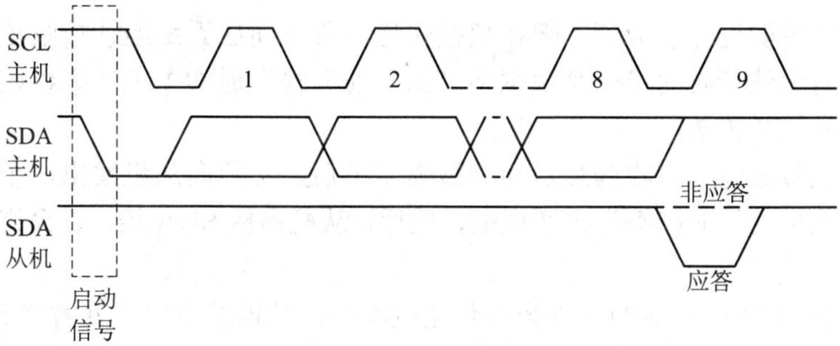

图 8-20　I^2C 总线应答与非应答信号时序图

5) 非应答信号

当主器件为接收设备时，主器件对最后一个字节不应答，以向发送数据的一方表示数据传送结束。

6) 从器件地址

I^2C 总线上传送的数据信号是广义的，既包括地址信号，又包括真正的数据信号。

当主器件在 I^2C 总线上发送了启动信号后，接着发送从器件的地址，对从器件进行寻址。I^2C 总线上从器件地址有 7 位和 10 位两种。7 位从器件地址格式如表 8-6 所示。

表 8-6　从器件地址字节格式

位序号	D7	D6	D5	D4	D3	D2	D1	D0
位名称	DA3	DA2	DA1	DA0	A2	A1	A0	$R/\overline{W}$
	器件地址				可编程地址			

地址字节中的高 7 位构成从器件地址，它由固定的器件地址 DA3～DA0 和可编程地址 A2～A0 两部分组成。

DA3～DA0——器件地址。器件地址在器件出厂时就已给定，是 I^2C 总线器件固有的地址编码。如 I^2C 总线 E^2PROM AT24C××的器件地址为 1010，4 位 LED 驱动器 SAA1064 的器件地址为 0111。

A2～A0——可编程地址。可编程地址由 I^2C 总线上器件在电路中的连接形式而定，它决定了在 I^2C 总线上接入相同类型的从器件的最大数目，可编程地址 A2～A0 为 3 位时，仅能寻址 8 个相同类型的器件，即可以有 8 个相同类型的器件接入到该 I^2C 总线系统中。

$R/\overline{W}$——方向位。方向位表示数据流的传送方向。当 $R/\overline{W}=0$ 时，表示发送数据，即主器件将数据信息写入寻址的从器件；当 $R/\overline{W}=1$ 时，表示主器件从从器件中接收信息。

主器件发送从器件的地址后，I^2C 总线上的每个从器件都将这 7 位地址与自己的地址作比较，如果相同，则认为自己正被主器件寻址，然后根据 $R/\overline{W}$ 确定自己是发送器还是接收器。

7) 数据传送格式

(1) 字节传送与应答。每一个字节必须保证是 8 位长度。当数据传送时，先传送最高位(MSB)，每一个被传送的字节后面都必须跟随一位应答位(即一帧共有 9 位)。

由于某种原因从机不对主机寻址信号应答时(如从机正在进行实时性的处理工作而无法接收总线上的数据)，它必须将数据线置于高电平，而由主机产生一个终止信号以结束总线的数据传送。

如果从机对主机进行了应答，但在数据传送一段时间后无法继续接收更多的数据时，从机可以通过对无法接收的第一个数据字节的“非应答”通知主机，主机则应发出终止信号以结束数据的继续传送。

当主机接收数据时，它收到最后一个数据字节后，必须向从机发出一个结束信号。这个信号是由对从机的“非应答”来实现的，然后，从机释放 SDA 线，以允许主机产生结束信号。

(2) 帧格式。在 I^2C 总线的一次数据传送过程中，数据帧有以下几种格式：

① 写操作。主器件向从器件发送数据，数据传送方向在整个传送过程中不变，格式为：

启动信号	从器件地址	0	应答信号	数据1	应答信号	数据2	应答/非应答信号	停止信号

注：阴影部分表示数据由主器件向从器件传送，无阴影部分则表示数据由从器件向主器件传送。第三部分的 0 表示数据是由主器件写入从器件。

② 读操作。主器件从从器件接收数据，数据传送方向在整个传送过程中不变，格式为：

启动信号	从器件地址	1	应答信号	数据1	应答信号	数据2	非应答信号	停止信号

注：阴影部分表示数据由主器件向从器件传送，无阴影部分则表示数据由从器件向主器件传送。第三部分的 1 表示是由主器件从从器件接收数据。

③ 在数据传送过程中，如果需要改变传送方向，则启动信号和从器件地址都要重新由主器件来发送，但两次读/写方向位($R/\overline{W}$)正好反相。格式为：

主器件发送数据							主器件接收数据						
启动信号	从器件地址	0	应答信号	数据	应答/非应答信号	停止信号	启动信号	从器件地址	1	应答信号	数据	非应答信号	停止信号

注：阴影部分表示数据由主器件向从器件传送，无阴影部分则表示数据由从器件向主器件传送。

6. 单片机模拟 I²C 总线通信

具有 I²C 总线的硬件接口，连接到 I²C 总线上时，无需用户介入，很容易就能够检测到启动和终止信号。但是 51 系列单片机没有 I²C 总线接口，与 I²C 芯片相连时，需要通过软件模拟 I²C 总线的工作时序，在使用时，只需正确调用一些相关的函数就能方便地扩展 I²C 总线接口器件。

为了保证数据传送的可靠性，标准的 I²C 总线的数据传送有严格的时序要求。I²C 总线的启动信号、停止信号、应答或发送“0”及非应答或发送“1”的模拟时序如图 8-21 所示。

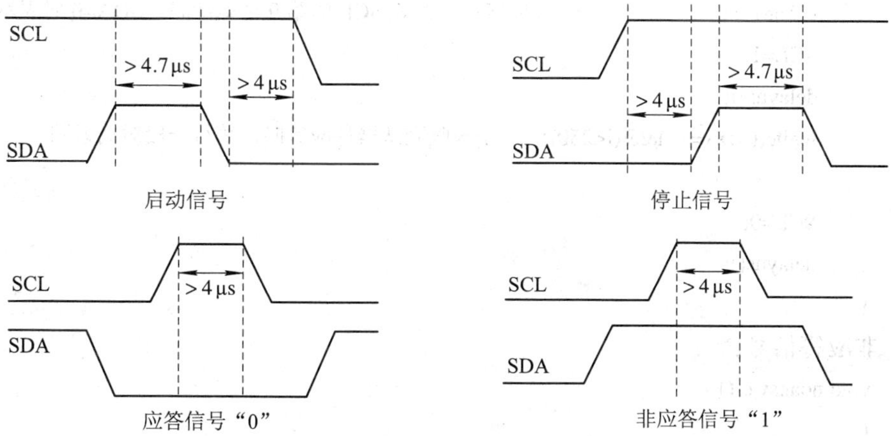

图 8-21　I²C 总线模拟时序图

软件模拟 I²C 总线的工作时序时相关的函数有初始化总线、启动信号、应答信号、停止信号、非应答信号、写一个字节、读一个字节。下面分别叙述这些函数，阅读时请参考前面相关的时序图。

(1) 初始化总线。

```
/*I²C 总线初始化函数*/
void csh()
{
    SCL=1;              //将总线都拉高，释放总线
    delayus();
    SDA=1;
    delayus();
}
```

“delayus();”的延时时间应符合图 8-21 的要求，只要超过 4.7 μs 就可满足要求。

(2) 启动信号。

```
void start ()
{
    SDA=1;                        //在 SCL 高电平期间，SDA 的一个下降沿为启动信号
    delayus();
    SCL=1;
    delayus();
    SDA=0;
    delayus();
}
```

(3) 应答信号。

```
void answer ()
{
    uchar i=0;                    //应答信号为在 SCL 的第 9 个脉冲时，SDA=0 时表示有应答
    SCL=1;
    delayus();
    while((SDA==1)&&(i<250))      //未收到从器件应答时，等待一段时间返回
        i++;
    SCL=0;
    delayus();
}
```

(4) 非应答信号。

```
void noanswer()
{
    SDA=1;                        //在 SCL 的下降沿时，SDA 保持高电平为非应答信号
    delayus();
    SCL=1;
    delayus();
    SCL=0;
    delayus();
}
```

(5) 停止信号。

```
void stop ()
{
    SDA=0;                        //在 SCL 高电平期间，SDA 的一个上升沿为停止信号
    delayus();
    SCL=1;
    delayus();
```

```
        SDA=1;
        delayus();
    }
```

(6) 写一个字节。

```
    void writebyte (uchar dat)        //在串行数据线 SDA 上传送一个字节，先发送最高位
    {
        uchar i;
        for(i=0;i<8;i++)              //一个字节有 8 位，串行逐位发送时需发送 8 次
        {
            SCL=0;                    //只有在 SCL 为低电平期间，SDA 线上状态才能改变
            delayus();
            if(dat&0x80)              //取出 dat 的最高位，并将其送至串行数据线 SDA
                SDA=1;                //如果 dat&0x80 为真，表示最高位为 1
            else
                SDA=0;                //如果 dat&0x80 为假，表示最高位为 0
            dat=dat<<1;               //左移一位，修改 dat，为下次发送作准备
            SCL=1;
            delayus();
        }
        SCL=0;
        delayus();
        SDA=1;
        delayus();
    }
```

串行发送一个字节时，要逐位传送，而且要先传送高位，后传送低位。因此通过语句“if(dat&0x80)”取出待传送数据 dat 中的最高位，如果 dat&0x80 为真时，表示 dat 的最高位为 1，给串行数据线 SDA 赋 1；如果为假，则表示 dat 的最高位为 0，给 SDA 赋 0。然后在串行时钟线 SCL 的控制下进行传送。传送一位后，通过语句“dat=dat<<1;”修改 dat，将次高位移入最高位，等待下一次传送。一个字节的 8 位二进制数共需要传送 8 次。

(7) 读一个字节。

```
    uchar readbyte ()                 //由串行数据线 SDA 上接收一个字节，先接收数据最高位
    {
        uchar i,dat=0;                //变量 dat 用于接收数据
        SCL=0;
        delayus();
        SDA=1;
        for(i=0;i<8;i++)              //一个字节有 8 位，串行逐位接收时也需 8 次
        {
            SCL=1;
```

```
            delayus();
            dat=dat<<1;          //将 dat 左移一位，将 SDA 线上数据存入 dat 的最低位
            if(SDA)
                dat++;           //如果 SDA 为 1，则 dat 的最低位加 1；否则保持原来的 0
            SCL=0;
            delayus();
        }
        delayus();
        return dat;
    }
```

串行接收一个字节时，也只能逐位接收，然后再组装成一个字节。变量 dat 用于接收 SDA 线上的数据，优先传送高位，且每次只能传送一位 0 或 1，所以由语句“dat=dat<<1;”将 dat 左移一位，在最低位补入 0，然后判断 SDA 线上的状态。如果 SDA 为 1，由“dat++;”就可以将 SDA 的状态移入 dat 的最低位；如果 SDA 为 0，则 dat 不需要任何操作。接收下一位数据时，通过 dat 左移一位后，就可以将前面接收的数据依次向高位移动，8 次之后第一次接收的数据就移入 dat 的最高位，最后一次接收到的数据就位于 dat 的最低位。通过这种方法可以将串行数据转换成并行数据。

习　题

一、填空题

1. ____________________是串行通信。串行通信的三种制式分别是___________。串行通信方式有_________和_________两种。

2. ______________________________是波特率。串行通信时，要求通信双方的波特率必须_________。51 单片机串行口工作在方式 0 时，波特率为________；方式 1 的波特率为___________；某异步串行通信接口工作于方式 2，每分钟传送 3600 个字符时，波特率为_____________。51 单片机的串行口工作在方式 1 和方式 3 时，其波特率由定时/计数器_______产生，它工作在方式______。

3. 51 单片机串行通信时，必须将要发送的数据送至________寄存器，也要从该单元接收数据。串行口控制寄存器 SCON 中，REN 的作用是_______________，TB8/RB8 的作用是_______________，SM2 的作用是__________________，串行工作方式由__________确定，接收中断标志位是______。

4. 51 系列单片机的串行 I/O 口工作在方式 0 时，由______引脚输入或输出数据，由引脚提供同步移位脉冲；工作在方式 1 时，一帧字符为___位，它们分别是________、_______和一位停止位 1；方式 0 常用于____________，方式 1 常用于____________。

5. I^2C 总线上的器件地址有_____位，一般由___________和____________两部分组成，发送从器件地址时，7 位地址与_________组成一个字节进行传送。

二、选择题

1. 51 单片机有(　　)个并行 I/O 口，有(　　)个串行口。

A. 1，3　　B. 4，2　　C. 4，1　　D. 2，2

2. 51 单片机的串行口为(　　)。

A. 全双工　　B. 半双工　　C. 单工

3. 51 单片机响应中断后，需要由用户软件才能够清除的中断标志是(　　)。

A. TF0，TF1　　B. IE0、IE1　　C. TI、RI　　D. 均由硬件自动清除

4. 控制 51 单片机串行口工作方式的寄存器是(　　)。

A. TCON　　B. PCON　　C. SCON　　D. TMOD

5. (　　)串行总线接口只需要用 SCL、SDA 两根信号线。

A. UART　　B. I^2C　　C. SPI　　D. Micro Wire

三、判断题

1. 51 单片机的接收与发送共用一个寄存器 SBUF。　(　　)

2. 串行通信时，两机的发送与接收可以同时进行，称为全双工制式。　(　　)

3. 串行口工作在方式 2 时，由于接收 SBUF 只有 8 位，因此接收到的第 9 位数据没有地方保存，会自动丢失。　(　　)

4. RS-232C 电平与 TTL 电平兼容。　(　　)

5. 51 单片机内部未集成 I^2C 总线接口，因此不能实现 I^2C 总线通信。　(　　)

四、简答题

1. 简述串行通信的通信方式。

2. 简述 51 单片机串行口的工作方式，及每种工作方式的帧格式、波特率。

3. 简述 51 单片机串行口接收与发送数据的过程。

4. 简述双机通信与多机通信的区别。

5. 简述 I^2C 总线一次数据传输的过程。

五、设计与编程题

1. 某异步通信接口，其帧格式由 1 位起始位、7 位数据位、1 位奇偶位和 1 位停止位组成。当每分钟传送 1800 个字符时，试计算传送波特率。

2. 利用 51 单片机串行口传送 8 位数据，波特率为 1200 b/s。试对其进行初始化。

3. 在 3 位动态显示电路中，利用 51 单片机串行口发送段码，画出硬件电路图，并编写程序使数码管上的数据在 0～999 之间变化，间隔 500 ms。

4. 试设计 51 单片机双机通信系统，将甲机 P3.2 所接按键设置为加 1 键，每按下一次，使乙机上显示的数据加 1。显示数据的变化范围是 0～999。

5. 试改写该项目示例程序，实现数据的双向传输，即甲机矩阵键盘中有键闭合时，闭合键的键号显示在乙机上；乙机矩阵键盘中有键闭合时，闭合键的键号显示在甲机上。

项目九 D/A 和 A/D 转换

9.1 项 目 说 明

❖ 项目任务

利用 HOT-51 实验板上的 A/D−D/A 芯片 PCF8591 将输入的模拟电压转换为数字量，并将该数字量以十进制的形式显示在数码管上。用电位器调节输入的模拟电压，观察并记录数码管上数值的变化，利用所学知识对结果进行分析。

❖ 知识培养目标

(1) 掌握指针的用法、绝对地址的访问方法。
(2) 掌握数/模转换原理及性能指标。
(3) 掌握 DAC0832 的原理及其使用方法。
(4) 掌握模/数转换的原理及性能指标。
(5) 掌握 ADC0809 的原理及其使用方法。
(6) 掌握 PCF8591 的原理及其使用方法。

❖ 能力培养目标

(1) 能利用所学知识画出实现该任务的原理图。
(2) 能利用 KEIL C 编写实现 D/A 或 A/D 转换的源程序。
(3) 能利用所学知识正确地分析测试结果。
(4) 培养解决问题的能力。
(5) 培养沟通表达、团队协作的能力。

9.2 基 础 知 识

9.2.1 C51 指针

1. 指针概述

指针是 C51 中的一个重要概念。指针类型数据在 C51 编程时使用十分广泛，正确使用指针类型数据，不仅可以有效地表示复杂的数据结构，而且可以动态地分配存储器空间，直接处理内存地址。

要了解指针的基本概念，先要了解数据在内存中的存储和读取方法。

我们知道，数据一般放在内存单元中，而内存单元是按字节来组织和管理的。每个字节有一个编号，即内存单元的地址，内存单元存放的内容是数据。在 C51 中，可以通过地址方式来访问内存单元，但 C51 作为一种高级程序设计语言，数据通常是以变量的形式进行存放和访问的。对于变量，在程序中定义以后，编译器编译时就在内存中给该变量分配一定的字节单元。例如，给整型变量(int)分配 2 个字节单元，给浮点型变量(float)分配 4 个字节单元，给字符型变量分配 1 个字节单元等。变量在使用时要分清两个概念：变量名和变量的值。变量名相当于内存单元的地址，变量的值相当于内存单元中存放的内容。

变量的访问有两种方式：直接访问方式和间接访问方式。直接访问方式是直接给出变量名。例如，a=5*6，根据变量名可知内存中变量 a 占用单元的地址，然后将计算结果写入该单元。间接访问方式是先将变量 a 的地址存放在另一个变量 b 中，当访问 a 时先找到变量 b，从变量 b 中取出变量 a 的地址，然后根据这个地址从内存单元中取出变量 a 的值。在这里，从变量 b 中取出的不是所需的数据，而是存放该数据变量 a 的单元地址，这就是指针，变量 b 称为指针变量。

关于指针应注意变量的指针和指向变量的指针变量两个基本概念。变量的指针就是变量的地址。对于变量 a，如果它所对应的内存单元地址为 2000H，那么它的指针就是 2000H。指针变量是指一个变量，它专门用于存放另一个变量的地址，它的值是变量的指针。上面变量 b 中存放的是变量 a 的地址，变量 b 中的值是变量 a 的指针，变量 b 就是一个指向变量 a 的指针变量。

如上所述，指针实质上就是各种变量在内存单元的地址，在 C51 中，不仅有指向一般类型变量的指针，还有指向各种组合类型变量的指针。

2. 指针变量的定义

在 C51 中，指针变量也要求先定义后使用，指针变量的定义与一般变量的定义类似，一般形式为

数据类型说明符 [存储器类型 1]　*[存储器类型 2] 指针变量名;

其中，数据类型说明符说明了该指针变量所指向变量的类型。一个指向字符变量的指针变量不能用来指向整型变量，反之，一个指向整型变量的指针变量也不能用来指向字符型变量。

存储器类型 1 是可选项，它是 C51 编译器的一个扩展项，用于说明指针指向的变量存于哪一部分存储器。如果带有此项，指针被定义为基于存储器的指针；若无此项，被定义为一般指针。这两种指针的区别在于它们所占的存储字节不同。一般指针在内存中占用 3 个字节，第 1 个字节存放该指针存储器类型的编码(由编译时编译模式的默认值确定)，第 2、第 3 个字节分别存放该指针的高位和低位地址偏移量。存储器类型的编码值如表 9-1 所示。

表 9-1　存储器类型编码值

存储器类型	idata	xdata	pdata	data	code
编码值	1	2	3	4	5

如果指针变量被定义为基于存储器的指针，则该指针的长度可为 1 个字节(存储器类型选项为 data、idata、bdata 的片内数据存储单元)或 2 个字节(存储器类型选项为 xdata、pdata、code 的片外数据存储单元或程序存储器单元)，由此可见，明确存储器类型 1 的指针变量，

能节省存储器的开销，这在严格要求程序体积的项目中很有用处。

存储器类型 2 指定指针本身所在的存储空间，也是一个可选项。举例如下：

```
int *ptrl;        //定义一个指向整型变量的指针变量 ptr1
char *ptr2;       //定义一个指向字符变量的指针变量 ptr2
long *ptr3;       //定义一个指向长整型变量的指针变量 ptr3
```

上述指针变量的定义中既无存储器类型 1，也无存储器类型 2。其中指针变量 ptr1 指向一个整型量，那么这个整型量究竟存放于哪一部分存储器呢？这与存储模式有关。依据存储模式 LARGE、COMPACT、SMALL 的不同，该整型变量可分别处于 xdata、pdata 或 data 区。而指针 ptr1、ptr2、ptr3 本身在片内数据存储器中占用 3 个字节。

```
float xdata *p4;
//定义一个指向 xdata 区浮点变量的指针变量 p4，该指针在 data 区占 2 个字节
long code *lptr;
// 定义一个指向 code 区长整型变量的指针变量 lptr，该指针在 data 区占 2 个字节
```

指针变量 p4 在定义时，只写明了存储器类型 1 为 xdata，表示 p4 指向的浮点变量位于 xdata 区；由于没有存储器类型 2，所以 p4 本身在 data 区占用 2 个字节。指针变量 lptr 的定义与 p4 类似。

```
int xdata *xdata ptr4;
// 定义一个指向 xdata 区整型变量的指针变量 ptr4，该指针在 xdata 区占 2 个字节
float code *xdata prt5;
// 定义一个指向 code 区浮点变量的指针变量 ptr5，该指针在 xdata 区占 2 个字节
```

在定义指针变量 ptr4 时，存储器类型 1 为 xdata，所以 ptr4 指向的整型变量存放于 xdata 区；存储器类型 2 为 xdata，所以指针 ptr4 本身在 xdata 区占用 2 个字节。

3. 指针变量的引用

指针变量是存放另一变量地址的特殊变量，指针变量只能存放地址。指针变量在使用时应注意“&”和“*”两个运算符。其中，“&”是取地址运算符，“*”是指针运算符。通过“&”取地址运算符可以把一个变量的地址送给指针变量；通过“*”指针运算符可以实现通过指针变量访问它指向的变量。例如：

(1)
```
unsigned char xdata *x;
x=0x2000;
*x=13;
```

相当于将 13 写入 xdata 区中 2000H 单元。

(2)
```
unsigned char data *y;
y=0x30;
*y=40;
```

相当于将 40 写入 data 区中 30H 单元。

(3)
```
int x,*px;
px=&x;
*px=5;
```

等价于 x=5。

例 1 用 51 单片机的 P0 口接 8 个发光二极管，低电平点亮，让这 8 个发光二极管以随机的方式闪烁。

解：首先定义一批随机数据，然后编程将这一批随机数据送至 P0 口，就可以实现题目要求，通过指针变量发送随机数据至 P0 口。

源程序

```
#include <reg51.h>
#define uchar unsigned char
#define uint unsigned int
void main()
{
    uchar code a[ ]={    0x33,0x12,0x02,0x44,0x56,
                         0x07,0x88,0x35,0x11,0xfc,
                         0xbc,0xbc,0xaf,0x7c,0x6a,
                         0xad,0x8b,0x97,0x83,0x9d};        //定义数组存放 20 个随机数据
    uint m;
    uchar b;
    uchar code *ptr1;                       //定义指向 code 区字符型变量的指针变量 ptr1
    ptr1=&a[0];                             //将数组 a 的首地址发送给指针变量 ptr1
    while(1)
    {
        for(b=0;b<20;b++)                   //循环 20 次，将 20 个随机数据发送至 P0 口
        {
            P0=*ptr1;                       //将指针 ptr1 指向单元的数据送至 P0 口
            for(m=30000;m>=1;m--);          //延时
            ptr1++;                         //修改指针，使其指向下一个单元
        }
    }
}
```

9.2.2 绝对地址的访问

在 C51 中，可以通过变量的形式访问 51 系列单片机的存储器，也可以通过绝对地址来访问存储器。绝对地址的访问形式有以下三种。

1. 使用 C51 中预定义宏

C51 编译器提供了一组宏定义来对 51 系列单片机的 code、data、pdata 和 xdata 空间进行绝对寻址。规定只能以无符号数方式访问，共有 8 个宏定义，函数原型为

```
#define CBYTE((unsigned char volatile+)0x50000L)
#define DBYTE((unsigned char volatile+)0x40000L)
```

```
#define PBYTE((unsigned char volatile+)0x30000L)
#define XBYTE((unsigned char volatile+)0x20000L)
#define CWORD((unsigned int volatile+)0x50000L)
#define DWORD((unsigned int volatile+)0x40000L)
#define PWORD((unsigned int volatile+)0x30000L)
#define XWORD((unsigned int volatile+)0x20000L)
```

这些函数原型存放在头文件 absacc.h 中。使用时需用预处理命令把该头文件包含到源文件中，形式为

```
#include <absacc.h>
```

其中，CBYTE 以字节形式对 code 区寻址，DBYTE 以字节形式对 data 区寻址，PBYTE 以字节形式对 pdata 区寻址，XBYTE 以字节形式对 xdata 区寻址，CWORD 以字形式对 code 区寻址，DWORD 以字形式对 data 区寻址，PWORD 以字形式对 pdata 区寻址，XWORD 以字形式对 xdata 区寻址。

访问形式为

宏名[地址]

宏名为 CBYTE、DBYTE、PBYTE、XBYTE、CWORD、DWORD、PWORD 或 XWORD，地址为存储单元的绝对地址，一般用十六进制形式表示。例如：

```
unsigned char x
x=XBYTE[0x2000];
//用绝对地址方式访问片外 RAM2000H 单元，将该单元中的数据送到变量 x 中
unsigned int y=0x1234;
XWORD[0x4000]=y;
//用绝对地址方式访问片外 RAM4000H 与 4001H 单元，将 y 的值写入到这两个单元中
```

2. 通过指针访问

通过指针也可以实现在 C51 源程序中对任意指定的存储器单元进行访问。例如，将片外 RAM 单元 2000H 中的内容送到片外 RAM3000H 单元。程序为：

```
unsigned char x;
unsigned char xdata *ptr1;
ptr1=0x2000;
x=*ptr1;
ptr1=0x3000;
*ptr1=x;
```

3. 使用 C51 扩展关键字“_at_”

使用扩展关键字“_at_”对指定存储器空间的绝对地址进行访问，一般形式为

[存储器类型] 数据类型说明符　变量名 _at_ 地址常数;

其中，存储器类型为 data、bdata、idata、pdata 等 C51 能识别的类型，如省略则按存储模式规定的默认存储类型确定变量的存储器区域；数据类型说明符为 C51 支持的数据类型；地址常数用于指定变量的绝对地址，必须位于有效的存储空间之内；使用_at_定义的变量

必须为全局变量。

9.2.3 D/A 与 A/D 转换概述

图 9-1 所示为单片机控制系统框图。由图 9-1 可知，单片机对各种各样的外界环境进行控制时，与单片机控制系统有关的物理量一般有模拟量、数字量两种。

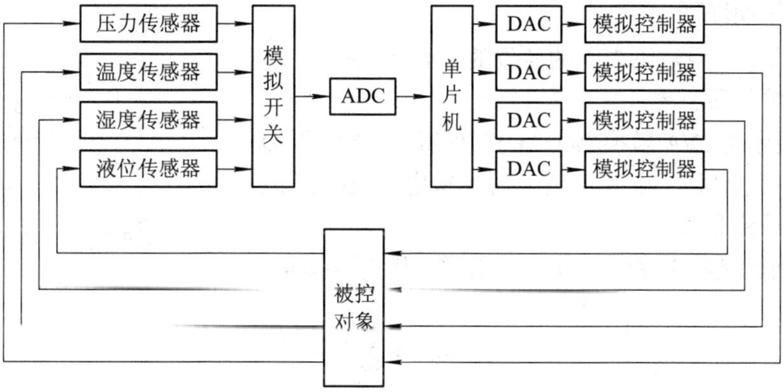

图 9-1　单片机控制系统框图

模拟量是指在时间和数量上连续变化的量，也就是说在它的取值范围内可以取任意个值。用于表示模拟量的信号称为模拟信号。正弦波就是典型的模拟信号，我们生活环境的温度、物体运动的速度和压力等也都是连续变化的模拟量。

数字量是指在时间和数量上断续变化的量，数字量在它的取值范围内只能取有限个值，而且它们的数量大小和每次增减的变化都是某一个最小单位的整数倍，而小于这个最小单位的数值是没有物理意义的。用于表示数字量的信号称为数字信号，数字信号只能由 0、1 组成。例如，矩形波是典型的数字信号，还有三角波、开关的闭合与断开、灯的亮与灭等。即任何非正弦信号都属于数字信号。

单片机内不管是指令、数据还是地址，也不论是输入还是输出，都只能用若干位 0、1 来表示。与单片机相连的外部设备既可以是模拟设备，也可以是数字设备，如按键、显示器等都是常用的数字输入、输出设备；而模拟录入仪、打印机等则是常用的模拟输入、输出设备。

如果将温度、压力、速度等非电量作为单片机的控制对象，则必须先由各种各样的传感器将它们转换为模拟的电信号，然后再将它们转换成数字信号送入单片机进行控制；如果单片机的输出设备是模拟设备，则还需将单片机输出的数字信号转换为模拟信号，才能够驱动该模拟设备。

将数字信号转换为模拟信号的过程称为数/模转换，或 D/A 转换；实现 D/A 转换的电路称为 D/A 转换器，或 DAC；D/A 转换器位于单片机与模拟输出设备之间。将模拟信号转换为数字信号的过程称为模/数转换，或 A/D 转换；实现 A/D 转换的电路称为 A/D 转换器，或 ADC；A/D 转换器用于采集模拟信号，与单片机的输入端相连。

在单片机控制系统中，D/A 转换器与 A/D 转换器是沟通单片机与被控对象的桥梁，也可称它们为两者之间的接口，或称为接口电路。

集成的 D/A、A/D 转换器应用广泛，种类繁多。常见的 D/A、A/D 转换器，根据与单片机的通信方式可以分为串行与并行，串行是指转换器与单片机采用串行通信；并行是指转换器与单片机采用并行通信。

9.2.4　D/A 转换原理及性能指标

1. D/A 转换原理

数字量的值是由数码为 1 的各位的权叠加而得。

1) D/A 转换器框图

图 9-2 所示为 D/A 转换器(DAC)的框图，它的输入 D_0～D_{n-1} 为 n 位二进制数，输出 u_o 或 i_o 是模拟电压或电流。

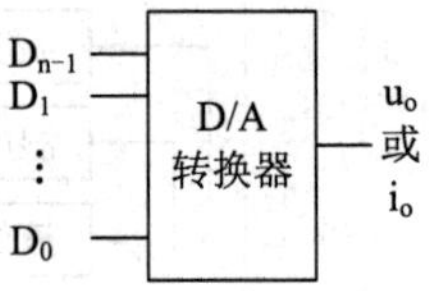

图 9-2　D/A 转换器框图

2) D/A 转换原理

D/A 转换就是将数字量转换成与之成正比的模拟量。

$$u_o = k\sum_{i=0}^{n-1} D_i \times 2^i$$

上式中，u_o 为输出的模拟电压；k 为 D/A 转换器的转换比例系数；$\sum_{i=0}^{n-1} D_i \times 2^i$ 为 n 位二进制数对应的十进制数。

例如，输入为 3 位二进制数时，3 位二进制数共有 2^3 个状态，分别是 000～111，对应的十进制数是 0～7，所以输出电压 u_o 共有 8 个电压值。当输入为 000 时，$u_o = 0$；当输入为 001 时，$u_o = 1$ kV；当输入为 010 时，$u_o = 2$ kV；……；当输入为 111 时，输出电压达到最大，$u_o = 7$ kV(此处 k 为 D/A 转换器的转换比例系数)。如图 9-3 所示。

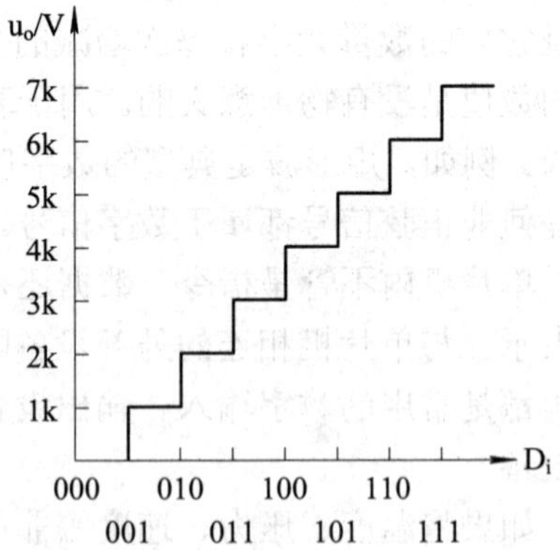

图 9-3　3 位 D/A 转换器输出特性

从图 9-3 可以看出，输入两个相邻的二进制数码时，对应的两个输出电压值是不连续的，两个相邻的输出电压之间的差值就是只有最低位为 1 的二进制数所对应的电压值，它是 D/A 转换能分辨的最小量，用 LSB 表示；输入二进制数全为 1 时的输出电压值最大，用 FSB 表示。输入 3 位二进制数时的 1LSB=1 kV，FSB=7 kV。

例 2　已知 8 位 D/A 转换器，当输入数字量 10000000B 时，电路输出模拟电压为 3.2 V；当输入数字量 10101010 时，电路输出模拟电压为多少？

解：由于输入数字量为 10000000B=128 时，输出电压为 3.2 V，可计算出该 DAC 的转换系数为 k=3.2 V/128=0.025 V。

又因为 k=0.025 V，所以输入数字量 10101010B=170 时，输出电压为 170×0.025 V=4.25 V。

3) D/A 转换器的组成

根据 D/A 转换原理，D/A 转换器主要由数字寄存器、电子开关、位权网络、求和运算放大器和基准电压源(或恒流源)组成，如图 9-4 所示。

数字寄存器中存放输入的 n 位二进制数，用它们控制对应的电子开关，在位权网络上产生与其位权成正比的电流值，再由运算放大器对各电流值求和，并转换成电压值。

根据位权网络的不同，可以将 D/A 转换器分为权电阻网络 D/A 转换器、T 形电阻网络 D/A 转换器、R-2R 倒 T 形电阻网络 D/A 转换器等；根据输出模拟量的形式，可以将 D/A 转换器分为电压输出型和电流输出型。

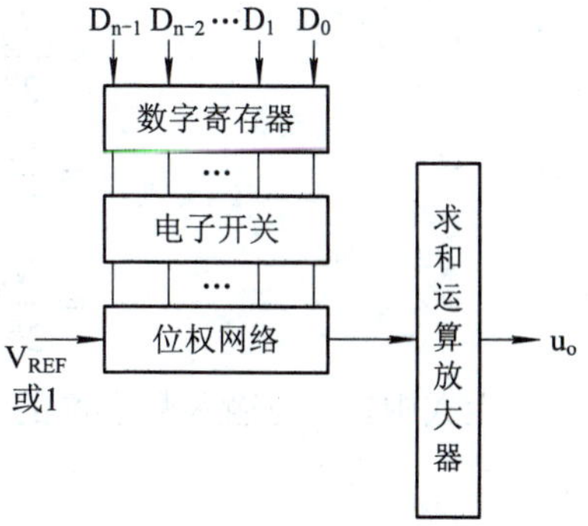

图 9-4　D/A 转换器原理图

4) 权电阻网络 D/A 转换器

(1) 电路结构。4 位权电阻网络 D/A 转换器如图 9-5 所示，它由数字寄存器、权电阻网络、4 个电子开关、基准电压 V_{REF} 和 1 个求和放大器组成。

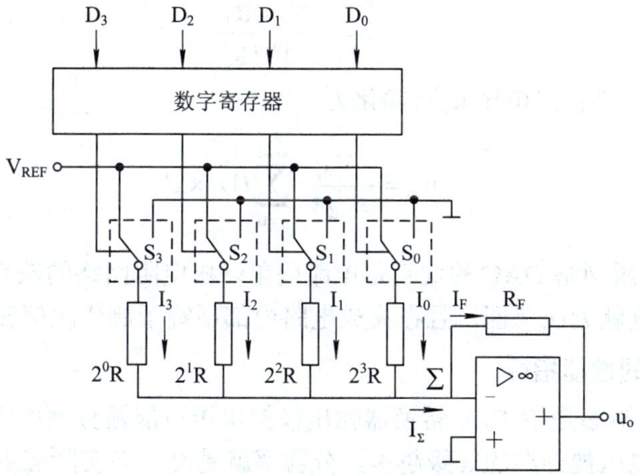

图 9-5　权电阻网络 D/A 转换器

图 9-5 中的 4 个电阻 2^0R、2^1R、2^2R、2^3R 称为权电阻，某位权电阻的阻值大小与该位的位权成反比，目的是使权电阻中的权电流与该位的权成正比。S_3～S_0 为 4 个电子开关，它们的状态分别受 4 位二进制输入 D_3～D_0 的控制。当 D_i =1 时，电子开关 S_i 掷向左边，权电阻的上端与基准电压 V_{REF} 相连，此时有支路电流 I_i 流向求和放大器；当 D_i =0 时，电子开关 S_i 掷向右边，权电阻的上端接地，该支路电流 I_i 为 0。

求和运算放大器对各权电流求和，并将电流和转换为输出的电压值。

(2) 工作原理。图 9-5 中的运算放大器由反馈电阻 R_F 引入负反馈，工作在线性区，∑ 点为虚地。由于 $i_+ = i_- \approx 0$，所以流入 ∑ 点的电流 i_Σ 与反馈电阻 R_F 的电流 i_F 相等，即

$$i_\Sigma = i_F$$

又因为 $i_F=(0-u_o)/R_F = -u_o/R_F$，所以可得输出电压为

$$u_o = -i_F R_F = -i_\Sigma R_F$$

在图 9-5 中，i_Σ为

$$
\begin{aligned}
i_\Sigma &= i_3 + i_2 + i_1 + i_0 \\
&= \frac{V_{REF}}{2^0 R} D_3 + \frac{V_{REF}}{2^1 R} D_2 + \frac{V_{REF}}{2^2 R} D_1 + \frac{V_{REF}}{2^3 R} D_0 \\
&= \frac{V_{REF}}{2^3 R} (2^3 \times D_3 + 2^2 \times D_2 + 2^1 \times D_1 + 2^0 \times D_0) \\
&= \frac{V_{REF}}{2^{n-1} R} \sum_{i=0}^{n-1} (D_i \times 2^i)
\end{aligned}
$$

上式中，n 为输入数字量的位数。所以输出电压 u_o 为

$$u_o = -i_\Sigma R_F = -\frac{V_{REF} R_F}{2^{n-1} R} \sum_{i=0}^{n-1} (D_i \times 2^i)$$

当基准电压 V_{REF} 为正时，输出电压 u_o 始终为负，要想使输出电压 u_o 为正，可以使基准电压 V_{REF} 取负值。

权电阻网络 DAC 的转换比例系数 k 为

$$k = -\frac{V_{REF} R_F}{2^{n-1} R}$$

通常取 R_F=R/2，则输出电压 u_o 可简化为

$$u_o = -\frac{V_{REF}}{2^n} \sum_{i=0}^{n-1} (D_i \times 2^i)$$

(3) 特点。权电阻网络 DAC 的优点是电路简单。权电阻网络的缺点是各权电阻的阻值相差甚远，这样精度就无法保证，且在集成电路内部不宜于制作阻值较大的电阻。

2. D/A 转换器的性能指标

(1) 分辨率。分辨率是指 D/A 转换器输出模拟电压可能被分离的等级数。输入数字量的位数越多，输出电压被分离的等级越多，分辨率就越高。在实际应用中，常用 D/A 转换器的最小输出电压(此时输入数字量中只有最低有效位为 1，其他位均为 0)和最大输出电压(此时输入数字量各有效位全为 1)之比表示分辨率。

例如，4 位 DAC 的分辨率为 $1/(2^4-1)$=1/15=6.67%(分辨率也常用百分比来表示)；8 位 DAC 的分辨率为 1/255=0.39%。显然，位数越多，分辨率就越高。

此外，也可用输入数字量的位数表示 D/A 转换器的分辨率。

(2) 转换误差。转换误差表示 D/A 转换器输出模拟量的实际值与理论值之间的差别。转换误差的来源很多，如转换器中各元件参数值的误差、基准电压不够稳定及运算放大器零漂的影响等都可带来转换误差。D/A 转换器的绝对误差是指当输入全 1 数字量时，D/A 转换器的理论值与实际值之比，该误差值应低于±LSB/2。

(3) 建立时间。建立时间是指当 D/A 转换器输入数字量发生变化时，输出电压变化到相应稳定电压值所需的时间。一般用 D/A 转换器输入的数字量从全 0 变为全 1 时，输出电压达到规定的误差范围(±LSB/2)时所需的时间来表示。D/A 转换器的建立时间较快，单片

机集成 D/A 转换器建立时间最短在 0.1 μs 以内。

9.2.5　DAC0832 及其应用

DAC0832 是 8 位的双缓冲并行集成 D/A 转换器，它与微处理器完全兼容，在单片机控制系统中得到了广泛的应用。

1. DAC0832 的特性

单电源供电(+5 V～+15 V)；

基准电压为−10 V～+10 V；

分辨率为 8 位；

转换时间约 1 μs；

数字量输入方式有单缓冲、双缓冲或直通方式；

只需在满量程下调整其线性度；

低功耗约为 20 mW。

2. DAC0832 的引脚

DAC0832 是 20 引脚的双列直插式芯片，图 9-6 所示为其引脚图。各引脚的定义如下：

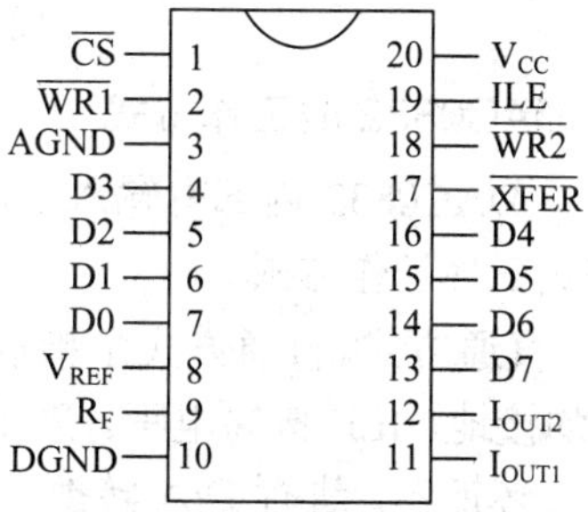

图 9-6　DAC0832 引脚图

V_{CC}——电源，范围为+5 V～+15 V。

AGND——模拟地，即模拟信号接地端。

DGND——数字地，即数字信号接地端。

V_{REF}——基准电压，范围为−10 V～+10 V。

D7～D0——8 位数字量输入引脚，D7 是最高位，D0 是最低位。

I_{OUT1}——模拟电流输出端 1，当输入数字量全为 1 时，输出电流最大；当输入数字量全为 0 时，输出电流为 0。

I_{OUT2}——模拟电流输出端 2，I_{OUT1} 与 I_{OUT2} 之和为一常数。

$\overline{CS}$——片选信号，低电平有效。

ILE——数据锁存信号，高电平有效。

$\overline{WR1}$——输入寄存器写信号，低电平有效。当 $\overline{CS}$、$\overline{WR1}$、ILE 同时有效时，将 D7～D0 端输入的数字量锁存到输入寄存器。

$\overline{WR2}$——DAC 寄存器写信号，低电平有效。当 $\overline{WR2}$、$\overline{XFER}$ 同时有效时，输入寄存器中的数据被传送至 DAC 寄存器。

$\overline{XFER}$——数据传输控制信号，低电平有效。

R_F——反馈电阻引出端，在 DAC0832 的内部，R_F 的另一端与 I_{OUT1} 相连。

3. DAC0832 的内部结构

DAC0832 的内部结构如图 9-7 所示，它主要由 1 个 8 位输入寄存器、1 个 8 位 D/A 寄存器、1 个 8 位 D/A 转换器组成。使用两个寄存器的好处是可以进行两级缓冲，使数字量的输入方式更为灵活，由于输入寄存器的存在，DAC0832 可以直接与单片机相连。DAC0832 输出的模拟量为电流信号，当需要输出电压时，可外接运算放大器将电流转换为电压。

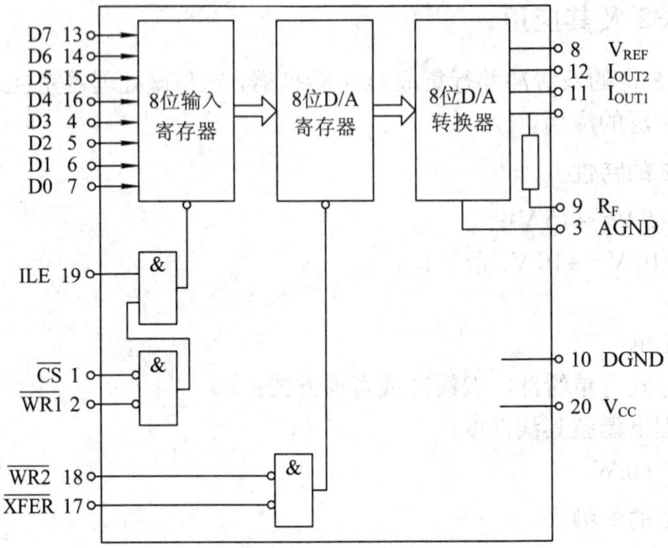

图 9-7　DAC0832 的内部结构

4. DAC0832 的工作方式

由于 DAC0832 内部有输入、DAC 两级寄存器，所以它有直通方式、单缓冲方式和双缓冲方式三种工作方式。

(1) 直通方式。直通方式是指输入数字量不经过两级寄存器锁存，即 $\overline{CS}$、$\overline{WR1}$、$\overline{WR2}$、$\overline{XFER}$ 均接地，ILE 接高电平。采用直通方式时，数据线 D7～D0 上输入的数字量直接进入 8 位 D/A 转换器，进行 D/A 转换。此时如果不断改变输入的数字量，DAC0832 就可以实现连续转换。

(2) 单缓冲方式。单缓冲方式是使 8 位输入寄存器和 8 位 DAC 寄存器中有一个始终工作于直通方式，另一个处于受控状态，或者同时控制 8 位输入寄存器和 8 位 DAC 寄存器。单片机对 DAC0832 执行一次写操作，就将一个字节的数据直接写入 8 位 DAC 寄存器进行 D/A 转换。适用于只有一路模拟量输出或几路模拟量不需要同时输出的情形。

(3) 双缓冲方式。双缓冲方式适用于多个 D/A 转换器同步进行 D/A 转换输出的情形。采用双缓冲方式时，DAC0832 锁存输入数字量和 D/A 转换输出分两步进行，即先由 CPU 分时输出数字量并锁存在各 DAC0832 的 8 位输入寄存器中，然后由 CPU 对所有的 DAC0832 发出控制信号，使各 8 位输入寄存器中的数据传送至相应的 8 位 DAC 寄存器，实现同步转换输出。它的优点在于 D/A 转换器对一个数据进行 D/A 转换的同时，就可以采集下一个数字量进入 8 位输入寄存器，它可以使输入的数字量进入 DAC0832 后，有一段时间的稳定期，提高了 D/A 转换的可靠性。

5. 应用举例

例 3　用芯片 DAC0832 设计一个三角波信号发生器。

解：(1) 硬件设计。硬件电路如图 9-8 所示，DAC0832 工作在单缓冲方式。数据锁存信号 ILE 与 V_{CC} 相连，一直处于有效状态，DAC0832 内部的 8 位输入寄存器处于受控状态，

P2.7 与片选信号 $\overline{CS}$ 相连，51 单片机的写信号 $\overline{WR}$ (P3.6)与 $\overline{WR1}$ 相连；8 位 DAC 寄存器处于直通方式，它的控制引脚 $\overline{WR2}$ 、$\overline{XFER}$ 均与地相连，处于有效状态。数字量输入引脚 D7～D0 与 P0 口相连，基准电压 V_{REF}=5 V。由于 DAC0832 直接输出的是电流信号，所以要通过外接的运算放大器 μA741 将其转换为输出电压。

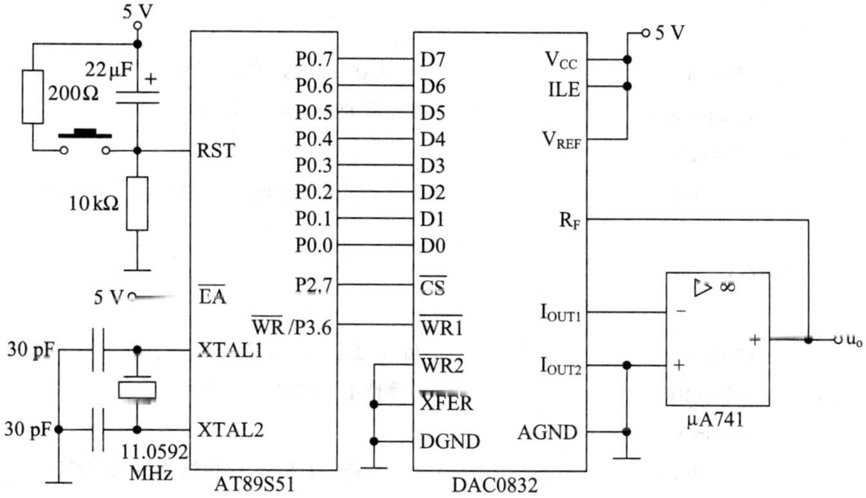

图 9-8　DAC0832 与 51 单片机连接图

(2) 软件设计。三角波发生函数 sanjiao()用以产生一个周期的三角波。三角波信号由上升段与下降段两部分组成。当 DAC0832 输入的数字量从 0 递增至 255 时，对应的输出电压由 0 V 递增至 5 V，形成上升段；当 DAC0832 输入的数字量从 255 递减至 0 时，对应的输出电压由 5 V 递减至 0 V，形成下降段；最终输出的三角波的幅值为 5 V，而三角波的频率可以根据需要进行改变。

在主函数中，先选中输入寄存器，然后就是不断调用 sanjiao()输出周期性的三角波。

(3) 源程序。

```
#include <reg51.h>
#define uint unsigned int
#define uchar unsigned char

/*必要的变量定义*/
sbit CS=P2^7;
sbit WR1=P3^6;

/*延时函数*/
void delay(uint t)
{
    while(t--);
}
```

```
/*三角波发生函数*/
void sanjiao()
{
    uchar i=0;                          //定义变量 i 控制三角波输出
    while(1)
    {
        P0=i++;                         //i 从 0～255 递增，形成三角波的上升段
        delay(100);                     //等待 DAC0832 转换结束
        if(i==255)
            break;                      //当 i 增至 255 时，三角波上升段结束
    }
    while(1)
    {
        P0=i--;                         //i 从 255～0 递减，形成三角波的下降段
        delay(100);                     //等待 DAC0832 转换结束
        if(i==0)
            break;                      //当 i 减至 0 时，三角波下降段结束
    }
}

/*主函数*/
main()
{
    CS=0;                               //选中 DAC0832 芯片
    WR1=0;                              //DAC0832 输入寄存器准备接收转换数据
    while(1)
        sanjiao();                          //产生周期性三角波
}
```

(4) 分析。

① 主函数中，由语句“CS=0;WR1=0;”选中输入寄存器，DAC0832 准备接收由 P0 口送出的数字量，并将其转换为模拟电压。

② 三角波发生函数 sanjiao()中，每发送一个数字量后，等待 DAC0832 转换结束的语句“delay(100);”决定了输出三角波的频率，等待的时间越长，三角波的频率越低，但是等待的最短时间不能小于 DAC0832 转换所需的时间。

9.2.6 A/D 转换原理及性能指标

1. A/D 转换原理

由于模拟信号在时间和数值上是连续的，而数字信号在时间和数值上是断续的，因此在进行模数转换时，先要按一定的时间间隔对模拟电压取样，将其变成在时间上离散的信

号，然后将取样电压值保持一段时间，在这段时间内，对取样值进行量化，使取样值变成离散的量值，最后再通过编码，把量化后的离散量值转换成数字量输出。这样，模拟信号经量化、编码后，就成了离散的数字信号了。由此可见，A/D 转换过程一般为取样-保持和量化-编码。

1) 取样-保持

取样就是对模拟信号周期性地抽取样值的过程，将连续变化的模拟信号转变成在时间上离散的脉冲串，但其取样值仍取决于取样时间内输入模拟信号的大小。

取样-保持原理如图 9-9 所示。图 9-9 (b)所示是待取样的模拟信号，图 9-9 (c)是矩形取样脉冲。图 9-9(a)所示是取样电路示意图，当开关闭合时，$u_s=u_i$；当开关断开时，$u_s=0$。如果在取样脉冲的高电平期间开关闭合，在取样脉冲的低电平期间开关断开，可以得到如图 9-9 (d)所示取样信号。

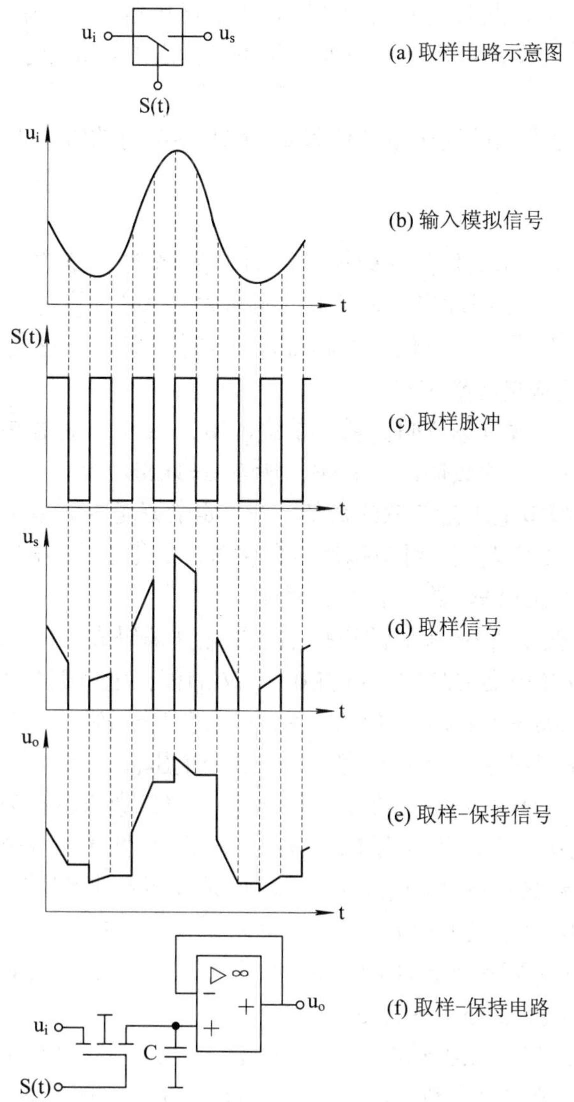

图 9-9　取样-保持电路与波形图

在取样时，取样脉冲的频率 f_s 越高，取样越密，取样值就越多，取样信号的包络线也就越能真实地反映输入模拟信号的变化规律。为了能不失真地恢复原模拟信号，取样时取样信号的频率应不小于输入模拟信号频谱中最高频率 f_{imax} 的两倍，这就是取样定理，即

$$f_s \geqslant 2f_{imax}$$

对于变化较快的模拟信号，取样值会在脉冲持续期间内发生明显的变化，如图 9-9(d)所示波形顶部不平。将取样电压转换为相应的数字量需要一定的时间，为了能给量化-编码电路提供一个固定的取样值，每次取样后，必须把取样电压保持一段时间，在取样电压保持期间，进行量化-编码。模拟信号经取样-保持后的波形如图 9-9(e)所示。

取样-保持电路如图 9-9(f)所示，在取样脉冲为高电平期间，场效应管导通，输入的模拟信号 u_i 对电容 C 充电，由于充电时间常数近似为 0，因此在取样期间，电容 C 上的电压能够跟随输入信号 u_i 的变化而变化。由于运算放大器接电压跟随器，所以得到 $u_o=u_i$；取样脉冲的低电平为保持期间，此时场效应管断开，由于电压跟随器的输入阻抗很高，电容 C 储存的电荷很难释放掉，两端电压保持不变，从而使输出电压 u_o 保持取样结束时输入电压 u_i 的瞬时值。

取样-保持电路保持期间的输出电压值就是 A/D 转换时的输入电压，它将保持到下一次取样开始。

2) 量化-编码

取样-保持后的取样电压值仍然是模拟量，而任何一个数字量的大小都是某个最小数量单位(LSB)的整数倍，因此在用数字量表示取样电压时，也必须将它表示成这个最小数量单位的整数倍，这个转化过程称为量化。编码就是将这个倍数用二进制代码表示，该二进制代码也就是 D/A 转换后输出的数字量。

量化时所规定的最小数量单位叫做量化单位，用 Δ 表示。量化单位就是数字信号中只有最低有效位为 1 时所表示的数值，即 LSB，所以 Δ=1LSB。

由于取样-保持后模拟电压是任意的数值，不一定恰好是量化单位的整数倍，不可避免地会引入误差，称之为量化误差。对模拟信号量化时，量化方法不同，量化误差也不相同。常用的量化方法有只舍不入法、四舍五入法两种。

(1) 只舍不入法。假如将 0～1 V 的模拟电压量化并编码成三位二进制代码，采用只舍不入法量化时，取量化单位 Δ=1/8 V，可将 0～1 V 的模拟电压划分为 0～1/8 V、1/8 V～2/8 V、2/8 V～3/8 V、3/8 V～4/8 V、4/8 V～5/8 V、5/8 V～6/8 V、6/8 V～7/8 V、7/8 V～1 V 共 8 个等级，每个等级用一个电压值表示，这个电压值必须是量化单位 Δ 的整数倍。0 V～1/8 V 范围内的所有电压值均用 0 V=0×Δ 表示，将倍数 0 转换为 3 位二进制数 000；1/8 V～2/8 V 范围内的所有电压值均用 1/8 V=1×Δ 表示，倍数 1 的 3 位二进制数是 001……最终得到的量化-编码结果如图 9-10(a)所示。由于只舍不入法是用每个等级中最小的电压值代表该等级的所有电压值，因此最大的量化误差为 Δ，即 1/8 V。

(2) 四舍五入法。采用四舍五入法量化时，取量化单位 Δ=2/15 V。划分的 8 个等级为 0～1/15 V、1/15 V～3/15 V、3/15 V～5/15 V、5/15 V～7/15 V、7/15 V～9/15 V、9/15 V～11/15 V、11/15 V～13/15 V、13/15 V～1 V，0～1/15 V 范围内的所有电压值均用 0 V=0×Δ 表示，将倍数 0 转换为 3 位二进制数 000；1/15 V～3/15 V 范围内的所有电压值均用 2/15 V=1×Δ 表示，倍数 1 的 3 位二进制数是 001……最终得到的量化-编码结果如图 9-10(b)所示。四

舍五入法用每个电压等级的中点电压值作为该等级的量化值，因此最大的量化误差将减小为Δ/2，即 1/15 V。

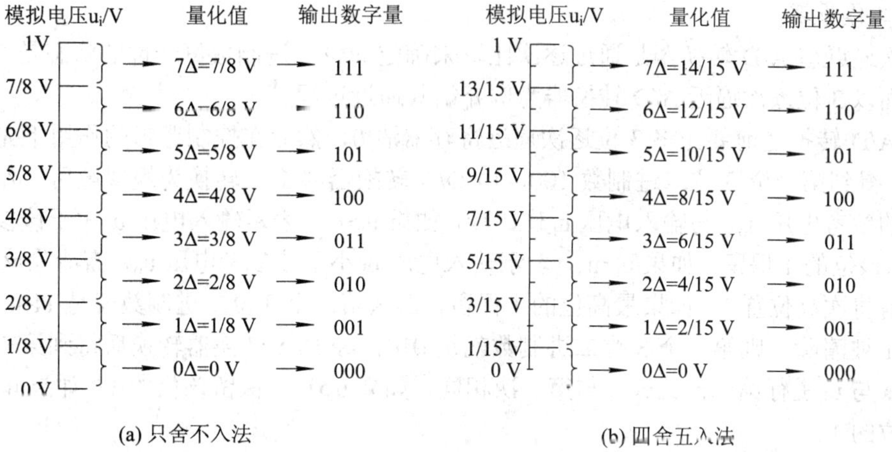

图 9-10　量化方法

完成量化-编码工作的电路就是 A/D 转换器。A/D 转换器的种类很多，按工作原理的不同，可分为间接 A/D 转换器和直接 A/D 转换器。间接 A/D 转换器是先将输入模拟电压转换成时间或频率，然后再把这些中间量转换成数字量，常用的为双积分型 A/D 转换器，它的中间量是时间。直接 A/D 转换器则是直接将输入模拟电压转换成数字量，常用的有并联比较型 A/D 转换器和逐次逼近型 A/D 转换器。根据 A/D 转换器输出数字量的不同，还可以分为二进制 A/D 转换器、二-十进制 A/D 转换器。

2. 逐次逼近型 A/D 转换器

逐次逼近型 A/D 转换器将模拟电压信号转换为数字量的过程与用天平称物体重量的过程非常相似，是将输入模拟信号与不同的参考电压作多次比较，使转换后的数字量在数值上逐渐逼近输入模拟量。

1) 内部结构

逐次逼近型 A/D 转换器的内部结构如图 9-11 所示，它由 D/A 转换器、电压比较器、逻辑控制电路、n 位逐次逼近寄存器及三态输出锁存器构成。

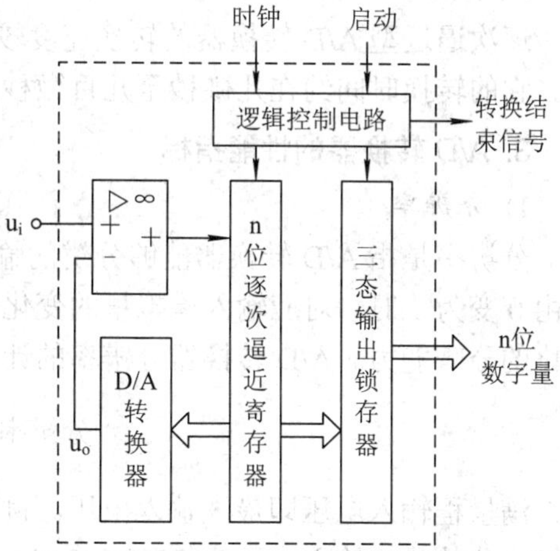

图 9-11　逐次逼近型 A/D 转换器原理图

电压比较器对输入电压 u_i 与参考电压 u_o 作比较，当 $u_i > u_o$ 时，比较器输出 1；当 $u_i < u_o$ 时，比较器输出 0。输入电压 u_i 是取样-保持电路提供的取样电压值。

D/A 转换器：将输入的 n 位二进制数转换为模拟电压，D/A 转换器的输出就是电压比较器的比较电压 u_o。

n 位逐次逼近寄存器在逻辑控制电路的作用下，按照从高位到低位的顺序将 n 位二进制数的各位逐次设置为 1，每次只设置 1 位。设置下一位时，高一位的 1 是保留还是清除由电压比较器的结果来决定。

2) 工作原理

逐次逼近型 A/D 转换器是通过逐次比较来确定 n 位二进制数每一位的状态是 1 还是 0 的。下面以 3 位逐次逼近 A/D 转换器为例介绍其逼近过程。

在 A/D 转换之前要先将 3 位逐次逼近寄存器清 0，然后在控制逻辑的作用下先将最高位置 1，得到第一个 3 位二进制数 100，由 D/A 转换器将 100 转换为模拟电压，作为电压比较器的参考电压 u_o，与输入电压 u_i 作比较，如果 $u_i>u_o$，表示输入电压 u_i 大于该参考电压 u_o，所以该位的 1 保留；如果 $u_i<u_o$，表示输入电压 u_i 小于该参考电压 u_o，需清除该位的 1。

接着将次高位置 1，如果最高位的 1 保留，那么第二个 3 位二进制数就是 110；如果最高位的 1 被清除，则第二个 3 位二进制数就是 010；经 D/A 转换器转换后得到第二个参考电压 u_o，与 u_i 进行第二次比较。与第一次相同，如果 $u_i>u_o$，保留该位的 1；如果 $u_i<u_o$，需清除该位的 1。

类似地，通过比较确定最低位的状态，最终就可以获得与输入模拟电压最接近的二进制代码。

当 V_{REF}=8 V、输入电压 u_i=2.32 V 时，逐次逼近的过程如表 9-2 所示。

表 9-2　3 位逐次逼近 A/D 转换过程

逼近次序	输入电压 u_i	参考电压		比较	“1”的去留	逼近结果
		3 位二进制数	u_o			
1	2.32 V	100	4 V	2.32< 4	清除	000
2	2.32 V	010	2 V	2.32>2	保留	010
3	2.32 V	011	3 V	2.32<3	清除	010

由表 9-2 可知，逐次逼近时采用只舍不入法，量化单位与最大量化误差均为 Δ=1 V，经过 3 次比较后，逐次逼近 A/D 转换器的转换结果为 010，量化值为 2Δ=2 V，与实际输入电压 2.32V 相比，转换误差为 2.32 V−2 V=0.32 V，小于最大量化误差 1 V。

3) 特点

逐次逼近型 A/D 转换器的转换速度较快，精度较高，价格适中，在实际中应用较为广泛。它的转换时间约在几微秒至几百微秒之间。

3. A/D 转换器的性能指标

1) 分辨率

分辨率是指 A/D 转换器能够分辨的输入模拟电压的最小变化值，即输出数字量的最低位由 0 变为 1 时，对应输入模拟量的变化值。它反映了 A/D 转换器对输入模拟信号的最小变化的分辨能力。A/D 转换器分辨率的计算公式为

$$\text{分辨率} = \frac{\text{满量程输入电压}}{2^n}$$

满量程输入电压即最大输入电压。例如，满量程输入电压为 5 V 时，4 位 A/D 转换器能够区分的最小输入电压为 5 V/16=312.5 mV；8 位 A/D 转换器能够区分的最小输入电压为 5 V/256=19.53 mV。

A/D 转换器在最大输入电压一定时，A/D 转换器输出二进制代码的位数越多，量化单位越小，分辨率就越高，因此也可用 A/D 转换器的位数表示分辨率。

2) 转换误差

转换误差是在零点和满度都校准以后，在整个转换范围内，分别测量各个数字量所对应的模拟输入电压实测范围与理论范围之间的偏差，取其中的最大偏差作为转换误差，通常以相对误差的形式出现，并以最低有效位 LSB 的倍数来表示。若相对误差不大于 LSB/2，就说明实际输出数字量与理论输出数字量的最大误差不超过 LSB /2。

3) 转换速度

转换速度是指 A/D 转换器完成一次模数转换所需要的时间，即从转换开始到输出端出现稳定的数字信号所需要的时间。

A/D 转换器的转换速度主要取决于转换电路的类型，并联比较型 A/D 转换器的转换速度最高(转换时间可小于 50 ns)，逐次逼近型 A/D 转换器次之(转换时间在 10 μs～100 μs 之间)，双积分型 A/D 转换器转换速度最低(转换时间在几十 ms 至几百 ms 之间)。

9.2.7 ADC0809 及其应用

ADC0809 是采用 CMOS 工艺制作的 8 位 8 通道并行集成 A/D 转换器，采用逐次逼近的方法实现 A/D 转换，可以和单片机直接接口，在单片机控制系统中得到了广泛的应用。

1. ADC0809 的特性

+5 V 单电源供电；

基准电压最高为+5 V；

8 位分辨率；

转换时间约为 100 μs；

8 路模拟量输入、分时转换，信号电压为 0～5 V，不需零点和满刻度校准；

三态锁存缓冲器输出，可直接与单片机数据总线相连；

具有转换启停控制端；

低功耗，约 15 mW。

2. ADC0809 的引脚

ADC0809 是 28 个引脚的双列直插式芯片，图 9-12 所示为其引脚图，各引脚的定义：

V_{CC}——电源，+5 V。

GND——地。

V_{REF+}、V_{REF-}——基准电压，最高为+5 V。

IN7～IN0——8 路模拟量输入端。

D7～D0——8 位数字量输出端。D7 为最高位，D0 为最低位。

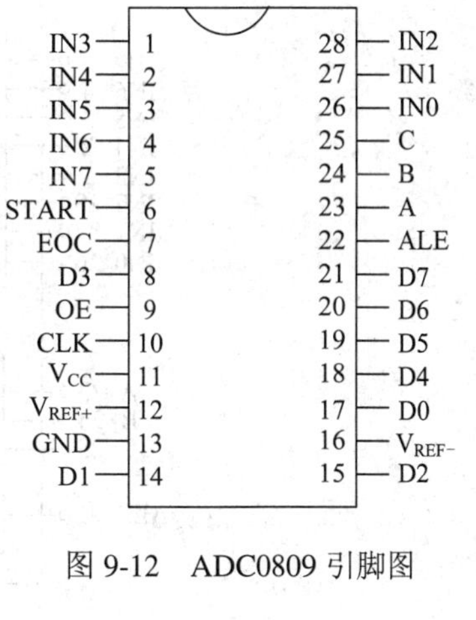

图 9-12　ADC0809 引脚图

A、B、C——3 位地址输入端，经译码后可选通 8 路模拟输入 IN7～IN0 中的一路进行 A/D 转换。

START——A/D 转换启动信号输入端。在此端口加入一个完整的正脉冲，脉冲的上升沿将复位 8 位逐次逼近 A/D 转换器中的逐次逼近寄存器，脉冲的下降沿启动 A/D 开始转换。

ALE——地址锁存允许信号输入端，高电平有效。当 ALE 为高电平时，允许改变 3 位地址输入端 A、B、C 的状态，切换转换通道；当 ALE 为低电平时，不允许改变 3 位地址输入端 A、B、C 的状态。3 位地址 A、B、C 与 8 路模拟量输入端之间的关系如表 9-3 所示。

表 9-3　3 位地址与 8 路模拟量输入端之间的关系

地址			被选通的通道
A	B	C	
0	0	0	IN0
0	0	1	IN1
0	1	0	IN2
0	1	1	IN3
1	0	0	IN4
1	0	1	IN5
1	1	0	IN6
1	1	1	IN7

EOC——A/D 转换结束信号输出端，高电平有效。A/D 转换期间，该端一直为低电平；当 A/D 转换结束时，该端输出一个高电平。

OE——数据输出允许信号输入端，高电平有效。当 OE 为高电平时，ADC0809 允许输出，D7～D0 引脚上为转换后的结果；当 OE 为低电平时，ADC0809 禁止输出，D7～D0 对外呈现高阻状态。

CLK——时钟脉冲输入端。要求时钟频率不高于 640 kHz。

3. ADC0809 的内部结构与工作原理

ADC0809 的内部结构如图 9-13 所示，它主要由 8 路模拟开关、地址锁存与译码器、8 位逐次逼近 A/D 转换器、三态输出锁存器组成。

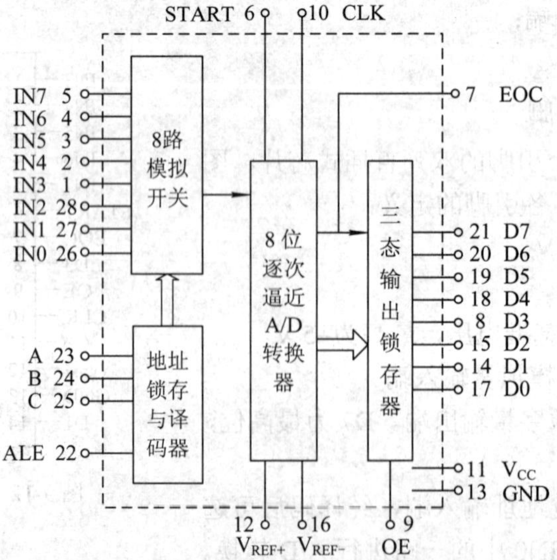

图 9-13　ADC0809 的内部结构

ADC0809 在进行 A/D 转换时，首先给 3 位地址输入端 A、B、C 输入 3 位地址，并使 ALE=1，将地址存入地址锁存与译码器中。此地址经译码后，使 8 路模拟开关中的一个闭合，选通 8 路模拟量输入 IN7～IN0 中的一路送入 8 位逐次逼近 A/D 转换器。由 START 上升沿将 8 位逐次逼近 A/D 转换器中的寄存器复位，下降沿启动 A/D 转换，在转换过程中，EOC 一直为低电平，只有在转换结束之后 EOC 输出高电平，才表示转换结束，转换后的数字量已存入锁存器。当 OE 输入高电平时，三态输出锁存器打开，转换后的数字量可以输出到 8 位数字量输出端 D7～D0 上，供单片机读取。

4. ADC0809 与 51 单片机的连接

适用于多通道工作的 ADC0809 与 51 单片机的连接方式如图 9-14 所示。

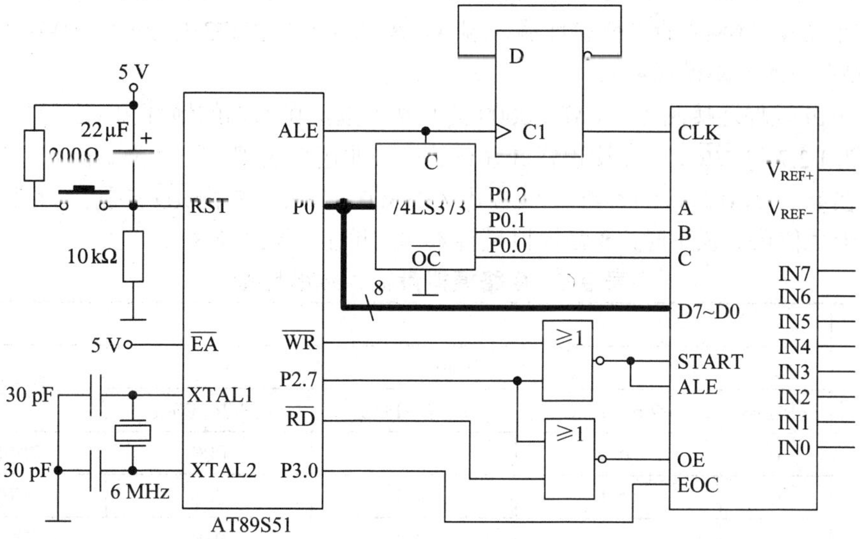

(a)

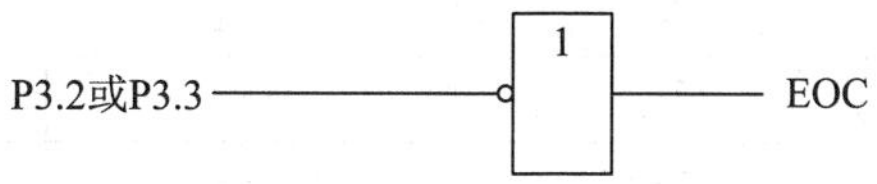

(b)

图 9-14　ADC0809 与 51 单片机连接图

1) 时钟信号

ADC0809 片内没有时钟电路，利用 51 单片机提供的地址锁存允许信号 ALE 经 D 触发器二分频获得。51 单片机 ALE 引脚的频率是时钟频率的 1/6，但要注意的是，每当访问片外数据存储器时，将会丢失一个 ALE 脉冲，如果单片机的晶振为 6 MHz，则 ALE 端输出频率为 1 MHz，二分频后为 500 kHz，恰好符合 ADC0809 对时钟频率的要求。如果晶振为 12 MHz，则需经过四分频后为 500 kHz，方符合 ADC0809 对时钟频率的要求。

2) 控制信号

用 P2.7 作为片选信号，与片外数据存储器写选通信号 $\overline{WR}$ (P3.6)经或非运算后，与 ADC0809 的 ALE 和 START 相连，控制 ADC0809 的地址锁存与启动转换。由于 ALE 和 START 连在一起，因此 ADC0809 在锁存通道地址的同时，启动并开始 A/D 转换。A/D 转换结束后，当需要读取转换结果时，由 P2.7 与片外数据存储器读选通信号 $\overline{RD}$ (P3.7)经或非运算后产生正脉冲作为输出允许信号 OE，打开三态输出锁存器，转换结果经 D7～D0 传至数据总线 P0，以供单片机读取。

转换结束信号 EOC 的连接方法取决于 ADC0809 的工作方式，有图 9-14(a)、(b)所示的两种连接方法，详见 ADC0809 的工作方式。

3) 地址线与数据线

ADC0809 具有三态输出锁存器，8 位数字量输出端 D7～D0 可直接与 51 单片机片外扩展数据总线 P0 相连。

由于 51 单片机片外并行扩展时，P0 口为分时复用的地址/数据总线，先由 P2、P0 口发送 16 位地址，将低 8 位地址锁存在锁存器 74LS373 中后，才能将 P0 口作为数据总线传送数据，所以 ADC0809 的 3 位地址输入端 A、B、C 经 74LS373 与 P0.2～P0.0 相连，以选中 IN7～IN0 中的一路模拟输入。

由图 9-14 硬件连接图可知，ADC0809 的 8 路模拟量输入端的地址由 P2.7 与 P0.2～P0.0 决定，因为 P2.7 与 $\overline{WR}$ 、$\overline{RD}$ 均进行或非运算，或非运算的规则是“全 0 出 1、有 1 出 0”，所以只有在 P2.7 为 0 时，START、ALE 才能由 $\overline{WR}$ 控制、OE 由 $\overline{RD}$ 控制。如果当 P2、P0 口中其余未用位均取全 1 时，8 路模拟量输入端的地址如表 9-4 所示。

表 9-4　8 路模拟量输入端的地址

通道	地址				
	二进制				十六进制
	P2.7	P2.6～P2.0	P0.7～P0.3	P0.2～P0.0	
IN0	0	全 1	全 1	000	7FF8H
IN1	0	全 1	全 1	001	7FF9H
IN2	0	全 1	全 1	010	7FFAH
IN3	0	全 1	全 1	011	7FFBH
IN4	0	全 1	全 1	100	7FFCH
IN5	0	全 1	全 1	101	7FFDH
IN6	0	全 1	全 1	110	7FFEH
IN7	0	全 1	全 1	111	7FFFH

5. ADC0809 的工作方式

单片机控制系统中 A/D 转换后的数字量应及时传送给单片机进行处理。数据传送的关键问题是如何确认 A/D 转换已经完成，因为只有确认完成后，才能进行数据传送。ADC0809 的工作方式即指如何确认 A/D 转换已结束，常用的有以下两种方式。

1) 查询方式

查询方式是将转换结束信号 EOC 与 51 单片机的 P3.0(或任一 I/O 端口)相连，通过查询 P3.0(I/O 口)的状态判断 A/D 转换是否结束。当查询到 EOC 为高电平时，表示 A/D 转换完成，可进行数据传送。连接方法如图 9-14 (a)所示。

2) 中断方式

ADC0809 转换结束信号 EOC 在转换过程中输出低电平，A/D 转换结束后输出高电平；

如果将 EOC 求反后与外部中断引脚 P3.2 或 P3.3 相连，当 A/D 转换结束时，产生一个下降沿作为中断请求信号，向 CPU 申请中断，当 CPU 响应中断后，在中断服务函数中读取转换结果，并启动 ADC0809 的下一次转换。连接方法如图 9-14(b)所示。

6. ADC0809 的编程方法

(1) 初始化 ADC0809。定义 ADC0809 各模拟量输入端地址，定义变量存放转换结果。

(2) 启动 ADC0809。通过一条输出指令，向选中模拟量输入端发送任一数据，在选中转换模拟量输入端的同时，发出有效的 $\overline{WR}$ 信号，使启动信号 START、地址锁存允许信号 ALE 有效，锁存模拟输入端地址并启动 A/D 转换。

(3) 判断 A/D 转换是否结束。可采用查询或中断方式判断 A/D 转换是否结束。

(4) 读取转换结果。当 CPU 知道 A/D 转换结束后，执行一条读入指令时，会发出有效 $\overline{RD}$ 信号，使输出允许信号 OE 有效，打开三态输出锁存器，读取转换结果。

7. ADC0809 应用举例

例 4　用 ADC0809 设计一个电压表。用它测量模拟电压，并将测量电压值显示在数码管上。待测模拟电压的范围为 0～5 V，要求采用中断方式。

解：(1) 硬件设计。硬件电路如图 9-15 所示，因为只需对一路模拟电压进行 A/D 转换，所以如果将被测电压与 IN0 相连时，可将 ADC0809 的 3 位地址输入端 A、B、C 接地。8 位数字量输出端 D7～D0 与 P0 口相连。控制信号接法与图 9-14 有所不同， P3.0 与启动信号输入端 START 相连，P3.1 与数据输出允许信号输入端 OE 相连，外部中断 0 引脚 P3.2 与转换结束信号输出端 EOC 相连。

P1 口与 3 位共阳型数码管的字段口相连，P2.0～P2.2 与 3 位共阳型数码管的字位口相连。与 P2.0 相连数码管的位码为 00000110B=06H，与 P2.1 相连数码管的位码为 00000101B=05H，与 P2.2 相连数码管的位码为 00000011B=03H。

(2) 软件设计。ADC0809 工作于中断方式时，主函数中首先要对外部中断 0 初始化，确定触发方式、开中断等；接着启动 ADC0809 实现第一次 A/D 转换；最后一边调用显示函数 xianshi()显示模拟电压值，一边等待 ADC0809 中断。

在外部中断 0 的中断服务函数 int0()中读取 ADC0809 的转换结果，并将其转换为对应的模拟电压，显示后启动下一次 A/D 转换。

(3) 源程序。

```
#include <reg51.h>
#define uchar unsigned char
#define uint unsigned int

/*必要的全局变量定义*/
uchar code duan[ ]={  0xc0,0xf9,0xa4,0xb0,0x99,
                      0x92,0x82,0xf8,0x80,0x90};     //定义共阳型段码表，从 0～9
uchar code wei[ ]={0x06,0x05,0x03};                 //定义位码表，从 DS2～DS0 扫描
uchar xian[ 3];                                     //定义显示数组，存入待显示数据
sbit START=P3^0;                                    //定义启动信号 START
```

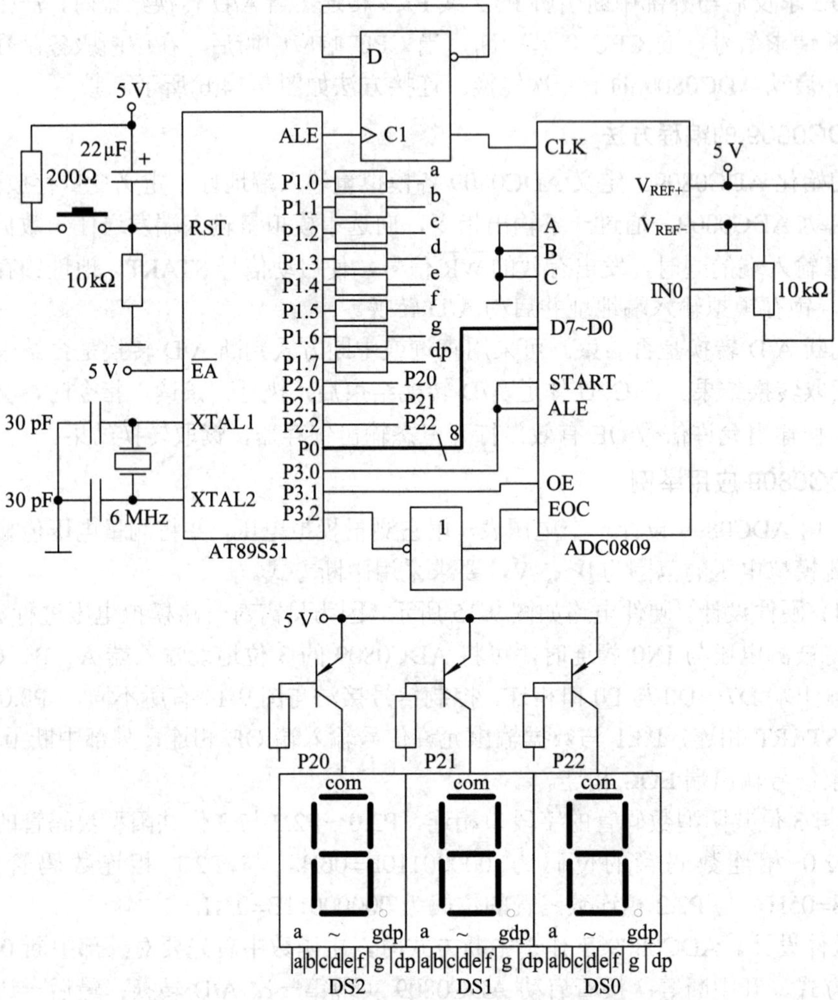

图 9-15　ADC0809 应用电路

```
sbit OE=P3^1;                              //定义输出允许信号 OE
uint ad;                                   //变量 ad 用于存放转换结果

/*延时函数*/
void delayms(uchar a)                      //延时时间约为 a×1 ms
{
      uchar i,j;
      for(i=0;i<a;i++)
            for(j=0;j<130;j++) ;
}

/*显示函数*/
void xianshi()                             //将 A/D 转换结果 ad 送到 LED 数码管显示
```

```
{
    uchar i;
    xian[0]=ad/100;
    xian[1]= ad%100/10;
    xian[2]= ad%10;
    for( i=0; i<3; i++)
    {
        P2 = wei[i];
        P0 = duan[xian[i]];
        delayms(2) ;
    }
}

/*主函数*/
main()
{
    IT0=1;                          //外部中断 0 采用下降沿触发
    EX0=1;                          //外部中断 0 开中断
    EA=1;                           //CPU 开中断
    START=0;
    OE=0;                           //ADC0809 禁止输出转换结果
    START=1;                        //启动 ADC0809 转换
    START=0;
    while (1)
    {
        xianshi();
    }
}

/*外部中断 0 中断服务函数*/
void int0() interrupt 0
{
    OE=1;                           //ADC0809 允许输出转换结果
    ad=P0;                          //读取 ADC0809 转换结果
    ad=ad/255*500;                  //将 ad 转换成对应的模拟电压值
    OE=0;                           //ADC0809 禁止输出转换结果
    xianshi();                      //显示模拟电压值
    START=1;                        //启动下一次 ADC0809 转换
    START=0;
}
```

(4) 分析。

① 启动 ADC0809 开始 A/D 转换之前，通过“OE=0;”禁止 0809 输出转换结果。

② 通过“START=0;START=1;START=0;”为 ADC0809 的启动信号输入端 START 提供一个脉冲信号，启动 A/D 转换。

③ “OE=1;ad=P0;”允许 ADC0809 输出转换结果，并读取转换结果。

④ “ad=ad/255*500;”将 0～255 的数字量转换为对应的模拟电压 0～5 V。

9.2.8　PCF8591 及其应用

PCF8591 是单片、单电源、低功耗的 8 位串行 CMOS 数据采集器件。PCF8591 能够实现 8 位模/数转换和 8 位数/模转换。PCF8591 具有 4 路模拟信号输入、1 路模拟信号输出和 1 个串行 I^2C 总线接口，控制和数据信号都是通过 I^2C 总线以串行的方式进行传输。

PCF8591 常用于各种闭环控制系统、作为远程数据采集的低功耗转换器、电池供电的设备、汽车音响和 TV 应用方面的模拟数据采集等。

1. PCF8591 的特性

单电源供电。

PCF8591 的工作电压范围是 2.5 V～6 V。

待机电流低。

通过 I^2C 总线串行输入/输出。

PCF8591 可编程地址为 3 位。

PCF8591 的取样率由 I^2C 总线速率决定。

4 路模拟信号输入可编程为单端或双端输入。

具有 4 路模拟信号通道号自增功能。

PCF8591 的模拟电压范围从 V_{SS} 到 V_{DD}。

PCF8591 内置跟踪保持电路。

1 个 8 位逐次逼近 A/D 转换器。

1 路模拟输出实现 D/A 转换。

2. PCF8591 的引脚

PCF8591 是 16 个引脚的双列直插式芯片，图 9-16 所示为其引脚图，各引脚的定义为：

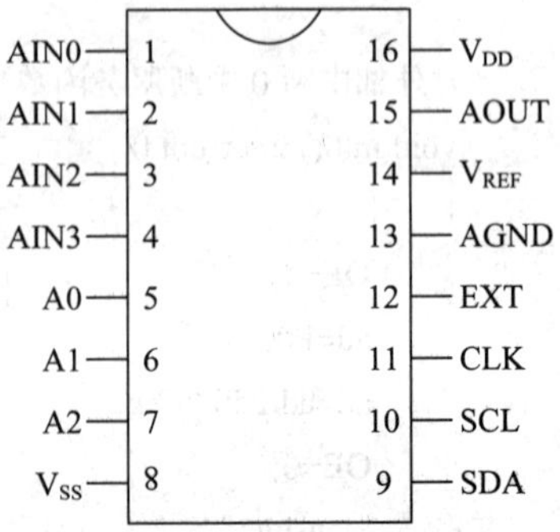

图 9-16　PCF8591 引脚图

V_{DD}——电源，2.5 V～6 V。

V_{SS}——地。

AGND——模拟信号地。

AIN0～AIN3——4 路模拟信号输入端。

A2～A0——3 位可编程地址。

AOUT——模拟电压输出端。

SDA、SCL——I^2C 总线的串行数据线、串行时钟线。

CLK——外部时钟输入端，内部时钟输出端。

EX——内部、外部时钟选择端。

V_{REF}——基准电压输入端。

3. PCF8591 的内部结构

PCF8591 的内部逻辑结构如图 9-17 所示，由取样-保持电路、逐次比较寄存器、D/A 转换器(与逐次比较寄存器构成逐次逼近 A/D 转换器)、I²C 总线、模拟开关、振荡器等构成。

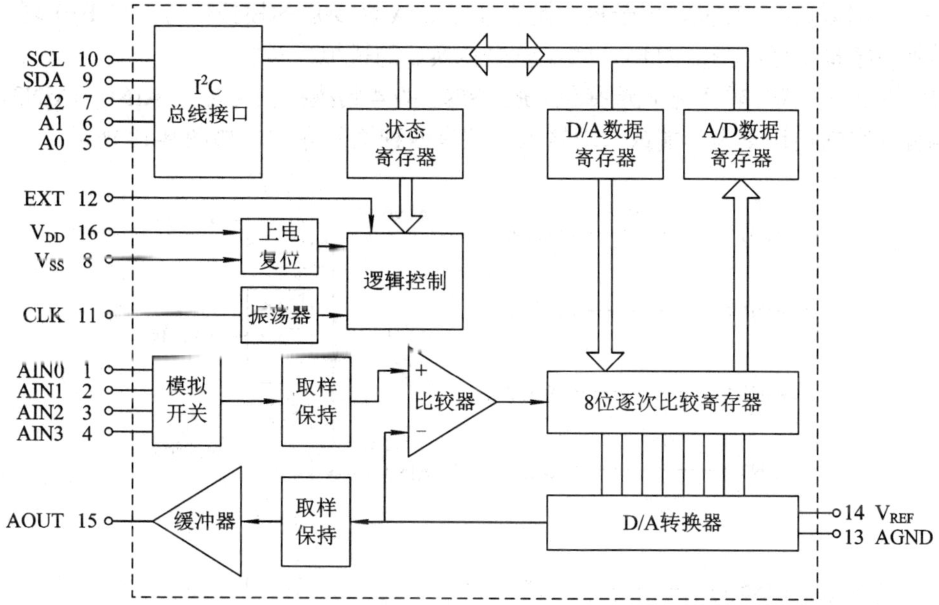

图 9-17　PCF8591 的内部结构

4. PCF8591 的地址

在 I²C 总线协议中，主器件发送启动信号之后的第一个字节必须是从器件地址。I²C 总线系统中的每一片 PCF8591 都有唯一的地址。该地址由固定的器件地址和可编程地址两部分组成，地址字节的最后一位是读/写位($R/\overline{W}$)，由它决定接下来的数据传输方向。PCF8591 的地址格式如表 9-5 所示。

表 9-5　PCF8591 地址格式

位名称	DA3	DA2	DA1	DA0	A2	A1	A0	$R/\overline{W}$
功能	器件地址为 1001				可编程地址			读/写

PCF8591 的器件地址为 1001，3 位可编程地址 A2、A1 和 A0 用于硬件地址编程，即在同一个 I²C 总线上最多可以接入 8 个 PCF8591 器件，而无需额外的硬件。

读/写位($R/\overline{W}$)决定了数据的传送方向。$R/\overline{W}=0$ 时，主器件向 PCF8591 写入数据；$R/\overline{W}=1$ 时，主器件从 PCF8591 中读取数据。

例如，PCF8591 可编程地址 A2A1A0=001 时，PCF8591 的写地址就是 92H，此时主器件将数据写入 PCF8591；读地址就是 93H，此时主器件从 PCF8591 中读取数据。

5. PCF8591 的控制字

发送到 PCF8591 的第二个字节是控制字，控制字用于控制器件功能。PCF8591 的控制字格式如表 9-6 所示。

表 9-6　PCF8591 控制字格式

位名称	0	E	M1	M0	0	ID	C1	C0
功能	固定	模拟输出允许位	模拟输入方式选择位		固定	通道号自增标志位	通道号选择位	

E——模拟输出允许位。用于控制是否输出 D/A 转换后的模拟信号。当 E=1 时，允许输出转换后模拟信号；当 E=0 时，禁止输出转换后的模拟信号。

M1、M0——模拟输入方式选择位。PCF8591 的 4 路模拟信号输入 AIN0～AIN3，通过用户编程可将它们设置为单端或双端输入，共有四种输入方式，如图 9-18 所示。

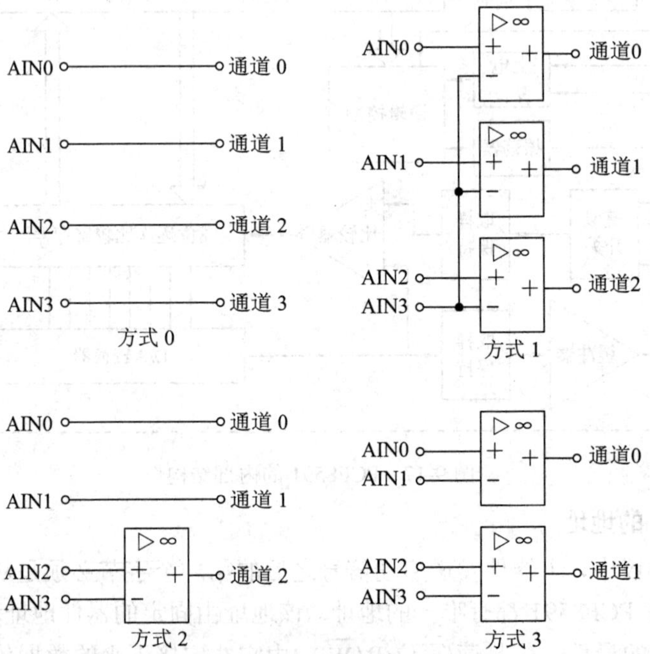

图 9-18　PCF8591 输入方式

当 M1M0=00 时，方式 0，为 4 通道单端输入方式。4 路模拟信号输入 AIN0～AIN3 分别定义为通道 0～通道 3。它们互不影响，均为单端输入。

当 M1M0=01 时，方式 1，为 3 通道双端输入方式。AIN3 分别与 AIN0～AIN2 构成双端输入。AIN0 与 AIN3 定义为通道 0、AIN1 与 AIN3 定义为通道 1、AIN2 与 AIN3 定义为通道 2。各通道互相独立。

当 M1M0=10 时，方式 2，为 3 通道混合输入方式。AIN0、AIN1 为单端输入，分别定义为通道 0、通道 1；AIN2、AIN3 组成双端输入，定义为通道 3。

当 M1M0=11 时，方式 3，为 2 通道双端输入方式。AIN0 与 AIN1、AIN2 与 AIN3 分别组成双端输入。AIN0 与 AIN1 定义为通道 0，AIN2 与 AIN3 定义为通道 1。

ID——通道号自增标志位。用于设置模/数转换后，通道号是否自动递增 1。当 ID=0 时，通道号不自增，由用户编程实现通道转换；当 ID=1 时，通道号自增，每对一个通道转换后将自动切换至下一通道进行转换。

当启用内部振荡器，采用通道号自增模式时，可以实现各通道连续转换，这种模式允许内部振荡器连续工作，可以阻止由振荡器启动延迟所导致的转换错误，这时需要设置模拟输出允许标志位 E。

C1、C0——通道号选择位。在不设置通道号自增时，由通道号选择位 C1、C0 在通道 0～通道 3 中选择一个通道进行模/数转换。通道 0～通道 3 的输入方式由模拟输入方式选择位 M1、M0 决定，如图 9-18 所示。

当 C1C0=00 时，选择通道 0；当 C1C0=01 时，选择通道 1；当 C1C0=10 时，选择通道 2；当 C1C0=11 时，选择通道 3。

如果选择了一个不存在的通道号，则会对空闲度最高的一个通道进行转换。若设置了通道号自增，则首先对通道 0 进行转换。在上电复位后，控制字为 0，数/模转换器和振荡器将停止工作以便节约能耗，模拟信号输出端 AOUT 为高阻状态。

6. PCF8591 的振荡器

PCF8591 芯片上的振荡器用于产生 A/D、D/A 转换周期和刷新缓冲器所需要的时钟信号。使用片上振荡器时，EXT 引脚必须连接至地，片上振荡器产生的时钟脉冲由 CLK 引脚输出；当 EXT 引脚连接至 V_{DD} 时，振荡输出端 CLK 被切换至高阻状态，用户可将外部电路产生的时钟信号接至 CLK。

7. PCF8591 的 D/A 转换

发送至 PCF8591 的第三个字节被存储在 D/A 数据寄存器中，而且被片上 D/A 转换器转换为模拟电压。因此 D/A 转换的本质就是写操作，应符合写操作的帧格式。

D/A 转换后模拟输出电压在缓冲器中进行缓存。这个缓冲器可以通过控制字中的模拟输出允许位进行设置。在激活状态，输出电压可以被一直保存，直到写入新的数据。

片上 D/A 转换器还可用于逐次逼近 A/D 转换。为了释放 D/A 转换去执行 A/D 转换，缓冲器前的取样保持电路可以在执行 A/D 转换时保持输出电压不变。

D/A 转换后模拟电压输出端 AOUT 输出的模拟电压为

$$V_{AOUT}=\frac{V_{REF}}{256}\sum_{i=0}^{7}D_i\times 2^i$$

式中，V_{REF} 为基准电压；$\sum_{i=0}^{7}D_i\times 2^i$ 是待 D/A 转换的 8 位二进制数的加权系数和，实际上就是它对应的十进制数。在 A/D 转换已知输入模拟电压时，也可由该公式计算出对应的二进制数。

例如，当基准电压 V_{REF}=5 V 时，8 位二进制数 10000000B=128，代入上式后，V_{AOUT}= 2.5 V；反之当 V_{AOUT}= 1.0 V 时，可计算出它对应的十进制数为 51，二进制数则为 00110011B。

D/A 转换时序图如图 9-19 所示。

PCF8591 用于 D/A 转换时，必须将控制字中的模拟输出允许位 E 设置为 1，其他位均无需设置，因此控制字一般取 40H。

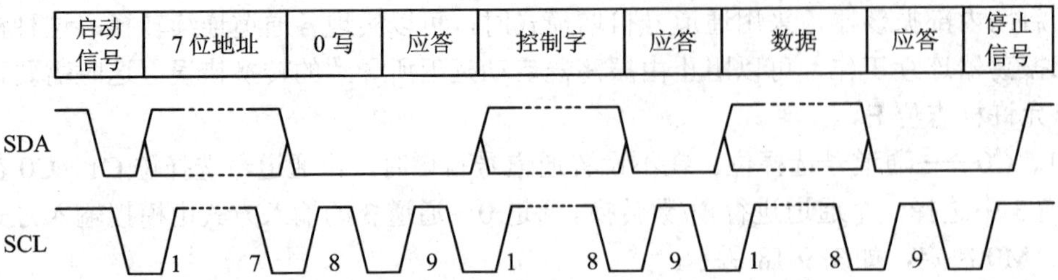

图 9-19　PCF8591 D/A 转换时序图

8. PCF8591 的 A/D 转换

PCF8591 中的 A/D 转换器采用逐次逼近转换技术，在 A/D 转换时临时使用片上 D/A 转换器和比较器。

当 PCF8591 进行 A/D 转换时，要先执行写操作，设置控制字，选择转换通道，然后才能由读操作读取转换结果。A/D 转换在应答时钟脉冲(第 9 个时钟)的下降沿被触发时，与传输上一次转换结果同步进行。一旦 A/D 转换开始，所选择通道的输入电压被取样并保存在芯片上，单端输入的模拟信号被转换成为 8 位的二进制代码；差分输入的模拟信号，被转换为 8 位二进制补码；转换后的结果被存储在 A/D 数据寄存器中，等待传输。若通道号自增标志 ID 被设置为 1，接着转换下一个通道。最快的 A/D 转换速率由 I^2C 总线速度决定。

PCF8591 读周期中读出的第一个字节是前一次 A/D 转换的结果。在电源复位后，第一个字节是 0x80。I^2C 总线读时序如图 9-20 所示。

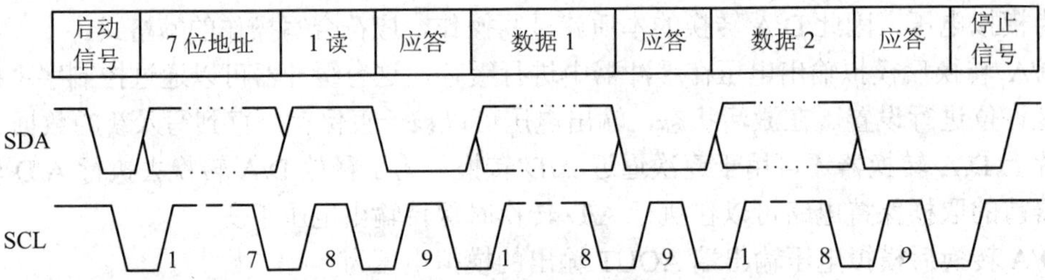

图 9-20　PCF8591 A/D 转换时序图

当 PCF8591 用于 A/D 转换时，控制字的设置较 D/A 转换时要复杂，必须要确定模拟输入方式选择位 M1M0 及要进行转换的通道号 C1C0，而通道号自增功能可依需要而定，并不是必须的。

9. PCF8591 的帧格式

(1) 写操作。主器件向 PCF8591 发送数据，格式为：

启动信号	PCF8591 地址	0	应答信号	控制字	应答信号	数据	应答信号	停止/启动信号

注：阴影部分表示数据由主器件向 PCF8591 传送，无阴影部分则表示数据由 PCF8591 向主器件传送。第三部分的 0 表示数据流是由主器件写入从器件 PCF8591。

(2) 读操作。主器件从 PCF8591 读取数据，格式为：

启动信号	PCF8591 地址	1	应答信号	数据 1	应答信号	数据 2	非应答信号	停止信号

注：阴影部分表示数据由主器件向 PCF8591 传送，无阴影部分则表示数据由 PCF8591 向主器件传送。第三部分的 1 表示是由主器件从从器件 PCF8591 接收数据。

10. 使用 PCF8591 的注意事项

PCF8591 的模拟信号输入端 AIN0～AIN3 不使用时，必须接至 V_{SS}、V_{DD}、AGND 或 V_{REF} 中的任一引脚，也就是说不允许悬空。

11. 模拟 I²C 总线时序

PCF8591 采用 I²C 串行总线，硬件电路虽然连接简单，只需用 51 单片机的两个 I/O 端口与串行数据线 SDA、串行时钟线 SCL 相连即可，但是由于 51 单片机没有 I²C 总线接口，需要用软件模拟 I²C 的通信协议，如果每次都重新模拟通信时序的启动、停止等函数，会非常麻烦，解决的方法是将所需的函数编写成头文件 PCF8591.h，需要时，只要用文件包含命令 include 包含该头文件即可。

PCF8591 进行模/数、数/模转换时，读、写操作的帧格式也是固定的，可将它们包含在头文件 PCF8591.h 中，避免重复工作。头文件 PFC8591.h 的内容为：

```
#include <intrins.h>
#define uchar unsigned char
#define uint unsigned int
#define ulong unsigned long

/*延时函数*/
void delayus()                         //延时时间约为 8 μs
{
    uchar i;
    for(i=0;i<8;i++)
        _nop_();
}

/*I²C 总线初始化函数*/
void cshI2C ()
{
    SCL=1;                             //将总线都拉高，释放总线
    delayus();
    SDA=1;
    delayus();
}

/*I²C 总线启动函数*/
void startI2C ()
{
```

```
        SDA=1;          //在SCL高电平期间，SDA的一个下降沿为启动信号
        delayus();
        SCL=1;
        delayus();
        SDA=0;
        delayus();
    }

    /*I2C总线应答函数*/
    void answerI2C ()
    {
        uchar i=0;          //应答信号为在SCL的第9个脉冲时，SDA=0时表示有应答
        SCL=1;
        delayus();
        while((SDA==1)&&(i<250))     //未收到PCF8591应答时，等待一段时间返回
            i++;
        SCL=0;
        delayus();
    }

    /*I2C总线非应答函数*/
    void noanswer()
    {
        SDA=1;                  //在SCL的下降沿时，SDA保持高电平为非应答信号
        delayus();
        SCL=1;
        delayus();
        SCL=0;
        delayus();
    }

    /*I2C总线停止函数*/
    void stopI2C ()
    {
        SDA=0;                  //在SCL高电平期间，SDA的一个上升沿为停止信号
        delayus();
        SCL=1;
        delayus();
```

```
    SDA=1;
    delayus();
}

/*I2C 总线写字节函数*/
void writebyteI2C (uchar dat)      //在串行数据线 SDA 上传送一个字节，先发送最高位
{
    uchar i;
    for(i=0;i<8;i++)               //一个字节有 8 位，串行逐位发送时需发送 8 次
    {
        SCL=0;                     //只有在 SCL 为低电平期间，SDA 线上状态才能改变
        delayus();
        if(dat&0x80)               //取出 dat 的最高位，并将其送至串行数据线 SDA
            SDA=1;                 //如果 dat&0x80 为真，表示最高位为 1
        else
            SDA=0;                 //如果 dat&0x80 为假，表示最高位为 0
        dat=dat<<1;                //左移一位，修改 dat，为下次发送作准备
        SCL=1;
        delayus();
    }
    SCL=0;
    delayus();
    SDA=1;
    delayus();
}

/*I2C 总线读字节函数*/
uchar readbyteI2C ()               //由串行数据线 SDA 上接收一个字节，先接收数据最高位
{
    uchar i,dat=0;                 //变量 dat 用于接收数据
    SCL=0;
    delayus();
    SDA=1;
    for(i=0;i<8;i++)               //一个字节有 8 位，串行逐位接收时也需 8 次
    {
        SCL=1;
        delayus();
        dat=dat<<1;                //将 dat 左移一位，将 SDA 线上数据存入 dat 的最低位
```

```
        if(SDA)
            dat++;          //如果当 SDA 为 1 时，dat 的最低位加 1；否则保持原来的 0
        SCL=0;
        delayus();
    }
    delayus();
    return dat;
}

/*DAC 写函数*/
void DAC_write(uchar dizhi,uchar con,uchar dat)    //根据 PCF8591 写操作的帧格式
{
    startI2C();                                 //启动 I²C 总线
    writebyteI2C(dizhi);                        //发送 PCF8591 的地址
    answerI2C();                                //等待 PCF8591 应答
    writebyteI2C(con);                          //发送 PCF8591 的控制字
    answerI2C();
    writebyteI2C(dat);                          //发送待 D/A 转换的数据
    answerI2C();
    stopI2C();                              //结束 I²C 总线
}

/*ADC 写函数*/
void ADC_write(uchar dizhi,uchar con)           //根据 PCF8591 写操作的帧格式
{
    startI2C();                                 //启动 I²C 总线
    writebyteI2C(dizhi);                        //发送 PCF8591 的地址
    answerI2C();                                //等待 PCF8591 应答
    writebyteI2C(con);                          //发送控制字
    answerI2C();
    stopI2C();                              //结束 I²C 总线
}

/*ADC 读函数*/
uchar ADC_read(uchar dizhi)                     //根据 PCF8591 读操作的帧格式
{
    uchar dat;
    startI2C();                                 //启动 I²C 总线
```

```
        writebyteI2C(dizhi);                        //发送 PCF8591 读地址
        answerI2C();                                //等待 PCF8591 应答
        dat= readbyteI2C ();                        //单片机从 PCF8591 读取数据
        noanswer();                                 //单片机向 PCF8591 发送非应答信号
        stopI2C();                                  //结束 I²C 总线
        return(dat);
    }
```

大家可否注意到延时函数与之前不同了，这是因为 I^2C 总线通信协议中启动信号、停止信号、应答或发送“0”及非应答或发送“1”的模拟时序中要求的时间很短，最长的是 4.7 μs，为了能够较为准确地实现 μs 级的延时，利用头文件 intrins.h 中的空操作“_nop_”，调用该函数后，在_nop_函数工作期间并不产生函数调用，只是在程序中直接执行了 NOP 指令。NOP 是汇编指令中的空指令，执行一次需要一个机器周期，而一个机器周期是时钟周期的 12 倍，当晶振为 12 MHz 时，NOP 执行一次所需的时间为 1 μs。NOP 在汇编中常用于延时，而且延时的精度也很高。上述延时函数调用 8 次“_nop_”，因此延时时间约为 8 μs。

PCF8591 的 D/A 转换实际上就是执行写操作，按照写操作的帧格式，在启动 I^2C 总线之后，要先发送 PCF8591 的写地址(由硬件电路决定)选中该芯片，再发送 PCF8591 的控制字，控制字中只有模拟输出允许位 E 与 D/A 转换有关，使其为 1，其他位只与 A/D 转换有关，D/A 转换时可全为 0，因此在 D/A 转换时控制字为固定值 01000000B=40H；控制字发送后就可以发送需要进行 D/A 转换的数据。根据 I^2C 通信协议，向 PCF8591 发送一个字节，要等待 PCF8591 应答后，才能发送下一个字节，最后发送停止信号。用 DAC 写函数 void DAC_write(uchar dizhi,uchar con,uchar dat) 实现上述功能，调用时要将写地址、控制字、待转换数据作为实参传递给相应的形参，该函数才能执行。

PCF8591 的 A/D 转换实际上就是执行读操作，但是在读之前要先由 ADC 写函数发送 PCF8591 的写地址(由硬件电路决定)选中 PCF8591 后，再发送控制字确定模拟输入方式、待转换通道；初始化 PCF8591 后，才能够读取转换后的结果。由 ADC 写函数 void ADC_write(uchar dizhi,uchar con)初始化 PCF8591，调用时也用写地址、控制字作为实参；由 ADC 读函数 uchar ADC_read(uchar dizhi)读取转换后的二进制代码，该函数是一个有参、有返回值的函数，调用时用读地址作为实参，执行完成后，返回从 SDA 线上读取的数据 dat。

12. 应用举例

例 5　用 PCF8591 对 unsigned char 类型的变量 i 进行数/模转换，用万用表监测模拟电压输出端 AOUT 的变化；每隔 500 ms，变量 i 自增 1，并将 i 数值显示在数码管上。

解：PCF8591 与 51 单片机的连接图如图 9-21 所示。P2.5 作为串行时钟线 SCL，P3.6 作为串行数据线 SDA；基准电压 V_{REF} 接+5 V，EXT 接地采用片上振荡器；3 位可编程地址线 A2～A0 接地，固定的器件地址为 1001，因此 PCF8591 的写地址为 10010000B=90H，读地址为 10010001B=91H；D/A 转换时的控制字为 40H。3 位数码管 DS2～DS0 的位码依次为 06H、05H、03H。

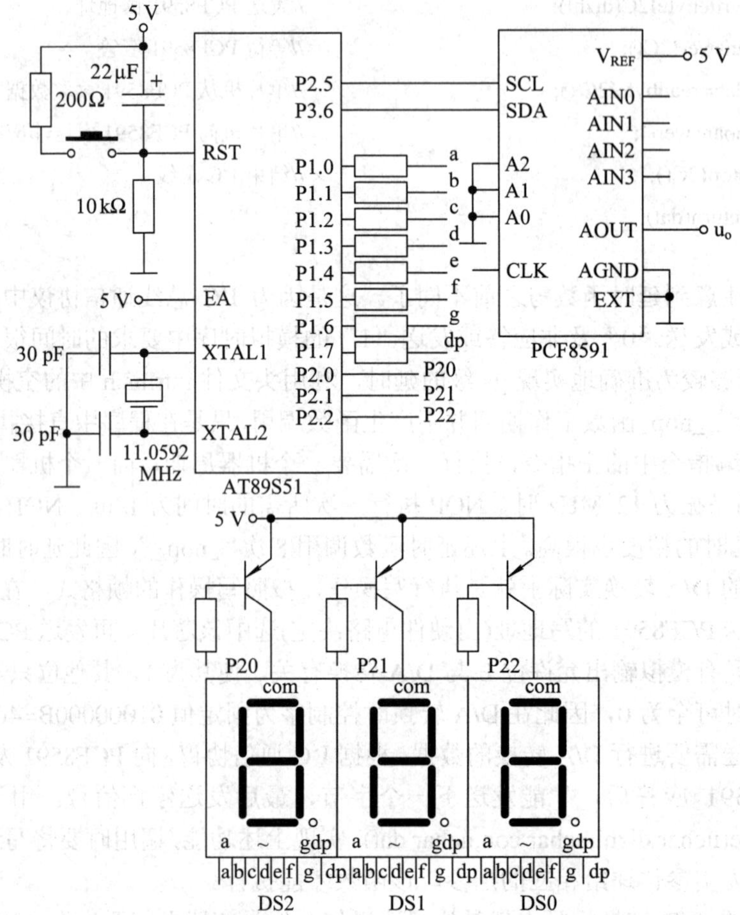

图 9-21　PCF8591 D/A 应用电路

源程序

```
#include <reg51.h>
#define   AWPCF8591   0x90     //将 PCF8591 的写地址 90H 宏定义为 AWPCF8591
#define    ARPCF8591   0x91    //将 PCF8591 的读地址 91H 宏定义为 ARPCF8591

/*必要的变量定义*/
sbit SCL=P2^5;                 //将 P2.5 命名为 PCF8591 的串行时钟线 SCL
sbit SDA=P3^6;                 //将 P3.6 命名为 PCF8591 的串行数据线 SDA
#include <PCF8591.h>
uchar code duan[ ]={           0xc0,0xf9,0xa4,0xb0,
                               0x99,0x92,0x82,0xf8,
                               0x80,0x90,0x88,0x83,
                               0xc6,0xa1,0x86,0x8e};          //定义共阳型段码表，从 0~F
/*延时函数*/
```

```
void delay(uchar a)
{
    uint i,j;                          //延时时间约为 a×1 ms
    for(i=0;i<a;i++)
        for(j=0;j<130;j++);
}

/*显示函数*/
void xianshi( uchar i)                 //在数码管上显示变量 i
{
    uchar j;
    for(j=0;j<50;j++)                  //退出 for 循环约 500 ms
    {
        P2=0x06;                       //发送 DS2 的位码
        P1=duan[i/100];                //发送 i 的百位段码
        delay(2);
        P2=0x05;                       //发送 DS1 的位码
        P1=duan[i%100/10];             //发送 i 的十位段码
        delay(2);
        P2=0x03;                       //发送 DS0 的位码
        P1=duan[i%10];                 //发送 i 的个位段码
        delay(2);
    }
}

/*主函数*/
main()
{
    uchar i=0;
    while(1)
    {
        DAC_write(AWPCF8591,0x40,i); //D/A 转换写入 PCF8591 写地址、控制字、i
        xianshi(i);                     //调显示函数显示变量 i，一个数据显示约 500 ms
        i++;                            //i 自增
    }
}
```

通过宏定义“#define AWPCF8591 0x90”将 PCF8591 的写地址 90H 宏定义为 AWPCF8591，当后面程序中用到写地址时，可以用 AWPCF8591 代替 90H。好处在于如果写地址改变，则只需要修改这一条语句即可。如果硬件电路不变，也可将定义写地址、读地址、串行数据线 SDA、串行时钟线 SCL 的四条语句放在头文件 PCF8591.h 中。

语句“DAC_write(AWPCF8591,0x40,i);”的作用是调用 DAC 写函数 DAC_write(uchar dizhi,uchar con,uchar dat)写入 PCF8591 写地址 90H、控制字 40H、待转换的数据 i，并根据 I^2C 通信协议启动 D/A 转换。根据 PCF8591D/A 转换时输出模拟电压的计算公式

$$V_{AOUT}=\frac{V_{REF}}{256}\sum_{i=0}^{7}D_i\times 2^i$$

可以计算出当变量 i 在 0～255 之间变化时对应的模拟输出电压，如表 9-7 所示。

表 9-7　PCF8591 数/模转换结果

输入二进制代码	输出模拟电压	实测值	输入二进制代码	输出模拟电压	实测值
00000000	0 V		00000001	0.0195 V	
00000010	0.039 V		00000011		
……			……		

要求先根据公式计算出输出模拟电压的理论值，然后再将程序下载至 HOT-51 实验板上，用数字万用表实测出若干个电压值，并将其与理论值相比较，分析产生误差的原因。

9.3　项 目 实 施

9.3.1　硬件设计方案

硬件电路采用 HOT-51 实验板上的 D/A-A/D 电路，如图 9-22 所示，由 51 单片机最小系统与 PCF8591 组成。PCF8591 的 3 位可编程地址线 A2～A0 均接地，因此写地址与读地址为 90H、91H；P2.5 作为串行时钟线 SCL，P3.6 作为串行数据线 SDA；基准电压 V_{REF} 接+5 V；EXT 接地采用片上振荡器；输入模拟电压加至模拟信号输入端 AIN0，调节 10 kΩ 电位器时，模拟输入电压也随之改变，为单端输入方式。

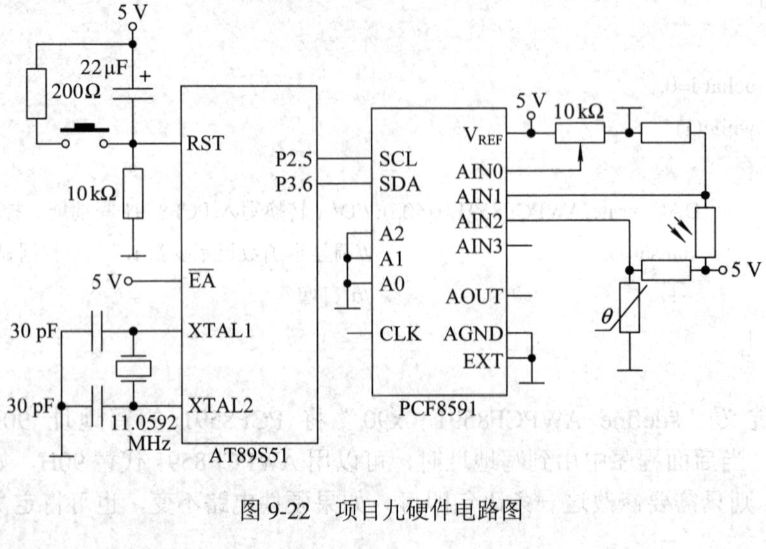

图 9-22　项目九硬件电路图

数码管动态显示电路未画出，可参照项目三图 3-15 所示电路。

9.3.2 软件设计方案

由图 9-22 可知，模拟信号由 AIN0 输入。由图 9-18 可知，PCF8591 共有四种输入方式，但是只有方式 0 与方式 2 中 AIN0 可以采用单端输入方式，且当 AIN0 输入模拟电压时，均为通道 0；如果选择通道号不自增、禁止模拟信号输出时，则控制字为 00000000B=0H 或 00100000B=20H。

主函数的任务有三个：初始化 PCF8591、读取转换结果、将转换结果显示在数码管上。初始化 PCF8591 时调用 ADC 写函数 ADC_write 写入写地址 90H、控制字 0H；然后再调用 ADC 读函数 ADC_read 读取转换结果，调用时要先写入 PCF8591 的读地址；转换结果的显示由显示函数 xianshi 完成。

源程序

```
#include <reg51.h>
#define   AWPCF8591   0x90    //将 PCF8591 的写地址 90H 宏定义为 AWPCF8591
#define   ARPCF8591   0x91    //将 PCF8591 的读地址 91H 宏定义为 ARPCF8591

/*必要的变量定义*/
sbit SCL=P2^5;                //将 P2.5 命名为 PCF8591 的串行时钟线 SCL
sbit SDA=P3^6;                //将 P3.6 命名为 PCF8591 的串行数据线 SCL
#include <PCF8591.h>
uchar code duan[ ] = {   0x3f,0x06,0x5b,0x4f,
                         0x66,0x6d,0x7d,0x07,
                         0x7f,0x6f,0x77,0x7c,
                         0x39,0x5e,0x79,0x71}; //定义共阴型段码表
uchar xian[3];                               //定义显示数组
uchar ad;                                    //变量 ad 用于存放转换结果

/*延时函数*/
void delayms( uchar a)
{
     uint i,j;                               //延时时间约为 a×1 ms
     for(i=0;i<a;i++)
          for(j=0;j<150;j++);
}

/*显示函数*/
void xianshi()                               //将 A/D 转换结果 ad 送到 LED 数码管显示
{
     uchar i;
     xian[0]=ad/100;
     xian[1]= ad%100/10;
     xian[2]= ad%10;
```

```
        for( i=0; i<3; i++)
        {
            P2 = i;
            P0 = duan[xian[i]];
            delayms( 2) ;
        }
    }

    /*主函数*/
    main()
    {
        while(1)
        {
            ADC_write(AWPCF8591,0x00);  //写入 A/D 转换时的写地址、控制字
           ad=ADC_read(ARPCF8591);      //读取 A/D 转换后的结果
            xianshi();                  //显示转换结果 ad
        }
    }
```

9.3.3　程序调试

1. 实验板电路分析

HOT-51 实验板上的 PCF8591 电路如图 9-22 所示，AIN0 接 10 kΩ 电位器调节输入模拟电压；AIN1 接光敏电阻，可以将光线的明暗变化转换为模拟电压输入；AIN2 接热敏电阻，可以将温度的变化转换为模拟电压输入；AIN3 端未用。AIN0～AIN2 可初始化为单端输入，也可在 AIN3 引脚外接一模拟电压，分别和 AIN0～AIN2 形成双端输入，除了方式 3，其他方式均可由该电路实现。

I^2C 总线的串行数据线 SDA 接 P3.6，串行时钟线 SCL 接 P2.5，3 位可编程地址 A2～A0 均接地，与前述例题一致。

2. 程序设计

根据项目要求及硬件电路编写源程序，要特别注意 PCF8591 的读/写地址、控制字等。当进行串行数据传送时，模拟 I^2C 总线时序的函数较多，录入时要仔细。

3. 结果分析

将编译后生成的扩展名为.hex 的文件下载至单片机芯片中，调节 10 kΩ 电位器改变输入模拟电压，用万用表测量并记录于表 9-8 中，最后分析产生误差的原因。

表 9-8　PCF8591 模/数转换结果

AIN0(V)	输出十进制数	理论输出值	AIN0(V)	输出十进制数	理论输出值
0	0		0.019		
0.038			……		
2.5			……		

4. 拓展练习

编程实现下述要求。

(1) 编程将 AIN1 引脚输入的模拟电压转换为数字量，并列表记录结果。

(2) 编程将 AIN2 引脚输入的模拟电压转换为数字量，并列表记录结果。

(3) 将引脚 AIN3 接 5 V，与 AIN1 构成双端输入，编程实现模/数转换，并列表记录结果。

9.4 项 目 评 价

项目名称	D/A 和 A/D 转换				
评价类别	项目	子项目	个人评价	组内互评	教师评价
专业能力(80 分)	信息与资讯(30 分)	直接地址的访问(5 分)			
		D/A 转换原理及 DAC0832 的应用(7 分)			
		A/D 转换原理及 ADC0809 的应用(8 分)			
		PCF8591 原理及其应用(10 分)			
	计划(20 分)	原理图设计(10 分)			
		程序设计(10 分)			
	实施(20 分)	实验板的适应性(10 分)			
		实施情况(10 分)			
	检查(5 分)	异常检查			
	结果(5 分)	结果验证			
社会能力(10 分)	敬业精神(5 分)	爱岗敬业与学习纪律			
	团结协作(5 分)	对小组的贡献及配合			
方法能力(10 分)	计划能力(5 分)				
	决策能力(5 分)				
评价	班级		姓名	学号	
	总评		教师	日期	

9.5 拓展与提高

在许多计算机控制系统中，都要对输入的模拟量进行采集与处理。在采集数据时如何选择 A/D 转换器的分辨率，如何根据采集结果计算实际物理量的数值呢？

以温度采集为例，如果某单片机控制系统要对锅炉内的水温进行监测，所用温度传感器的输出信号为 0～5 V、测温范围为 0～100℃。如果系统要求测试精度为 1℃时，可选择分辨率为 8 位的 A/D 转换器，是因为 0～100 之间只有 101 个状态，而 8 位的 A/D 转换器最多可区分出 256 个状态，因此它完全可以满足测试精度的要求。如果测温范围仍为 0～100℃，但测量精度要求达到 0.1℃，需要 A/D 转换器的分辨率为多少位呢？

要将 0～100℃按 0.1 的精度进行区分，至少需要 1000 个状态，故至少需要 2^{10}=1024 个状态，因此最少要选分辨率为 10 位的 A/D 转换器方可满足要求。在采集数据时，A/D 转换器的分辨率并不是越高越好，因为分辨率越高，系统的成本也会大幅增加。

由于控制系统的干扰无处不在，因此为了降低干扰，得到更准确的数据，可以将多次采集的数据累加后再求其平均值，以平均值作为本次的采集结果。

设计单片机测控系统用于测试某一场所的环境温度。提供的传感器参数为：测温范围为-40℃～60℃，输出信号 0～5 V，测试精度 1℃，A/D 转换器的分辨率为 8 位。如何实现该环境温度的测试并显示呢？

首先分析 A/D 转换器的数字量输出 D 与模拟电压输入 U 之间的关系。当 U=0 时，D=00H；当 U=5 V 时，D=FFH；因此 D=51 V。

其次分析传感器的传输特性，即输出电压 U 与实际温度 t 之间的关系。当 t=-40℃，U=0 V；当 t=60℃时，U=5 V；故当温度为 t 时，传感器的输出电压为 U=t/20+2。

第三，由于在 CPU 中得到的是数字量 D，那么其对应的实际温度是多少呢？由于在测控系统中，传感器的输出端与 A/D 转换器的输入端相连，故 D=51*(t/20+2)，由此可得，当采集到数字量 D 时，其对应的温度 t=[(D-102)×20]/51。

因此要显示实际物理量的数值，需将采集到的数字量根据 A/D 转换器的转换关系并结合传感器的传输特性建立表达式，然后根据此表达式计算，便可得到实际物理量的值，再依据前述内容便可实现物理量的实时显示。

习　题

一、填空题

1. 语句“unsigned char *ptr2;”的作用是____________________，语句“*x=13;”的作用是____________________。

2. 4 位 D/A 转换器的基准电压为 10 V 时，数字量 1010 对应的输出电压为__________。DAC0832 采用______级缓冲。DAC 一般由数字寄存器、____________、___________、求和运算放大器和基准电压源(或电流源)组成。10 位 DAC 的分辨率为__________。DAC0832 输出的模拟量为__________，选通 DAC0832 输入寄存器的控制信号是____________，

3. A/D 转换过程一般为________和_________。____________________是取样定理。常用的量化-编码方法有__________和__________，__________的量化误差较小。ADC0809 的分辨率为____________，它工作时需要的时钟信号一般由____________提供。

4. AT89S51 访问片外的 DAC0832 或者 ADC0809 时______口为地址总线、_____口为数据总线，利用_______锁存 P0 口发出的低 8 位地址信号。

5. PCF8591 的器件地址为________，它的 4 路模拟信号输入 AIN0～AIN3，通过编程可将它们设置为单端或双端输入，共_____种输入方式，只有方式_____为 4 通道。

二、选择题

1. 要求 DAC 的分辨率为 1/2000 时，至少应选用(　　)位的 DAC。

A. 8　　B. 10　　C. 11　　D. 12

2. DAC0832 的所有使能端均根据需要接使其有效的固定电平时，是(　　)方式。

A. 直通　　B. 单缓冲　　C. 双缓冲

3. 51 单片机外接并行 D/A、A/D 时，使用(　　)引脚来选通 74LS373 芯片。

A. RST　　B. $\overline{EA}$　　C. ALE　　D. $\overline{PSEN}$

4. ADC0809 输出的数字量为(　　)。

A. 8 位二进制数　　B. BCD 码

5. PCF8591 采用(　　)串行总线接口。

A. I^2C　　B. UART　　C. SPI　　D. Micro Wire

三、判断题

1. D/A 转换器输入的数字量位数越多，能够分辨的最小电压值越小。(　　)

2. DAC0832 是串行数/模转换器。(　　)

3. 对模拟信号取样时，取样频率越高，越能真实地反映模拟信号的变化规律。(　　)

4. 量化单位就是数字信号中最高有效位为 1 时所表示的数值大小。(　　)

5. 在同一个 I^2C 总线上，对接入 PCF8591 器件的数目没有限制。(　　)

四、简答题

1. 简述绝对地址的访问方法。
2. 简述 D/A 与 A/D 转换器在单片机控制系统中的作用。
3. 简述 DAC0832 的工作方式。
4. 简述 ADC0809 的工作方式。
5. 简述 PCF8591 的 D/A 及 A/D 转换过程。

五、设计与编程题

1. 8 位 D/A 转换器，当输入数字量 10000000B 时，电路输出模拟电压为 3.2 V。试计算当输入数字量 11101110B 时，电路输出模拟电压。

2. 根据图 9-23 所示电路，回答下列问题：

(1) DAC0832 的工作方式。

(2) 编写程序，使 DAC0832 输出矩形波，频率自定。

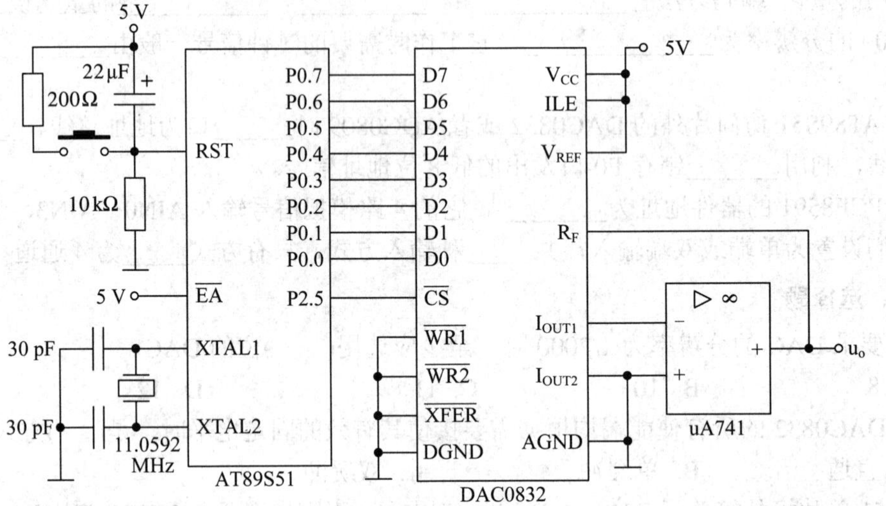

图 9-23　第 2 题图

3. ADC0809 与 51 单片机的连接如图 9-14 所示，编程对 IN2 通道进行 A/D 转换。

4. 如果 PCF8591 的写地址为 9CH、读地址为 9DH，试画出其与 51 单片机的连接图。

5. 编程将图 9-22 中 PCF8591 设置为方式 3，编程实现 A/D 转换，并将电压值显示在数码管上。

项目十　基于 51 单片机的时钟

10.1　项目说明

❖ 项目任务

利用 HOT-51 实验板上的现有资源设计一个实时时钟，要求如下：

(1) 用数码管实时显示时、分、秒，初始时间为 12 点整，显示格式自定。

(2) 由定时/计数器实现 1 s 定时。

(3) 利用实验板上的独立式按键实现校时功能。

❖ 知识培养目标

(1) 进一步掌握 51 单片机定时/计数器的原理与应用。

(2) 进一步掌握 51 单片机中断系统的原理与应用。

(3) 掌握显示部分的原理。

(4) 掌握校时部分的原理。

❖ 能力培养目标

(1) 能利用所学知识画出实现该项目的原理图。

(2) 能利用所学知识编写中断、定时/计数器综合应用程序。

(3) 能利用 KEIL C 编写实现该项目的源程序。

(4) 培养思考问题和解决问题的能力。

(5) 培养沟通表达、团队协作的能力。

10.2　基础知识

由于时钟的功能较为复杂，因此牵涉的知识点也较多，谁也不可能保证编程一次成功，如果将全部代码都写完了再去找错，这对任何人都是一件不易办到的事，因此通过时钟的设计不仅要将所学知识融会贯通，更为重要的是掌握正确的软件设计方法。

编程时采用模块化结构，不仅程序结构清晰，而且调试、阅读、维护也非常方便。模块化就是将一个大的问题分解成多个小问题，实现小问题的程序代码称为功能模块，可以将各功能模块单独设计，而且各功能模块也可以由不同的人来实现，然后将各功能模块组合即可得到原问题的解决方案。在前面几个项目中，实际上采用的就是模块化编程，只是功能较为简单，在学习过程中没有较为深刻地体会。

本项目要求在 HOT-51 实验板的数码管上先显示 12 点整，然后以秒为单位开始计时，

60 s 为 1 min，60 min 为 1 h；当计时不准确时，通过按键进行校时，将时间调整到正确的数值。根据时钟的功能，可将其分解为显示、计时、校时三部分。在这三部分中，显示是最基本的，没有显示，就不能直观地观察结果，可先编写显示部分所需的程序代码，编译通过之后，再添加计时、校时功能。而计时与校时，先编写哪一部分都可以，由编程者自行决定。

10.2.1　显示部分

显示部分主要是实时显示时、分、秒。显示部分采用的编程方法要兼顾计时、校时的实现，编写不同的显示程序，计时、校时程序也会有所不同。

HOT-51 实验板上数码管动态显示电路中共有 8 个数码管，而时、分、秒共需 6 个数码管，因此大家可根据自己的喜好定义时钟显示的格式，如“12-00-00”、“12 00 00”、“120000”等。

HOT-51 实验板上数码管动态显示电路中用的是共阴型数码管，字段口是 P0、字位口是 P2，8 个数码管的位码从左至右依次是 0、1、2、3、4、5、6、7。

在 8 个数码管上显示“12-00-00”时，常用方法有：

方法一：定义 8 个元素的显示数组存放“12-00-00”；

方法二：定义 3 个变量并赋初值 shi=12、fen=0、miao=0；

方法三：既定义显示数组，又定义时、分、秒 3 个变量。

例 1　采用方法三在 8 个数码管上显示“12-00-00”。

解：定义显示数组存放“12-00-00”时，首先应修改段码表，在段码表的末尾添加使数码管全暗的共阴型段码 00H 和“-”号的共阴型段码 40H。段码表为

```
uchar code duan[ ]={        0x3f,0x06,0x5b,0x4f,
                            0x66,0x6d,0x7d,0x07,
                            0x7f,0x6f,0x00,0x40};
```

数组 duan 中的前 10 个元素为 0～9 的共阴型段码，第 11 个元素 0x00(序号为 10)是数码管全暗的段码(显示格式为“12 00 00”时用)，最后一个元素 0x40(序号为 11)是“-”的段码。

定义显示数组时要求它的元素个数与“12-00-00”完全相同，并且与“-”对应的位置要存入段码“0x40”在段码表中的序号“11”，显示数组为

```
uchar xian[ ]={1,2,11,0,0,11,0,0};
```

如要求按照“12 00 00”的格式显示，分隔符所对应的数码管是全灭的状态，则显示数组应为

```
uchar xian[ ]={1,2,10,0,0,10,0,0};
```

定义变量 shi=12、fen=0、miao=0 的好处是便于功能扩展，在添加计时、校时部分程序时可直接对 shi、fen、miao 进行修改。

在显示函数中先利用“/”与“%”运算将 shi、fen、miao 拆分至显示数组，然后再将显示数组中的 8 个元素显示在数码管上。

主函数中只有一件事情就是不断地调用显示函数，刷新数码管，由于没有修改 shi、fen、miao 的程序，所以数码管上只能显示 12 点整。

源程序

```
#include <reg51.h>
#define uchar unsigned char
#define uint  unsigned int

/*必要的全局变量定义*/
uchar code duan[ ]={    0x3f,0x06,0x5b,0x4f,
                        0x66,0x6d,0x7d,0x07,
                        0x7f,0x6f,0x00,0x40 };        //定义共阴型段码表
uchar xian[ ]={1,2,11,0,0,11,0,0};      //定义显示数组，依次存放时、-、分、-、秒
uchar shi=12,fen=0,miao=0;              //定义变量时、分、秒，用于时钟计时

/*延时函数*/
void delay(uchar a )
{
    uint i,j;                           //时间约为 a×1 ms
    for(j=0;j<a;j++)
        for(i=0; i<130; i++);
}

/*显示函数*/
void xianshi()
{
    uchar i;
    xian[0]=shi/10;                     //将时的十位数码拆分至显示数组中的 xian[0]
    xian[1]=shi%10;                     //将时的个位数码拆分至显示数组中的 xian[1]
    xian[3]=fen/10;                     //将分的十位数码拆分至显示数组中的 xian[3]
    xian[4]=fen%10;                     //将分的个位数码拆分至显示数组中的 xian[4]
    xian[6]=miao/10;                    //将秒的十位数码拆分至显示数组中的 xian[6]
    xian[7]=miao%10;                    //将秒的个位数码拆分至显示数组中的 xian[7]
    for(i=0; i<8; i++)
    {
        P2=i;                           //发送位码
        P0=duan[xian[i]];               //发送段码
        delay(1);                       //延时 1 ms
    }
}

/*主函数*/
```

```
main()
{
    while(1)
    {
        xianshi();          //调用显示函数显示变量时、分、秒
    }
}
```

大家可练习用方法一、方法二编写不同的显示函数。

10.2.2 计时部分

计时部分的作用是每隔 1 s 根据计时规律更新时间。

51 单片机内有 2 个定时/计数器 T0、T1，都可用于 1 s 定时。

如果用定时/计数器 T1 定时 20 ms，溢出中断 50 次时恰为 1 s，定义变量 yichu 用于统计溢出次数，每溢出 1 次，变量 yichu 加 1，当 yichu=50 时，表示 1 s 到。

每到 1 s 时，变量 miao 加 1；当 miao 加至 60 时，变量 miao 清 0、fen 加 1，当 fen 加至 60 时，变量 fen 清 0、shi 加 1，使变量 shi、fen、miao 按照时钟的规律进行计时。计时流程图如图 10-1 所示。

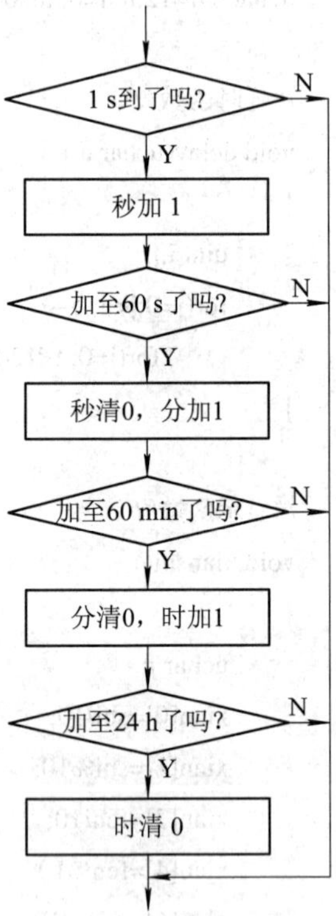

图 10-1　计时流程图

上述与时钟计时有关的工作都安排在定时/计数器 T1 的中断服务函数 jishi 中，函数 csht1 对定时/计数器 T1 初始化，主函数中调用函数 csht1 对 T1 初始化后，一边调用显示函数 xianshi，一边等待 T1 中断，在 T1 的中断服务函数中对变量 shi、fen、miao 修改后，返回主函数再调用显示函数 xianshi 时，数码管上的时间会随之更新。

源程序

```
#include <reg51.h>
#define uchar unsigned char
#define uint   unsigned int

/*必要的全局变量定义*/
uchar code duan[ ]={  0x3f,0x06,0x5b,0x4f,
                      0x66,0x6d,0x7d,0x07,
                      0x7f,0x6f,0x00,0x40 };              //定义共阴型段码表
uchar xian[ ]={1,2,11,0,0,11,0,0};          //定义显示数组，依次存放时、-、分、-、秒
uchar shi=12,fen=0,miao=0;                  //定义变量时、分、秒，用于时钟计时
uchar yichu=0; //定义变量 yichu，用以累计定时器 T1 的溢出次数，实现 1 s 定时
```

```
/*延时函数*/
void delay(uchar a )
{
    uint i,j;                     //时间约为 a×1 ms
    for(j=0;j<a;j++)
        for(i=0; i<130; i++);
}

/*显示函数*/
void xianshi()
{
    uchar i;
    xian[0]=shi/10;               //将时的十位数码拆分至显示数组中的 xian[0]
    xian[1]=shi%10;               //将时的个位数码拆分至显示数组中的 xian[1]
    xian[3]=fen/10;               //将分的十位数码拆分至显示数组中的 xian[3]
    xian[4]=fen%10;               //将分的个位数码拆分至显示数组中的 xian[4]
    xian[6]=miao/10;              //将秒的十位数码拆分至显示数组中的 xian[6]
    xian[7]=miao%10;              //将秒的个位数码拆分至显示数组中的 xian[7]
    for(i=0; i<8; i++)
    {
        P2=i;                     //发送位码
        P0=duan[xian[i]];         //发送段码
        delay(1);                 //延时 1 ms
    }
}

/*初始化 T1 函数*/
void csht1()
{
    TMOD=0x10;                    //设置 T1 定时 20 ms，软启动，方式 1
    TH1=(65536-18433)/256;        //晶振 11.0592 MHz，定时 20 ms 时初值高 8 位送入 TH1
    TL1=(65536-18433)%256;        //晶振 11.0592 MHz，定时 20 ms 时初值低 8 位送入 TL1
    ET1=1;                        //定时/计数器 T1 开中断
    EA=1;                         //CPU 开中断
    TR1=1;                        //启动 T1
}

/*主函数*/
```

```
main()
{
    csht1();                         //初始化 T1
    while(1)
    {
        xianshi();                   //调用显示函数显示变量 shi、fen、miao
    }
}

/*定时/计数器 T1 中断服务函数*/
void   jishi()   interrupt   3
{
    TH1=(65536-18433)/256;
    TL1=(65536-18433)%256;
    yichu++;                         //T1 每 20 ms 溢出一次，变量 yichu 加 1
    if(yichu==50)                    //变量 yichu 加至 50 时，表示 1 s 到
    {
        yichu=0;                     //变量 yichu 重赋初值 0，循环定时 1 s
        miao++;                      //1 s 到时，秒加 1
        if (miao==60)                //秒从 0 加至 60 时，秒清 0，且分加 1
        {
            miao=0;
            fen++;                   //60 s 到时，分加 1
            if(fen==60)              //分从 0 加至 60 时，分清 0，且时加 1
            {
                fen=0;
                shi++;               //60 min 到时，时加 1
                if(shi==24)          //时从 0 加至 24 时，时清 0
                    shi=0;
            }
        }
    }
}
```

在上述定时/计数器 T1 的中断服务函数中，每隔 1 s 修改变量 shi、fen、miao，这只适用于定义了变量 shi、fen、miao 的显示函数。如果显示函数中只定义了显示数组 xian[]，而未定义变量 shi、fen、miao 时，在定时/计数器的中断服务函数中只能直接修改显示数组中的相关元素。例如，1 s 到时，先对秒个位 xian[0]加 1；当秒个位 xian[0]超过 9 时，xian[0]清 0、秒十位 xian[1]加 1；当秒十位 xian[1]超过 5 时，xian[1]清 0、分个位 xian[3]加 1(xian[2]存放分隔符“-”)；……。

10.2.3　校时部分

HOT-51 实验板上的三个独立式按键分别与引脚 P3.2、P3.3、P3.4 相连，检测按键是否按下时既可以用查询方式，也可以用中断方式。常用的时钟校时方法有两种：一种是设置校时、校分、校秒三个按键；另一种是设置选择、加 1、减 1 三个按键。

采用第一种校时方法时可将 P3.2 定义为校时键、P3.3 定义为校分键、P3.4 定义为校秒键。当查询到校秒键 P3.4 按下时，CPU 禁止中断，通过加 1 操作实现对变量 miao 的修正，当 miao 超过 59 时、清 0，等校秒键释放后，再将 CPU 开中断，一次校秒就完成了。校分、校时键的工作与校秒类似，只是确定按键按下后，修改变量 fen、shi。查询按键是否闭合时，还要能去除按键的机械抖动。工作于查询方式，设置校时、校分、校秒三个按键的校时流程图如图 10-2 所示。

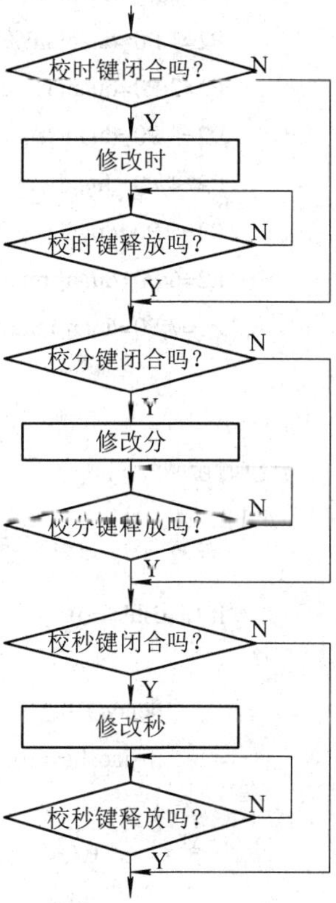

图 10-2　校时流程图

源程序(校时、校分、校秒)

```
#include <reg51.h>
#define uchar unsigned char
#define uint unsigned int

/*必要的全局变量定义*/
uchar code duan[ ]={     0x3f,0x06,0x5b,0x4f,
                         0x66,0x6d,0x7d,0x07,
                         0x7f,0x6f,0x00,0x40 };
uchar shi=12,fen=0,miao=0;
sbit jiaoshi=P3^2;            //定义 P3.2 所接按键为校时键，名字为 jiaoshi
sbit jiaofen=P3^3;            //定义 P3.3 所接按键为校分键，名字为 jiaofen
sbit jiaomiao=P3^4;           //定义 P3.4 所接按键为校秒键，名字为 jiaomiao

/*延时函数*/
void delay(uchar a )
{
    uint i,j;                 //时间约为 a×1 ms
    for(j=0;j<a;j++)
        for(i=0; i<130; i++);
}

/*显示函数*/
```

```
void xianshi()
{
    P2=0;P0=duan[shi/10];delay(1);         //最左侧数码管显示时十位
    P2=1;P0=duan[shi%10];delay(1);         //从左数第 2 个数码管显示时个位
    P2=2;P0=duan[11];delay(1);             //从左数第 3 个数码管显示分隔符“-”
    P2=3;P0=duan[fen/10];delay(1);         //从左数第 4 个数码管显示分十位
    P2=4;P0=duan[fen%10];delay(1);         //从左数第 5 个数码管显示分个位
    P2=5;P0=duan[11];delay(1);             //从左数第 6 个数码管显示分隔符“-”
    P2=6;P0=duan[miao/10];delay(1);        //从左数第 7 个数码管显示秒十位
    P2=7;P0=duan[miao%10];delay(1);        //从左数第 8 个数码管显示秒个位
}

/*校时函数*/
void jiao()
{
    if (jiaoshi==0)                        //查询是否校时
    {
        delay(10);                         //延时 10 ms，消除前沿抖动
        if(jiaoshi==0)                     //再次查询校时键
        {
            EA=0;                          //校时时，禁止计时
            shi++;                         //时加 1
            if(shi>23)                     //时的范围为 0～23
                shi=0;
            while(!jiaoshi);               //等待校时键释放
            delay(10);                     //延时 10 ms，消除后沿抖动
            EA=1;                          //时校完后，再开始计时
        }
    }
    if(jiaofen==0)                         //查询是否校分
    {
        delay(10);                         //延时 10 ms，消除前沿抖动
        if(jiaofen==0)                     //再次查询校分键
        {
            EA=0;                          //校分时，禁止计时
            fen++;                         //分加 1
            if(fen>59)                     //分的范围为 0～59
                fen=0;
            while(!jiaofen);               //等待校分键释放
```

```
                delay(10);                    //延时 10 ms，消除后沿抖动
                EA=1;                         //分校完后，再开始计时
            }
        }
        if(jiaomiao==0)                       //查询是否校秒
        {
            delay(10);                        //延时 10 ms，消除前沿抖动
            if(jiaomiao==0)                   //再次查询校秒键
            {
                EA=0;                         //校秒时，禁止计时
                miao++;                       //秒加 1
                if(miao>59)                   //秒的范围为 0～59
                    miao=0;
                while(!jiaomiao);             //等待校秒键释放
                delay(10);                    //延时 10 ms，消除后沿抖动
                EA=1;                         //秒校完后，再开始计时
            }
        }
}

/*主函数*/
main()
{
    while(1)
    {
        xianshi();                            //调用显示函数显示变量 shi、fen、miao
        jiao();                               //调用校时函数，进行校时
    }
}
```

设置校时、校分、校秒三个按键时，按键每按下一次，通过加 1 运算修改相关变量。如果现在显示的分钟是 10，要将其改为 9 时，校分键按下的次数最多，操作时很不方便。如果将 P3.2 定义为选择键、P3.3 定义为加 1 键、P3.4 定义为减 1 键，则在校正时间时就可以有效地减少按键的次数。选择键用于选择加 1 键、减 1 键修改的对象，由用户来定义。例如，第 1 次按下选择键时，校时；第 2 次按下时，校分；第 3 次按下时，校秒；定义变量 xuanze 统计选择键按下的次数。当按下加 1 键与减 1 键时，根据变量 xuanze 确定对 shi、fen、miao 之一进行加 1 或减 1。

源程序(选择、加 1、减 1)

```
#include <reg51.h>
#define uchar unsigned char
```

```
#define uint   unsigned int

/*必要的全局变量定义*/
uchar code duan[ ]={        0x3f,0x06,0x5b,0x4f,
                            0x66,0x6d,0x7d,0x07,
                            0x7f,0x6f,0x00,0x40 };              //定义共阴型段码表
uchar shi=12,fen=0,miao=0;        //定义变量时、分、秒，用于时钟计时
uchar xuanze=0;                   //用于统计选择键按下的次数
sbit xuan=P3^2;                   //定义 P3.2 所接按键为选择键，名字为 xuan
sbit jia1=P3^3;                   //定义 P3.3 所接按键为加 1 键，名字为 jia1
sbit jian1=P3^4;                  //定义 P3.4 所接按键为减 1 键，名字为 jian1

/*延时函数*/
void delay(uchar a )
{
    uint i,j;                     //时间约为 a×1 ms
    for(j=0;j<a;j++)
        for(i=0; i<130; i++);
}

/*显示函数*/
void xianshi()
{
    P2=0;P0=duan[shi/10];delay(1);         //最左侧数码管显示时十位
    P2=1;P0=duan[shi%10];delay(1);         //从左数第 2 个数码管显示时个位
    P2=2;P0=duan[11];delay(1);             //从左数第 3 个数码管显示分隔符“-”
    P2=3;P0=duan[fen/10];delay(1);         //从左数第 4 个数码管显示分十位
    P2=4;P0=duan[fen%10];delay(1);         //从左数第 5 个数码管显示分个位
    P2=5;P0=duan[11];delay(1);             //从左数第 6 个数码管显示分隔符“-”
    P2=6;P0=duan[miao/10];delay(1);        //从左数第 7 个数码管显示秒十位
    P2=7;P0=duan[miao%10];delay(1);        //从左数第 8 个数码管显示秒个位
}

/*校时函数*/
void jiao()
{
    if (xuan==0)                           //查询是否选择键被按下
    {
        delay(10);                         //延时 10 ms，消除前沿抖动
        if(xuan==0)                        //再次查询选择键
```

```
        {
            xuanze++;                   //xuanze 加 1
            if(xuanze>3)                //xuanze 的范围为 1～3
                xuanze=1;
            while(!xuanze);             //等待选择键释放
            delay(10);                  //延时 10 ms，消除后沿抖动
        }
    }
    if(jia1==0)                         //查询是否加 1 键被按下
    {
        delay(10);                      //延时 10 ms，消除前沿抖动
        if(jia1==0)                     //再次查询加 1 键
        {
            switch(xuanze)
            {
                case 1:   shi++;
                          if(shi>23)
                              shi=0;
                          break;
                case 2:   fen++;
                          if(fen>59)
                              fen=0;
                          break;
                case 3:   miao++;
                          if(miao>59)
                              miao=0;
                          break;
            }
            while(!jia1);               //等待加 1 键释放
            delay(10);                  //延时 10 ms，消除后沿抖动
        }
    }
    if(jian1==0)                        //查询是否减 1 键被按下
    {
        delay(10);                      //延时 10 ms，消除前沿抖动
        if(jian1==0)                    //再次查询减 1 键
        {
            switch(xuanze)
            {
                case 1:   if(shi==0)
```

```
                    shi=24;
                shi--;
                break;
        case 2: if(fen==0)
                    fen=60;
                fen--;
                break;
        case 3: if(miao==0)
                    miao=60;
                miao--;
                break;
        }
        while(!jian1);              //等待减 1 键释放
        delay(10);                  //延时 10 ms，消除后沿抖动
    }
  }
}

/*主函数*/
main()
{
    while(1)
    {
        xianshi();              //调用显示函数显示变量 shi、fen、miao
        jiao();                 //调用校时函数，进行校时
    }
}
```

实验板上的三个独立式按键也可工作于中断方式，只要将上述校时函数转换为三个中断服务函数就可以了，只是 P3.4 是定时/计数器 T0 的计数脉冲输入端，当该按键工作于中断方式时，只能由定时/计数器 T1 实现计时功能。

10.3 项 目 实 施

10.3.1 硬件设计方案

项目要求利用 HOT-51 实验板上的现有资源设计时钟，根据时钟的工作原理，硬件电路由单片机最小系统、数码管动态显示电路及独立式按键电路组成。大家可参照项目三、项目四自行画出硬件电路图。

10.3.2 软件设计方案

实现时钟的方法有很多，最终确定时间的显示格式为“12-00-00”，由定时/计数器 T1 实现 20 ms 定时，由校时、校分、校秒键实现校时、校分、校秒功能。

源程序

```
#include<reg51.h>
#define uchar unsigned char
#define uint unsigned int

/*必要的全局变量定义*/
uchar code duan[ ]={  0x3f,0x06,0x5b,0x4f,
                      0x66,0x6d,0x7d,0x07,
                      0x7f,0x6f,0x00,0x40 };              //定义共阴型段码表
uchar xian[ ]={1,2,11,0,0,11,0,0}          //定义显示数组，依次存放时、-、分、-、秒
uchar shi=12,fen=0,miao=0;                 //定义变量时、分、秒，用于时钟计时
uchar yichu=0;                   //定义变量 yichu，用以累计定时器 T1 的溢出次数，实现 1 s 定时
sbit jiaoshi=P3^2;               //定义 P3.2 所接按键为校时键，名字为 jiaoshi
sbit jiaofen=P3^3;               //定义 P3.3 所接按键为校分键，名字为 jiaofen
sbit jiaomiao=P3^4;              //定义 P3.4 所接按键为校秒键，名字为 jiaomiao

/*延时函数*/
void delay(uchar a )
{
     uint i,j;                   //时间约为 a×1 ms
     for(j=0;j<a;j++)
          for(i=0; i<130; i++);
}

/*显示函数*/
void xianshi()
{
     uchar i;
     xian[0]=shi/10;             //将时的十位数码拆分至显示数组中的 xian[0]
     xian[1]=shi%10;             //将时的个位数码拆分至显示数组中的 xian[1]
     xian[3]=fen/10;             //将分的十位数码拆分至显示数组中的 xian[3]
     xian[4]=fen%10;             //将分的个位数码拆分至显示数组中的 xian[4]
     xian[6]=miao/10;            //将秒的十位数码拆分至显示数组中的 xian[6]
     xian[7]=miao%10;            //将秒的个位数码拆分至显示数组中的 xian[7]
     for(i=0; i<8; i++)
     {
```

```
            P2=i;                   //发送位码
            P0=duan[xian[i]];       //发送段码
            delay(1);               //延时 1 ms
        }
}

/*校时函数*/
void jiao()
{
    if (jiaoshi==0)                     //查询是否校时
    {
        delay(10);                      //延时 10 ms，消除前沿抖动
        if(jiaoshi==0)                  //再次查询校时键
        {
            EA=0;                       //校时时，禁止计时
            shi++;                      //时加 1
            if(shi>23)                  //时的范围为 0～23
                shi=0;
            while(!jiaoshi);            //等待校时键释放
            delay(10);                  //延时 10 ms，消除后沿抖动
            EA=1;                       //时校完后，再开始计时
        }
    }
    if(jiaofen==0)                      //查询是否校分
    {
        delay(10);                      //延时 10 ms，消除前沿抖动
        if(jiaofen==0)                  //再次查询校分键
        {
            EA=0;                       //校分时，禁止计时
            fen++;                      //分加 1
            if(fen>59)                  //分的范围为 0～59
                fen=0;
            while(!jiaofen);            //等待校分键释放
            delay(10);                  //延时 10 ms，消除后沿抖动
            EA=1;                       //分校完后，再开始计时
        }
    }
    if(jiaomiao==0)                     //查询是否校秒
    {
        delay(10);                      //延时 10 ms，消除前沿抖动
```

```
            if(jiaomiao==0)                 //再次查询校秒键
            {
                EA=0;                       //校秒时，禁止计时
                miao++;                     //秒加 1
                if(miao>59)                 //秒的范围为 0～59
                    miao=0;
                while(!jiaomiao);           //等待校秒键释放
                EA=1;                       //秒校完后，再开始计时
            }
        }
}

/*初始化 T1 函数*/
void csht1()
{
    TMOD=0x10;                      //设置 T1 定时 20 ms，软启动，方式 1
    TH1=(65536-18433)/256;          //晶振 11.0592 MHz，定时 20 ms 时初值高 8 位送入 TH1
    TL1=(65536-18433)%256;          //晶振 11.0592 MHz，定时 20 ms 时初值低 8 位送入 TL1
    ET1=1;                          //定时/计数器 T1 开中断
    EA=1;                           //CPU 开中断
    TR1=1;                          //启动 T1
}

/*主函数*/
main()
{
    csht1();                        //初始化 T1
    while(1)
    {
        xianshi();                  //调用显示函数显示变量 shi、fen、miao
        jiao();                     //调用校时函数，进行校时
    }
}

/*定时/计数器 T1 中断服务函数*/
void  jishi()  interrupt  3
{
    TH1=(65536-18433)/256;
    TL1=(65536-18433)%256;
    yichu++;                        //T1 每 20 ms 溢出一次，变量 yichu 加 1
```

```
        if(yichu==50)               //变量 yichu 加至 50 时，表示 1 s 到
        {
            yichu=0;                //变量 yichu 重赋初值 0，循环定时 1 s
            miao++;                 //1 s 到时，秒加 1
            if (miao==60)           //秒从 0 加至 60 时，秒清 0，且分加 1
            {
                miao=0;
                fen++;              //60 秒到时，分加 1
                if(fen==60)         //分从 0 加至 60 时，分清 0，且时加 1
                {
                    fen=0;
                    shi++;          //60 分到时，时加 1
                    if(shi==23)     //时从 0 加至 24 时，时清 0
                        shi=0;
                }
            }
        }
    }
```

10.3.3　程序调试

1. 实验板电路分析

参照项目三、项目四的实验板电路分析。

2. 程序设计

根据项目要求，虽然给出了参考源程序，但是希望大家根据项目要求分别编写显示函数、计时函数、校时函数，最后合成完整的源程序，当遇到困难时再参考所给源程序，找出错误之处，并分析原因，才能够有效地提高单片机编程水平。

3. 结果分析

每编写一部分程序，都须在实验板上进行验证，若有错误，务必查找原因，直到完全正确为止。

4. 拓展练习

编程实现下述要求。

(1) 至少用两种方法编写显示函数。

(提示：只用显示数组，或只有秒、时、分变量；显示函数改变时，计时、校时是否需要改变。)

(2) 换另一个定时/计数器实现 1 s 计时，或改变 1 s 的计时原理。

(3) 源程序中采用查询方式编写校时部分程序，将其改为中断方式。

(提示：P3.4 是定时/计数器 T0 的计数脉冲输入端，将其扩展为外部中断时，可参照项目五拓展与提高。)

(4) 将三个独立式按键定义为选择键、加 1 键与减 1 键。

10.4　项 目 评 价

项目名称	基于 51 单片机的时钟				
评价类别	项目	子项目	个人评价	组内互评	教师评价
专业能力(80 分)	信息与资讯(30 分)	显示部分(8 分)			
		计时部分(12 分)			
		校时部分(10 分)			
	计划(20 分)	原理图设计(8 分)			
		流程图(6 分)			
		程序设计(6 分)			
	实施(20 分)	实验板的适应性(10 分)			
		实施情况(10 分)			
	检查(5 分)	异常检查			
	结果(5 分)	结果验证			
社会能力(10 分)	敬业精神(5 分)	爱岗敬业与学习纪律			
	团结协作(5 分)	对小组的贡献及配合			
方法能力(10 分)	计划能力(5 分)				
	决策能力(5 分)				
评价	班级		姓名	学号	
	总评　　教师　　日期				

10.5 拓展与提高

用数码管作显示器件，显示信息量少，如果时钟要求显示星期、年、月、日等信息时，就会显得力不从心了，用液晶显示器代替数码管，可以满足更多的显示要求。

硬件电路图参照项目四、项目七的实验板电路分析。

源程序

```
#include<reg51.h>
#define uchar unsigned char
#define uint   unsigned int

/*必要的全局变量定义*/
uchar shi=12,fen=0,miao=0; //定义变量时、分、秒，用于时钟计时
uchar yichu=0;             //定义变量 yichu，用以累计定时器 T1 的溢出次数，实现 1 s 定时
sbit jiaoshi=P3^2;         //定义 P3.2 所接按键为校时键，名字为 jiaoshi
sbit jiaofen=P3^3;         //定义 P3.3 所接按键为校分键，名字为 jiaofen
sbit jiaomiao=P3^4;        //定义 P3.4 所接按键为校秒键，名字为  jiaomiao

sbit E=P2^7;               //定义 1602 使能端
sbit RW=P2^6;              //定义 1602 读/写选择端
sbit RS=P2^5;              //定义 1602 数据/命令选择端
uchar code riqi[ ]="2012-1-9   MON";  //定义字符数组

/*延时函数*/
void delay(uchar a )
{
    uint i,j;                          //时间约为 a×1 ms
    for(j=0;j<a;j++)
        for(i=0; i<130; i++);
}

/*写指令函数*/
void write_com(uchar com)
{
    P0= com;              //com 为输入的指令码，通过 P0 口送入 1602 的指令寄存器
    RS = 0;               //RS=0 选择指令
    RW = 0;               // RW = 0 写操作
    E = 0;                //为使能端 E 提供所需的正脉冲
```

```
        delay(1);
        E = 1;
        delay(1);
        E = 0;
}

/*写数据函数*/
void write_dat(uchar dat)
{
        P0= dat;                //dat 为输入的显示数据，通过 P0 口存入 1602 的 DDRAM 单元
        RS = 1;                 //RS=1 选择数据
        RW = 0;
        E = 0;                  //为使能端 E 提供所需的正脉冲
        delay(1);
        E = 1;
        delay(1);
        E = 0;
}

/*1602 初始化函数*/
void csh1602 ()
{
        write_com (0x38);               //显示模式为 16×2 显示、5×7 点阵、8 位数据口
        write_com (0x0c);               //开显示、不显示光标
        write_com (0x06);               //地址指针自加 1、不移屏
        write_com (0x01);               //清屏
}

/*显示函数*/
void xianshi()
{
        write_com(0x80+0x45);           //发送时十位地址
        write_dat(shi/10+48);           //发送时十位的 ASCII 码
        write_com(0x80+0x46);           //发送时个位地址
        write_dat(shi%10+48);           //发送时个位的 ASCII 码
        write_com(0x80+0x48);           //发送分十位地址
        write_dat(fen/10+48);           //发送分十位的 ASCII 码
        write_com(0x80+0x49);           //发送分个位地址
        write_dat(fen%10+48);           //发送分个位的 ASCII 码
```

```
        write_com(0x80+0x4b);              //发送秒十位地址
        write_dat(miao%10+48);             //发送秒十位的 ASCII 码
        write_com(0x80+0x4c);              //发送秒个位地址
        write_dat(miao%10+48);             //发送秒个位的 ASCII 码
    }

/*校时函数*/
void jiao()
{
    if (jiaoshi==0)                        //查询是否校时
    {
        delay(10);                         //延时 10 ms，消除前沿抖动
        if(jiaoshi==0)                     //再次查询校时键
        {
            write_com(0x0f);               //光标闪烁
            write_com(0x80+0x46);          //光标定位在时个位
            shi++;                         //时加 1
            if(shi>23)                     //时的范围为 0～23
                shi=0;
            while(!jiaoshi);               //等待校时键释放
            delay(10);                     //延时 10 ms，消除后沿抖动
            write_dat(shi%10+48);          //发送时个位的 ASCII 码
            write_com(0x80+0x45);          //光标定位在时十位
            write_dat(shi/10+48);          //发送时十位的 ASCII 码
        }
    }
    if(jiaofen==0)                         //查询是否校分
    {
        delay(10);                         //延时 10 ms，消除前沿抖动
        if(jiaofen==0)                     //再次查询校分键
        {
            EA=0;                          //校分时，禁止计时
            write_com(0x0f);               //光标闪烁
            write_com(0x80+0x49);          //光标定位在分个位
            fen++;                         //分加 1
            if(fen>59)                     //分的范围为 0～59
                fen=0;
            while(!jiaofen);               //等待校分键释放
            delay(10);                     //延时 10 ms，消除后沿抖动
```

```
                write_dat(fen%10+48);           //发送分个位的 ASCII 码
                write_com(0x80+0x48);           //光标定位在分十位
                write_dat(fen/10+48);           //发送分十位的 ASCII 码
                EA=1;                           //分校完后，再开始计时
            }
        }
        if(jiaomiao==0)                         //查询是否校秒
        {
            delay(10);                          //延时 10 ms，消除前沿抖动
            if(jiaomiao==0)                     //再次查询校秒键
            {
                EA=0;                           //校秒时，禁止计时
                write_com(0x0f);                //光标闪烁
                write_com(0x80+0x4c);           //光标定位在秒个位
                miao++;                         //秒加 1
                if(miao>59)                     //秒的范围为 0～59
                    miao=0;
                while(!jiaomiao);               //等待校秒键释放
                write_dat(miao%10+48);          //发送秒个位的 ASCII 码
                write_com(0x80+0x4b);           //光标定位在秒十位
                write_dat(miao%10+48);          //发送秒十位的 ASCII 码
                EA=1;                           //秒校完后，再开始计时
            }
        }
        write_com (0x0c);                       //取消光标显示
}

/*初始化 T1 函数*/
void csht1()
{
        TMOD=0x10;                    //设置 T1 定时 20 ms，软启动，方式 1
        TH1=(65536-18433)/256;        //晶振 11.0592 MHz，定时 20 ms 时初值高 8 位送入 TH1
        TL1=(65536-18433)%256;        //晶振 11.0592 MHz，定时 20 ms 时初值低 8 位送入 TL1
        ET1=1;                        //定时/计数器 T1 开中断
        EA=1;                         //CPU 开中断
        TR1=1;
}

/*主函数*/
```

```
main()
{
    uchar b;
    csht1();                          //初始化 T1
    csh1602();                        //初始化 1602
    write_com(0x80+1);                //发送第一行地址
    for(b=0;b<13;b++)                 //连续发送 13 次数据，显示固定的日期
    {
        write_dat(riqi[b]);
        delay(1);
    }
    while(1)
    {
        xianshi();                    //调用显示函数显示变量时、分、秒
        jiao();                       //调用校时函数，进行校时
    }
}

/*定时/计数器 T1 中断服务函数*/
void jishi() interrupt 3
{
    TH1=(65536-18433)/256;
    TL1=(65536-18433)%256;
    yichu++;                          //T1 每 20 ms 溢出一次，变量 yichu 加 1
    if(yichu==50)                     //变量 yichu 加至 50 时，表示 1 s 到
    {
        yichu=0;                      //变量 yichu 重赋初值 0，便于重复定时 1 s
        miao++;                       //1 s 到时，秒加 1
        if (miao==60)                 //秒从 0 加至 60 时，秒清 0，且分加 1
        {
            miao=0;
            fen++;                    //60 秒到时，分加 1
            if(fen==60)               //分从 0 加至 60 时，分清 0，且时加 1
            {
                fen=0;
                shi++;                //60 分到时，时加 1
                if(shi==24)           //时从 0 加至 24 时，时清 0
                    shi=0;
            }
```

```
            }
        }
    }
```

上述源程序只是实现了简单的时钟功能，第一行显示的年、月、日及星期是固定不变的，大家可查阅相关内容，扩展其功能，使其根据实际运行情况动态刷新数据。

习　题

一、填空题

1. 动态显示时，主函数调用显示函数的次数为_________。
2. 按键采用查询方式时，用________语句查询按键的工作状态。
3. 为了提高定时精度，定时/计数器应工作于方式________。
4. 定时/计数器一般情况下均采用________启动。
5. 液晶显示器 1602 最多能显示________个字符。

二、选择题

1. 8 位二进制所表示的无符号整数，对应的十进制数范围是(　)。

A. 0～256　　B. 1～256　　C. 1～255　　D. 0～255

2. 段码表一般存放在(　)存储器中。

A. 片内 RAM　　B. 片外 RAM　　C. ROM

3. 独立式按键工作于中断方式时，必须与(　)引脚相连。

A. P0.2　　B. P1.2　　C. P2.2　　D. P3.2

4. 设置定时/计数器 T0 为定时功能、方式 1 时，寄存器 TMOD 值为(　)。

A. 00H　　B. 01H　　C. 02H　　D. 06H

5. 字母“b”的 ASCII 码是(　)

A. 11H　　B. 0BH　　C. B0H　　D. 62H

三、判断题

1. 使共阳型数码管全暗的段码是 FFH。(　)
2. 按键采用软件去除抖动时，需延时 1 s。(　)
3. 定时/计数器 T1 的中断号是 1。(　)
4. 校时时，必须禁止定时/计数器中断。(　)
5. 液晶显示器 1602 的显示屏与 DDRAM 存储器的存储单元一一对应。(　)

四、简答题

1. 简述动态显示的工作原理。
2. 简述按键识别原理。
3. 简述如何提高计时精度。
4. 简述校时原理。
5. 简述液晶显示器的显示原理。

五、设计与编程题

1. 采用顺序结构编程显示变量 miao、shi、fen，初值自定。
2. 将 P3.4 所接按键设置为减 1 键，采用查询或中断方式。
3. 编程利用定时/计数器 T0 实现计时功能。
4. 采用中断方式编写校时程序。
5. 用 LCD1602 作显示器件时，扩展显示星期、年、月、日的功能。

参 考 文 献

[1] 张迎新. 单片机初级教程. 北京：北京航空航天大学出版社，2008.

[2] 何立民. MCS-51 系列单片机应用系统设计配置与接口技术. 北京：北京航空航天大学出版社，2000.

[3] 张晔，等. 单片机应用技术. 北京：高等教育出版社，2009.

[4] 李全利. 单片机原理及应用技术. 北京：高等教育出版社，2001.

[5] 谭浩强. C 语言程序设计. 北京：清华大学出版社，2001.

[6] 董汉丽. C 语言程序设计. 北京：中国铁道出版社，2007.

[7] 祁伟，等. 单片机 C51 程序设计教程与实验. 北京：北京航空航天大学出版社，2006.